高职高专土建专业"互联网+"创新规划教材

建筑力学与结构

第四版

主　编◎吴承霞　宋贵彩
副主编◎魏玉琴　王　焱　汪耀武
　　　　张　毅
参　编◎欧　忙　宋　乔　李亚敏
　　　　孔　惠　曾福英　尚瑞娟

内 容 简 介

本书依据现行国家规范编写，紧密围绕一套钢筋混凝土框架结构施工图纸展开。书中内容按照模块化教学编排，包括建筑结构概述，建筑结构施工图，建筑力学基本知识，结构上的荷载及支座反力计算，构件内力计算及荷载效应组合，钢筋混凝土梁、板，钢筋混凝土柱，钢筋混凝土框架结构构造，钢筋混凝土楼盖、楼梯及雨篷，多高层建筑结构，装配式混凝土结构，地基与基础，钢结构。

本书既可作为高等职业教育智能建造技术、建筑装饰工程技术、建筑设计、城乡规划、村镇建设与管理、建筑设备工程技术、建筑工程管理、工程造价、房地产经营与管理等专业的教材，也可作为岗位培训教材。

图书在版编目（CIP）数据

建筑力学与结构/吴承霞，宋贵彩主编. —4 版. —北京：北京大学出版社，2024.1
高职高专土建专业"互联网＋"创新规划教材
ISBN 978-7-301-34627-3

Ⅰ.①建… Ⅱ.①吴… ②宋… Ⅲ.①建筑科学—力学—高等职业教育—教材 ②建筑结构—高等职业教育—教材Ⅳ.①TU3

中国国家版本馆CIP数据核字（2023）第 213683 号

书　　　名	建筑力学与结构（第四版）
	JIANZHU LIXUE YU JIEGOU（DI-SI BAN）
著作责任者	吴承霞　宋贵彩　主编
策划编辑	杨星璐
责任编辑	曹圣洁
数字编辑	蒙俞材
标准书号	ISBN 978-7-301-34627-3
出版发行	北京大学出版社
地　　址	北京市海淀区成府路 205 号　100871
网　　址	http://www.pup.cn　新浪微博：@北京大学出版社
电子邮箱	编辑部 pup6@pup.cn　总编室 zpup@pup.cn
电　　话	邮购部 010-62752015　发行部 010-62750672　编辑部 010-62750667
印刷者	河北文福旺印刷有限公司
经销者	新华书店
	787 毫米×1092 毫米　16 开本　24.25 印张　582 千字
	2009 年 9 月第 1 版　2013 年 4 月第 2 版
	2018 年 5 月第 3 版　2024 年 1 月第 4 版
	2025 年 5 月第 2 次印刷
定　　价	69.00 元

未经许可，不得以任何方式复制或抄袭本书之部分或全部内容。
版权所有，侵权必究
举报电话：010-62752024　电子邮箱：fd@pup.cn
图书如有印装质量问题，请与出版部联系，电话：010-62756370

第四版前言 Preface

为响应党的二十大报告中提出的我国新型工业化、信息化、城镇化、绿色化、智能化的发展需求，落实教育部关于"三教"改革、1+X 证书制度等政策要求，使教材和职业教育、行业发展保持紧密的结合度，特修订教材。结合"建筑力学与结构"课程的教学任务，本书打破传统的学科体系，将力学与结构融合在一起，力求向学生讲解必要的力学基础知识和建筑结构基本概念，使学生能够运用所学知识解决工程实践中简单的结构问题，教学内容与 1+X（建筑工程识图）职业技能等级证书、建筑工程识图职业技能赛项中的技能需求，以及施工员、建造师的执业要求相一致。修订后的教材具有以下特点。

（1）体现工程伦理和精益求精的大国工匠精神及使命担当，把党的二十大精神融入教材，真正融"知识、能力、价值"于一体。

（2）突出绿色低碳发展理念，扩充装配式建筑内容，增加装配式结构识图、节点连接构造等建筑新知识，把最新国家规范《建筑与市政工程抗震通用规范》（GB 55002—2021）、《工程结构通用规范》（GB 55001—2021）、《混凝土结构通用规范》（GB 55008—2021）的内容写入教材。

（3）落实重要生态系统保护和修复工程、自然保护地建设工程，保护耕地，删去砌体结构的内容。

（4）坚持"学""做"一体，在关键内容和重要节点插入"学中做""想一想"，帮助学生及时掌握所学知识，学会独立思考；添加"课外阅读"，扩展学生的知识面。

（5）创新思维导图，在每个模块前建立"知识树"，直观呈现每个模块的重点内容，使学生更为系统地理解、掌握知识结构和教学重点。

（6）探索"岗课赛证融通"，本书内容与 1+X（建筑工程识图）职业技能等级证书及建筑工程识图职业技能赛项的技能需求相吻合，在实例中进一步训练建筑工程识图能力；有机融入职业标准的内容，满足施工员、建造师岗位需求，助力学生可持续发展。

（7）优化更新"互联网+"资源，顺应人工智能发展趋势，附录中提供 AI 伴学内容及提示词，引导学生利用生成式人工智能（AI）工具，如 DeepSeek、Kimi、豆包、通义千问、文心一言、ChatGPT 等来进行拓展学习。

（8）符合手册式教材的编写思路，书中多处设置"应用案例"，结合附录中给出的常用量表，学生能够快速理解计算公式并应用其解决实际问题。

本书建议学时为 72 学时，各模块学时分配见下表（供参考）。

序次	模块1	模块2	模块3	模块4	模块5	模块6	模块7
学时数	4	8	6	4	8	8	4
序次	模块8	模块9	模块10	模块11	模块12	模块13	
学时数	4	4	6	4	8	4	

本书由广州城建职业学院吴承霞、河南建筑职业技术学院宋贵彩任主编，河南建筑职业技术学院魏玉琴、河南工业职业技术学院王焱、咸宁职业技术学院汪耀武、山东城市建设职业学院张毅任副主编，郑州工业应用技术学院欧忙以及河南建筑职业技术学院宋乔、李亚敏、孔惠、曾福英、尚瑞娟参编。编写分工如下：欧忙编写模块1，吴承霞编写模块2，宋乔编写模块3，魏玉琴编写模块4，宋贵彩编写模块5、附录B及附录C，李亚敏编写模块6，张毅编写模块7，孔惠编写模块8和模块9，王焱编写模块10和模块12，曾福英编写模块11，尚瑞娟编写模块13。本书图纸（附录A）由国家一级注册结构工程师丘兴凯设计。数字资源所有权归河南建筑职业技术学院所有。

由于编者水平有限，不足之处在所难免，恳请广大读者批评指正。

编　者

2023年6月

目录 Catalog

模块 1　建筑结构概述 ··· 001
1.1　建筑结构基本概念 ·· 002
1.2　结构抗震知识 ·· 014
1.3　课程教学任务、目标和特点 ·· 022
模块小结 ·· 023
习题 ·· 024

模块 2　建筑结构施工图 ··· 026
2.1　结构施工图的内容与作用 ··· 027
2.2　钢筋混凝土框架结构施工图 ·· 030
模块小结 ·· 044
习题 ·· 044

模块 3　建筑力学基本知识 ··· 045
3.1　静力学的基本知识 ·· 046
3.2　结构的计算简图、受力图及平面杆系结构 ··· 064
模块小结 ·· 072
习题 ·· 073

模块 4　结构上的荷载及支座反力计算 ··· 077
4.1　结构上的荷载 ·· 078
4.2　静力平衡条件及构件支座反力计算 ··· 086
模块小结 ·· 092
习题 ·· 093

模块 5　构件内力计算及荷载效应组合 ··· 095
5.1　内力的基本概念 ··· 096
5.2　静定结构内力计算 ·· 101
5.3　超静定结构内力计算 ··· 120
5.4　荷载效应组合 ·· 126
模块小结 ·· 129
习题 ·· 130

模块 6　钢筋混凝土梁、板 … 133
6.1　钢筋混凝土结构的材料性能 … 135
6.2　钢筋混凝土梁、板的构造要求 … 143
6.3　钢筋混凝土梁承载力计算（选学） … 163
6.4　钢筋混凝土板承载力计算（选学） … 181
6.5　预应力混凝土构件 … 183
模块小结 … 190
习题 … 191

模块 7　钢筋混凝土柱 … 194
7.1　钢筋混凝土柱构造要求 … 196
7.2　钢筋混凝土柱设计实例 … 199
模块小结 … 206
习题 … 206

模块 8　钢筋混凝土框架结构构造 … 208
8.1　框架结构抗震等级 … 209
8.2　框架梁构造要求 … 210
8.3　框架柱构造要求 … 215
8.4　框架节点构造要求 … 220
模块小结 … 223
习题 … 223

模块 9　钢筋混凝土楼盖、楼梯及雨篷 … 224
9.1　钢筋混凝土楼盖的分类 … 225
9.2　现浇单向板肋梁楼盖 … 226
9.3　现浇双向板肋梁楼盖 … 233
9.4　装配式混凝土楼盖 … 235
9.5　钢筋混凝土楼梯 … 237
9.6　钢筋混凝土雨篷 … 241
模块小结 … 242
习题 … 243

模块 10　多高层建筑结构 … 245
10.1　多高层建筑结构的类型 … 246
10.2　多高层建筑结构体系的总体布置原则 … 249
10.3　剪力墙结构 … 253

10.4 框架-剪力墙结构 ·· 268
10.5 框架-核心筒结构 ·· 270
模块小结 ·· 270
习题 ·· 271

模块 11 装配式混凝土结构 — 273

11.1 装配式混凝土结构概述 ·· 274
11.2 预制混凝土构件 ··· 276
11.3 装配式混凝土结构的连接构造和制图规则 ·· 281
模块小结 ·· 291
习题 ·· 292

模块 12 地基与基础 — 294

12.1 土的工程性质及分类 ·· 295
12.2 地基承载力 ··· 303
12.3 天然地基上浅基础设计 ··· 303
12.4 减轻建筑物不均匀沉降的措施 ··· 315
模块小结 ·· 317
习题 ·· 317

模块 13 钢结构 — 319

13.1 钢结构的特点及应用范围 ··· 320
13.2 钢结构材料 ··· 322
13.3 钢结构连接 ··· 328
13.4 轴心受力构件 ·· 341
13.5 受弯构件 ·· 347
模块小结 ·· 349
习题 ·· 350

附录 A 实例：框架结构教学楼建筑施工图及结构施工图 — 352

附录 B 常用荷载表 — 364

附录 C 钢筋混凝土用表 — 368

附录 D AI 伴学内容及提示词 — 378

参考文献 — 380

全书思维导图

模块 1　建筑结构概述

思维导图

引例

2022年4月29日12时24分，湖南省长沙市望城区金山桥街道金坪社区盘树湾一居民自建房发生倒塌事故（图1.1），事故造成54人遇难，给人民群众生命财产造成了严重损失。

任何楼房的建造，都必须符合力学与结构的计算要求，同时要符合国家规范规定。楼房倒塌，必然是受到超出其承载能力的荷载作用。那么，该楼房的荷载为何会超出其承载能力呢？可能有以下三个原因：第一，自建房的设计常常仅凭经验或者抄图纸，有的还会自我发挥更改设计，造成楼房设计不规范、不科学；第二，私自加层建设，该楼房最早建成时只有6层，2018年又加建了2层，建筑荷载明显增大；第三，从废墟外观来看，倒塌是垂直向下发生的，可能起始于一层或者二层，该楼房一层和二层作为门面和饭店使用，空间较大，房东有可能违规拆除了承重墙或非承重墙。更甚的是，该楼房检测机构违规出具虚假的房屋安全鉴定报告，为事故发生埋下了巨大隐患。这个事故为人们敲响警钟，同时也告诫我们科学容不得半点儿马虎，房屋的力学与结构计算必须严格按照规范标准进行。

图1.1 湖南长沙"4·29"特别重大居民自建房倒塌事故

建筑物在施工和使用过程中受到各种力的作用——结构自重、人及设备的质量、风、雪、地震等。这些力的作用形式是怎样的？大小是多少？对建筑物会产生什么样的效应？这些问题都要靠建筑力学与结构来解决。

1.1 建筑结构基本概念

1.1.1 建筑结构的概念和分类

建筑中，由若干构件（如板、梁、柱、墙、基础等）连接而构成的能承受荷载和其他间接作用（如温度变化、地基不均匀沉降等）的体系，称为建筑结构（图1.2）。建筑结构在建筑中起骨架作用，是建筑的重要组成部分。

图 1.2 建筑结构

1. 按材料分类

根据所用材料的不同，建筑结构可分为混凝土结构、砌体结构、钢结构和木结构。

1）混凝土结构

混凝土结构可分为素混凝土结构、钢筋混凝土结构、预应力混凝土结构，其中应用最广泛的是钢筋混凝土结构（图 1.3）。它具有强度高、耐久性好、抗震性好、可塑性强等优点，但也有自重大、抗裂能力差、现浇时耗费模板多、工期长等缺点。

混凝土结构在工业与民用建筑中应用极为普遍，如多层与高层住宅、写字楼、教学楼、医院、商场及公共设施等。

建筑结构类型

课外阅读

钢筋混凝土的发明者通常被认为是法国的一名花匠约瑟夫·莫尼尔。在19世纪60年代，一天，莫尼尔在砌花坛时，为防止被人踩坏，他试着将铁丝编成植物根系的形象，并将其与黏合性更好的水泥、砂、小石子浇灌在一起，制成了一个新花坛，果然很坚固！他甚至鼓励别人踩坏它，可谁也踩不碎。这就是钢筋混凝土诞生的故事，后来人们才将其用于房屋建筑中。可见，伟大来自平凡，发明来源于生活，我们作为普通人同样可以创造伟大。

2）砌体结构

砌体结构是指各种块材（包括砖、石材、砌块等）通过砂浆砌筑而成的结构（图 1.4）。砌体结构根据所用块材的不同，又可分为砖结构、石结构和其他材料的砌块结构。砌体结构的主要优点是能就地取材、造价低廉、耐火性强、工艺简单、施工方便，所以在建筑中应用广泛，主要用作 7 层以下的住宅楼、旅馆，5 层以下的办公楼、教学楼等民用建筑的承重结构。其缺点是自重大、强度较低、抗震性差。

图 1.3　钢筋混凝土结构施工现场

图 1.4　砌体结构施工现场

> **特别提示**
>
> 传统的砌体结构房屋大多采用黏土砖建造，黏土砖的用量巨大，而生产黏土砖会毁坏农田，且污染环境。因此，砌体结构材料应大力发展新型墙体材料，如蒸压粉煤灰砖、蒸压灰砂砖、混凝土砌块、混凝土多孔砖和实心砖等。

课外阅读

赵州桥

赵州桥

安济桥因坐落于古称赵州的河北赵县，故人们多称之为赵州桥。赵州桥（图 1.5）建于隋开皇年间（公元 595—605 年），由工匠李春等修建，是一座全长 64.4m、跨度 37.02m，当时中外跨度最大的单孔石拱桥。此桥在技术上最突出的特点是在单孔大桥拱两端的上方再各做两个小桥拱，既节省了修桥的材料，减轻桥身自重和桥基压力，水涨时，又可增大排水面积，减小水流推力，延长桥的寿命，是具有高度科学水平的技术与智慧的产物。

图 1.5　赵州桥

赵州桥的另一特点是造型美观大方，雄伟中显出秀逸、轻盈、匀称。桥面两侧石栏杆上那些"若飞若动""龙兽之状"的雕刻，体现了隋代建筑艺术的独特风格。赵州桥修成距今已 1400 多年，是世界上保存完好的最古老的石拱桥，在世界桥梁史上占有十分重要的地位。

万里长城

为抵御外敌侵略，古人修筑了长城。自春秋起，长城经过历代不断地加固和增修，直至明朝修建的明长城保留至今，成为我们今天所见的万里长城（图 1.6）。明长城东起辽宁虎山，西至甘肃嘉峪关，全长 8851.8km。明长城主体是城墙，多修筑在分水岭线蜿蜒曲折的山脉上，人工墙体长 6259.6km，墙高 3~8m，顶宽 4~6m，有石墙、夯土墙、砖墙等多种材料墙体，呈现出地区特点。城墙相距约 100m 处建有敌楼，敌楼分空心与实心两种，既作瞭望之用，又兼击射之功。城墙上还筑有雉堞，用作掩护。

万里长城在世界建筑史上享有盛誉，其建筑持续时间之长、形制规模之雄伟、分布范围之辽阔、影响之深远巨大，使其成为世界新七大奇迹之首。万里长城以壮阔的英姿，雄踞我国北部河山，展现古代以举火为号传达军情的军事文化，让世人惊叹不已。万里长城这样庞大而艰巨的工程，凝聚着古代劳动人民的血汗和聪明才智，展现了中华民族的智慧和气魄，这不仅是中国人民的骄傲，更是世界文明的宝贵遗产。

图 1.6　万里长城

3）钢结构

用钢材制作的结构称为钢结构。钢结构具有强度高、变形能力好、运输方便等优点；但也存在易锈蚀、耐火性差、维修费用高等缺点。钢结构主要用于大跨度屋盖（如体育场馆）、高层建筑、工业厂房、承受动力荷载的结构及塔桅结构。

典型的钢结构建筑有：泸定桥（1705 年建造，图 1.7），鸟巢（2008 年建成，图 1.8），上海东方明珠广播电视塔（1994 年建成，高 468m，图 1.9），上海金茂大厦（1999 年建成，高 420.5m，图 1.10）。

图 1.7　大渡河铁索桥——泸定桥

图 1.8　2008 年北京奥运会主体育场——鸟巢

图 1.9　上海东方明珠广播电视塔

图 1.10　上海金茂大厦

4）木结构

以木材为主制作的结构称为木结构。木结构以梁、柱组成的构架承重，墙体则主要起填充、防护作用。木结构的优点是能就地取材、制作简单、造价较低、便于施工；缺点是木材本身疵病较多、易燃、易腐、结构易变形，因此不宜用于火灾危险性较大或经常受潮又不易通风的生产性建筑中。

木结构是我国最早应用的建筑结构，直到现代还应用于古典园林建筑。北京故宫太和殿（图1.11）就充分反映了我国古代木结构的高超水平。但由于木材用途广泛，其产量又受到自然条件的限制，在建筑中已越来越少采用木结构。

图1.11 北京故宫太和殿梁架结构

> **特别提示**
>
> （1）从造价的角度来讲：砌体结构最为经济，混凝土结构次之，钢结构最贵。
> （2）从抗震的角度来讲：砌体结构最差，混凝土结构次之，钢结构最好。
> （3）实际工程中，建造房屋的用途、层数及当地经济发展状况等决定了采用何种结构形式。随着城市土地资源越来越稀缺，多层建筑（即砌体结构）应用越来越少，混凝土结构和钢结构应用越来越多。

2. 按受力和构造特点分类

建筑结构按受力和构造特点的不同可分为混合结构、框架结构、剪力墙结构、框架-剪力墙结构、筒体结构、大跨度结构等。其中大跨度结构多采用网架结构、薄壳结构、膜结构及悬索结构。

1）混合结构

混合结构是指由砌体结构构件和其他材料构件组成的结构。如垂直承重构件用砖墙、砖柱，而水平承重构件用钢筋混凝土梁板，这种结构就是混合结构（图1.12），也称承重墙结构。该种结构形式具有就地取材、施工方便、造价低等特点。

图1.12 混合结构

2）框架结构

框架结构是由纵梁、横梁和柱组成的结构，这种结构是梁和柱刚性连接而形成骨架的结构。框架结构的优点是强度高、自重小、整体性和抗震性好。框架结构多采用钢筋混凝土建造（图1.13），一般适用于10层以下的房屋结构。框架结构建筑平面布置灵活，可满足生产工艺和使用要求，且比混合结构强度高、延性好、整体性好、抗震性好。

3）剪力墙结构

剪力墙结构是由纵向、横向的钢筋混凝土墙体（剪力墙）组成的结构（图1.14）。墙体除抵抗水平荷载和竖向荷载外，还为整个房屋提供很大的抗剪强度和刚度，对房屋起围护和分割作用。这种结构的侧向刚度大，适宜做较高的高层建筑，但由于剪力墙位置的约束，其建筑内部空间的划分比较狭小，不利于形成开敞的空间，因此较适宜用于宾馆与住宅。剪力墙结构常用于25～30层的房屋结构。

4）框架-剪力墙结构

框架-剪力墙结构又称框剪结构，它是在框架纵向、横向的适当位置，在柱与柱之间设置几道剪力墙的结构（图1.15）。在这种结构中，框架与剪力墙协同受力，剪力墙承担绝大部分水平荷载，框架则以承担竖向荷载为主。这种结构一般用于办公楼、宾馆、住宅及某些工艺用房，一般用于25层以下的房屋结构。

图 1.13　钢筋混凝土框架结构

图 1.14　剪力墙结构　　　　　图 1.15　框架-剪力墙结构

如果将剪力墙布置成筒体，框架-剪力墙结构又可称为框架-筒体结构，筒体的承载能力、侧向刚度和抗扭能力都较单片剪力墙大大提高。在结构上，这是提高材料利用率的一种途径；在建筑布置上，则往往利用筒体做电梯间、楼梯间和竖向管道的通道，这也是十分合理的。

5）筒体结构

筒体结构是用钢筋混凝土墙围成侧向刚度很大的筒体的结构形式（图1.16）。筒体在侧向风荷载的作用下，受力特点类似于一个固定在基础上的筒形的悬臂构件，迎风面将受拉，而背风面将受压。筒体可以为剪力墙，可以采用密柱框架，也可以根据实际需要采用数量不同的筒体。筒体结构多用于高层或超高层公共建筑。筒体结构用于30层以上的超高层房屋结构时，经济高度以不超过80层为限。

(a) 框架-核心筒结构

(b) 筒中筒结构

(c) 成束筒结构

图 1.16 筒体结构

学中做

请分别将下图与其对应的建筑结构类型连线。

砌体结构

混凝土结构

木结构

筒体结构

框架结构

剪力墙结构

框架-剪力墙结构

1.1.2 建筑结构的功能

1. 结构的功能要求

不管采用何种结构形式，也不管采用什么材料建造，任何一种建筑结构都是为了满足特定功能而设计的。建筑结构在规定的设计使用年限内，应满足下列功能要求。

（1）安全性，即结构在正常施工和正常使用时能承受可能出现的各种作用，在设计规定的偶然事件发生时及发生后，仍能保持必需的整体稳定。

（2）适用性，即结构在正常使用条件下具有良好的工作性能。如不发生过大的变形或振幅，以免影响使用，也不发生足以令用户不安的裂缝。

（3）耐久性，即结构在正常维护下具有足够的耐久性能。如混凝土不发生严重的风化、脱落，钢筋不发生严重锈蚀，以免影响结构的使用寿命。

2. 结构的可靠性

结构的可靠性是这样定义的：结构在规定的时间内，在规定的条件下，完成预定功能的能力。结构的安全性、适用性和耐久性统称为结构的可靠性。

可靠度是结构可靠性的定量指标，可靠度的定义是：结构在规定的时间内，在规定的条件下，完成预定功能的概率。

3. 极限状态的概念

整个结构或结构的一部分超过某一特定状态就不能满足设计规定的某一功能要求，此特定状态为结构该功能的极限状态。极限状态实质上是一种界限，是有效状态和失效状态的分界。极限状态共分三类。

（1）承载能力极限状态（图1.17）：结构或结构构件达到最大承载力，出现疲劳破坏或不适于继续承载的变形，或结构连续倒塌。当结构或结构构件出现下列状态之一时，即认为超过了承载能力极限状态。

① 结构构件或连接因超过材料强度而破坏，或因过度变形而不适于继续承载。

② 整个结构或结构的一部分作为刚体失去平衡（如阳台、雨篷的倾覆）等。

图1.17 承载能力极限状态

③ 结构转变为机动体系（如构件发生三角共线而形成机动体系丧失承载力）。

④ 结构或结构构件丧失稳定（如长细杆的压屈失稳破坏等）。

⑤ 结构因局部破坏而发生连续倒塌。

⑥ 地基丧失承载能力而破坏（如失稳等）。

⑦ 结构或结构构件的疲劳破坏。

（2）正常使用极限状态：结构或结构构件达到正常使用或耐久性能的某项规定限值。当结构或结构构件出现下列状态之一时，即认为超过了正常使用极限状态。

① 影响正常使用或外观的变形。

② 影响正常使用的局部损坏。

③ 影响正常使用的振动。

④ 影响正常使用的其他特定状态（如沉降量过大等）。

（3）**耐久性极限状态**（图 1.18）：当结构或结构构件出现下列状态之一时，应认定为超过了耐久性极限状态。

① 影响承载能力和正常使用的材料性能劣化。

② 影响耐久性能的裂缝、变形、缺口、外观、材料削弱等。

③ 影响耐久性能的其他特定状态。

图 1.18　耐久性极限状态

可以看出，结构或结构构件一旦超过承载能力极限状态，就可能发生严重破坏、倒塌，造成人身伤亡和重大经济损失。因此，应该将出现这种极限状态的概率控制得非常严格。而结构或结构构件出现正常使用和耐久性极限状态的危险性和损失要小得多，其极限状态的出现概率可适当放宽。所以，在进行结构设计时，承载能力极限状态的可靠度水平应高于正常使用和耐久性极限状态的可靠度水平。

> **特别提示**
>
> （1）承载能力极限状态是保证结构安全性的，正常使用极限状态是保证结构适用性的，而耐久性极限状态是保证结构耐久性的。
>
> （2）建筑结构设计使用年限。
>
> 临时性建筑结构：设计使用年限 5 年。
>
> 易于替换的结构构件：设计使用年限 25 年。
>
> 普通房屋和构筑物：设计使用年限 50 年。
>
> 标志性建筑和特别重要的建筑结构：设计使用年限 100 年。

> **学中做**
>
> 如果一栋建筑物倒塌了，说明其达到了_____极限状态；如果建筑物的承重墙出现了 2mm 裂缝，说明其达到了_____极限状态。

4. 结构极限状态方程

结构和结构构件的工作状态，可以由该结构和构件所承受的荷载效应 S 和结构抗力 R 两者的关系来描述，即

$$Z = R - S$$

上式称为结构极限状态方程，用来表示结构的三种工作状态。

（1）当 $Z>0$（即 $R>S$）时，结构处于可靠状态。
（2）当 $Z=0$（即 $R=S$）时，结构处于极限状态。
（3）当 $Z<0$（即 $R<S$）时，结构处于失效状态。

> **特别提示**
>
> （1）荷载效应 S 与施加在结构上的外荷载有关，其计算方法见模块 5。
> （2）要保证结构可靠，所有的结构计算都要满足 $S \leqslant R$。

1.1.3　建筑结构的发展趋势

1. 大力推广装配式建筑

构建装配式建筑标准化设计和生产体系，推动生产和施工智能化升级，扩大标准化构件和部品部件使用规模，提高装配式建筑综合效益。完善适用于不同建筑类型的装配式混凝土建筑结构体系，加大高性能混凝土、高强钢筋的投入使用和消能减震、预应力技术集成应用。大力推广应用装配式钢结构，积极推进高品质钢结构建筑的建设。

2. 推进 BIM 技术及数字化协同设计应用

加快推进 BIM 技术在工程全寿命周期的集成应用，健全数据交互和安全标准，强化设计、生产、施工各环节数字化协同。建立数字化协同设计平台，推进建筑、结构、设备管线、装修等一体化集成设计，提高各专业协同设计能力。完善施工图设计文件编制深度要求，提升精细化设计水平，为后续精细化生产和施工提供基础。

3. 推进智能化和绿色建造方式

积极推进建筑机器人在生产、施工、维保等环节的典型应用，重点推进与装配式建筑相配套的建筑机器人的应用，辅助和替代"危、繁、脏、重"施工作业。推广智能塔式起重机、智能混凝土泵送设备等智能化工程设备，提高工程建设机械化、智能化水平。积极推进施工现场建筑垃圾减量化，加强建筑废弃物的高效处理与再利用。

加快发展方式绿色转型[①]，建筑结构及其材料的应用需体现建筑领域清洁低碳转型[②]的新要求，符合绿色、循环、低碳的国家发展战略。

---

① 党的二十大报告提出："加快发展方式绿色转型。推动经济社会发展绿色化、低碳化是实现高质量发展的关键环节。"
② 党的二十大报告提出："推动能源清洁低碳高效利用，推进工业、建筑、交通等领域清洁低碳转型。"

1.2 结构抗震知识

引例

北京时间 2008 年 5 月 12 日，我国四川省发生了里氏 8.0 级特大地震。震中位于四川省汶川县的映秀镇（东经 103.4°，北纬 31.0°），震源深度 33km，震中烈度达 11 度，破坏特别严重的地区范围超过 $1×10^5 km^2$。地震造成了特别重大灾害，给人民的生活和财产造成了巨大损失。

那么什么是地震？震中、震源、震源深度、震中烈度如何解释？房屋如何抗震？

1.2.1 地震的基本概念

地震是一种突发性的自然灾害，其作用结果是引起地面的颠簸和摇晃。由于我国地处两大地震带（环太平洋地震带及地中海-南亚地震带）的交会处，且东部台湾地区及西部青藏高原直接位于两大地震带上，因此，我国地震区分布广、发震频繁。

地震发生的地方称为震源；震源正上方的位置称为震中；震中附近地面振动最厉害，也是破坏最严重的地区，称为震中区或极震区；地面某处至震中的距离称为震中距；地震时地面上破坏程度相近的点连成的线称为等震线；震源至地面的垂直距离称为震源深度（图 1.19）。

图 1.19 地震的基本概念示意图

依其成因，地震可分为三种主要类型：火山地震、塌陷地震和构造地震。根据震源深度不同，又可将构造地震分为三种：浅源地震——震源深度不大于 60km；中源地震——震源深度为 60～300km；深源地震——震源深度大于 300km。

地震引起的振动以波的形式从震源向各个方向传播，使地面发生剧烈的运动，从而使建筑结构产生上下跳动及水平晃动。当结构经受不住这种剧烈的颠晃时，就会产生破坏甚至倒塌。

1. 地震的震级

衡量地震大小的等级称为震级，它表示一次地震释放能量的多少，一次地震只有一个震级。地震的震级一般采用里氏震级，用符号 M 表示。

里氏震级

一般来说，震级小于里氏 2.0 级的地震，人们感觉不到，称为微震；里氏 2.0～4.0 级的地震称为有感地震；里氏 5.0 级以上的地震称为破坏地震，会对建筑物造成不同程度的破坏；里氏 7.0～8.0 级的地震称为强烈地震或大地震；超过里氏 8.0 级的地震称为特大地震。到目前为止，世界最大的地震是 1960 年发生在智利的里氏 9.5 级地震。

2. 地震烈度

地震烈度是指某一地区地面和建筑物遭受一次地震影响的强烈程度。地震烈度不仅与震级大小有关，而且与震源深度、震中距、地质条件等因素有关。一次地震只有一个震级，然而同一次地震却有好多个地震烈度区。一般来说，离震中越近，地震烈度越高，震中区地震烈度最高，称为震中烈度。我国地震烈度采用十二度划分法。

中国地震烈度表

3. 抗震设防烈度

抗震设防是指对建筑物进行抗震设计并采取抗震构造措施，以达到抗震的效果。抗震设防的依据是抗震设防烈度。抗震设防烈度是按国家批准权限审定，作为一个地区抗震设防依据的地震烈度。《建筑抗震设计规范（2016年版）》附录 A 中给出了我国主要城镇的抗震设防烈度。

抗震设防

我国抗震设防的范围为地震烈度为 6 度、7 度、8 度和 9 度的地区。抗震设防烈度为 6 度及以上地区的建筑，必须进行抗震设计。抗震设防烈度大于 9 度地区的建筑和行业有特殊要求的工业建筑，其抗震设计应按有关专门规定执行。

我国主要城镇抗震设防烈度

> **学中做**
>
> 查一查你所在的地区抗震设防烈度为几度。

> **特别提示**
>
> （1）震级和地震烈度的区别：地震时，新闻报道中的都是震级，如我国"7•28"唐山地震是7.8级，"5•12"汶川地震是8.0级。一次地震只能有一个震级，而可以有多个烈度。一般来说，离震中越远，地震烈度越小，我国地震烈度分为十二度。
>
> （2）震级和抗震设防烈度的区别：震级越大，地震对建筑物的破坏作用也越大，为了减小地震对建筑物的影响，我们设计的建筑物要能抵抗地震的破坏。我国抗震设防烈度有6度、7度、8度、9度，抗震设防烈度越高，意味着结构抗震性能越好。

1.2.2　地震的破坏作用

1. 地表的破坏现象

在强烈地震作用下，地表的破坏现象为地裂缝（图1.20）、喷砂冒水、地面下沉，以及河岸、陡坡滑坡。

2. 建筑物的破坏现象

（1）结构丧失整体性：房屋建筑或构筑物是由许多构件组成的，在强烈地震作用下，构件连接不牢、支撑长度不够和支撑失稳等都会使结构丧失整体性而破坏（图1.21）。

图1.20　地震产生的地裂缝

图1.21　地震产生的房屋破坏现象

（2）强度破坏：对于未考虑抗震设防或设防不足的结构，在具有多向性的地震力作用下，构件会因强度不足而破坏。如地震时砖墙产生交叉斜裂缝、钢筋混凝土柱被剪断、压酥等（图1.22）。

图1.22　地震时砖墙产生交叉斜裂缝、钢筋混凝土柱被压酥现象

（3）地基失效：在强烈地震作用下，地基承载力可能下降甚至丧失，也可能由于地基饱和砂层液化而造成建筑物沉陷、倾斜或倒塌。

3. 次生灾害

次生灾害是指地震时给排水管网、煤气管道、供电线路的破坏，以及易燃、易爆、有毒物质、核物质容器的破裂，堰塞湖等造成的水灾、火灾、污染、瘟疫等严重灾害。这些次生灾害有时比地震造成的直接损失还大。

2011 年 3 月 11 日，日本当地时间 14 时 46 分，日本东北部海域发生里氏 9.0 级地震并引发海啸，导致日本福岛第一核电站 1~4 号机组发生核泄漏事故，造成重大人员伤亡和财产损失。地震引发的海啸还影响到太平洋沿岸的大部分地区。

1.2.3 建筑抗震设防

1. 建筑抗震设防目标

《建筑抗震设计规范（2016 年版）》提出了"三水准两阶段"的建筑抗震设防目标。

（1）第一水准——小震不坏：当遭受低于本地区抗震设防烈度的多遇地震影响时，建筑一般不受损坏或不需修理可继续使用。

（2）第二水准——中震可修：当遭受相当于本地区抗震设防烈度的地震影响时，建筑可能损坏，经一般修理或不需修理仍可继续使用。

（3）第三水准——大震不倒：当遭受高于本地区抗震设防烈度预估的罕遇地震影响时，建筑不致倒塌或发生危及生命的严重破坏。

"两阶段"指弹性阶段的承载力计算和弹塑性阶段的变形验算。

《建筑工程抗震设防分类标准》

2. 建筑抗震设防分类

在进行建筑设计时，应根据建筑的重要性不同，采取不同的抗震设防标准。《建筑工程抗震设防分类标准》将建筑按其使用功能的重要程度不同，分为四类，见表 1-1。

表 1-1 抗震设防标准分类

分类	定义	抗震设防标准
（1）甲类（特殊设防类）	指使用上有特殊设施，涉及国家公共安全的重大建筑工程和地震时可能发生严重次生灾害等特别重大灾害后果，需要进行特殊设防的建筑。如三级医院中承担特别重要医疗任务的门诊、医技、住院用房；承担研究、中试和存放剧毒的高危险传染病病毒任务的疾病预防与控制中心的建筑或其区段；国家和区域的电力调度中心；国际出入口局、国际无线电台、国家卫星通信地球站、国际海缆登陆站等	应按高于本地区抗震设防烈度提高一度的要求加强其抗震措施；但抗震设防烈度为 9 度时，应按比 9 度更高的要求采取抗震措施

续表

分类	定义	抗震设防标准
（2）乙类 （重点设防类）	指地震时使用功能不能中断或需尽快恢复的生命线相关建筑，以及地震时可能导致大量人员伤亡等重大灾害后果，需要提高设防标准的建筑。如县、县级市及以上的疾病预防与控制中心的主要建筑；作为应急避难场所的建筑；消防车库及其值班用房；特大型的体育场；大型的电影院、剧场、礼堂、图书馆的视听室和报告厅、文化馆的观演厅和展览厅、娱乐中心建筑；人流密集的大型多层商场；大型博物馆、大型展览馆、会展中心等；幼儿园、小学、中学的教学用房，以及学生宿舍和食堂等	应按高于本地区抗震设防烈度一度的要求加强其抗震措施；但抗震设防烈度为9度时，应按比9度更高的要求采取抗震措施
（3）丙类 （标准设防类）	指大量的除（1）、（2）、（4）条以外按标准要求进行设防的建筑。如居住建筑的抗震设防类别不应低于标准设防类	应按本地区抗震设防烈度确定其抗震措施和地震作用，达到在遭遇高于当地抗震设防烈度的预估罕遇地震影响时，不致倒塌或发生危及生命安全的严重破坏的抗震设防目标
（4）丁类 （适度设防类）	指使用上人员稀少且震损不致产生次生灾害，允许在一定条件下适度降低要求的建筑。如一般的储存物品的价值低、人员活动少、无次生灾害的单层仓库等	允许比本地区抗震设防烈度的要求适当降低其抗震措施，但抗震设防烈度为6度时不应降低。一般情况下，仍应按本地区抗震设防烈度确定其地震作用

> **学中做**
>
> 根据《建筑工程抗震设防分类标准》，教学楼属于_____类设防，医院属于_____类设防。

1.2.4　抗震设计的基本要求

为了减轻房屋的地震破坏、避免人员伤亡、减少经济损失，必须对地震区的房屋进行抗震设计。建筑结构的抗震设计分为两大部分：一是计算设计——对地震作用效应进行定量分析计算；二是概念设计——正确地解决总体方案、材料使用和细部构造，以达到合理抗震设计的目的。根据概念设计的原理，在进行抗震设计时应遵守下列要求。

1. 选择对抗震有利的场地和地基

确定建筑场地时，应选择有利地段，避开不利地段。对危险地段，严禁建造甲、乙类建筑，不应建造丙类建筑。图 1.23 所示为没有选择有利地段的后果。

图 1.23　某县因山体崩塌产生巨大滚石，造成了建筑的破坏

地基和基础设计应符合下列要求：同一结构单元的基础不宜设置在性质截然不同的地基上；同一结构单元不宜部分采用天然地基，部分采用桩基础。

2. 选择对抗震有利的建筑体型

建筑设计应符合抗震概念设计的要求，不规则的建筑方案应按规定采取加强措施；特别不规则的建筑方案应进行专门研究和论证，采取特别的加强措施；不应采用严重不规则的建筑方案。建筑平面和立面布置宜规则、对称，其刚度和质量分布宜均匀。体型复杂的建筑宜设防震缝。

3. 选择合理的抗震结构体系

结构体系应根据建筑的抗震设防类别、抗震设防烈度、建筑高度、场地条件、地基、结构材料和施工等因素，经综合分析比较确定。结构体系应具有多道抗震防线，对可能出现的薄弱部位，应采取措施提高抗震能力。

4. 结构构件应有利于抗震

结构构件应符合下列要求：砌体结构应按规定设置钢筋混凝土圈梁和构造柱、芯柱，或采用约束砌体、配筋砌体等；混凝土结构构件应控制截面尺寸和受力钢筋与箍筋的设置；钢结构构件应避免局部失稳或整个构件失稳；多高层的混凝土楼、屋盖宜优先采用现浇混凝土板，当采用混凝土预制装配式楼、屋盖时，应从楼盖体系和构造上采取措施确保各预制板之间连接的整体性。

5. 处理好非结构构件

非结构构件包括建筑非结构构件（如女儿墙、围护墙、隔墙、幕墙、装饰贴面等）和建筑附属机电设备。附着于楼、屋面结构上的非结构构件以及楼梯间的非承重墙体，应与主体结构有可靠的连接或锚固，避免地震时倒塌伤人或砸坏重要设备；围护墙和隔墙应考虑对结构抗震的不利影响，避免不合理设置而导致主体结构的破坏；幕墙、装饰贴面与主体结构应有可靠的连接，避免地震时脱落伤人；安装在建筑上的附属机械、电气设备系统

的支座和连接应符合地震时使用功能的要求,且不应导致相关部件的损坏。图1.24所示的小塔楼遭破坏,就是因为非结构构件设置得不合理。

图1.24　混凝土结构小塔楼破坏状况

6．采用隔震和消能减震设计

隔震和消能减震是建筑结构减轻地震灾害的新技术。隔震装置及设置部位如图1.25所示。

图1.25　隔震装置及设置部位

隔震的基本原理:通过隔震层的大变形来减少其上部结构的地震作用,从而减少地震破坏。隔震设计主要解决的问题是隔震层的位置、隔震垫的布置及隔震支座的受力计算。

消能减震的基本原理:通过消能器的设置来控制预期的结构变形,从而使主体结构在罕遇地震下不发生严重破坏。消能减震设计主要解决的问题是消能器及消能部件的选型、布置,以及与主体结构的连接及计算。

目前,隔震和消能减震设计主要应用于使用功能有特殊要求的建筑及抗震设防烈度为8度、9度的建筑。

7．合理选用材料

结构材料性能指标应符合下列最低要求。

(1)砌体结构材料应符合下列规定:普通砖和多孔砖的强度等级不应低于MU10,其砌筑砂浆强度等级不应低于M5;混凝土小型空心砌块的强度等级不应低于MU7.5,其砌筑砂浆强度等级不应低于M7.5。

（2）混凝土结构材料应符合下列规定：框支梁、框支柱，以及抗震等级为一级的框架梁、柱、节点核心区的混凝土，其强度等级不应低于C30；构造柱、芯柱、圈梁及其他各类构件的混凝土强度等级不应低于C20。同时，对于混凝土结构中的混凝土强度等级，抗震墙不宜超过C60，其他构件，抗震设防烈度为9度时不宜超过C60，抗震设防烈度为8度时不宜超过C70。

（3）钢结构的钢材应符合下列规定：有明显的屈服台阶，且伸长率应大于20%；有良好的焊接性和合格的冲击韧性。

（4）普通钢筋宜优先采用延性、韧性和可焊性较好的钢筋；纵向受力钢筋宜选用符合抗震性能指标的不低于HRB400级的热轧钢筋，也可采用符合抗震性能指标的HPB300级热轧钢筋；箍筋宜选用符合抗震性能指标的不低于HRB400级的热轧钢筋，也可选用HPB300级热轧钢筋。

8. 保证施工质量

（1）在施工中，当需要以强度等级较高的钢筋代替原设计中的纵向受力钢筋时，应按照钢筋受拉承载力设计值相等的原则换算，并应满足最小配筋率要求。

（2）钢筋混凝土构造柱和底部框架抗震墙房屋中的砌体抗震墙，其施工应先砌墙，后浇混凝土构造柱和框架梁柱。

> **特别提示**
>
> （1）砌体：块材的强度等级用符号MU××表示；砂浆的强度等级用符号M××表示。
> （2）混凝土的强度等级用符号C××表示。后面数值越大，其强度等级越高。

课外阅读

享誉中外的释迦塔（山西应县木塔，图1.26）建于辽清宁二年（公元1056年），是中国现存最高、最古老，且是唯一的木结构塔式建筑，与意大利比萨斜塔、法国埃菲尔铁塔并称"世界三大奇塔"。塔高67.31m，底层直径30.27m，呈平面八角形。释迦塔遭受了多次强地震袭击，仅地震烈度在5度以上的就有十几次，而保证木塔千年不倒的原因是其结构科学合理，卯榫结合，刚柔相济。这种刚柔结合的结构特点有着巨大的耗能作用，释迦塔的这一减震设计在某些程度上甚至超过现代的建筑科技水平。

图1.26 释迦塔

1.3 课程教学任务、目标和特点

1.3.1 教学任务

本课程的教学任务是使学生了解必要的力学基础知识，掌握建筑结构的基本概念以及结构施工图的识读方法，能运用所学知识分析和解决建筑工程实践中较为简单的结构问题；培养学生的力学素质，为学习其他课程提供必要的基础；同时培养学生严谨、科学的思维方式，以及认真、细致的工作态度。

建筑力学与结构，其内容在实际工程中是较为复杂的。它是在建筑施工图的基础上，通过结构方案布置、构件和结构受力分析、荷载计算、内力分析、材料选择、构造措施等，作出结构施工图和结构计算书。因此，学好这门重要的专业基础课程是正确理解和贯彻设计意图、确定建筑及施工方案、组织施工、处理建筑施工中的结构问题、防止发生工程事故及保证工程质量所必须具备的基础。

本课程讲授时，建议多结合当地实际，进行多媒体教学、参观建筑工地等活动环节。

1.3.2 教学目标

本课程教学时数约72学时，通过一学期的学习，学生需达到以下目标。

1. 知识目标

学生应领会必要的力学概念，了解建筑结构材料的主要力学性能，掌握建筑结构基本构件的受力特点，掌握简单结构构件的设计方法，了解建筑结构抗震基本知识，掌握建筑结构施工图的识读方法。

2. 能力目标

学生应具有对简单结构进行结构分析和绘制内力图的能力；具有正确选用各种常用结构材料的能力；具有熟练识读结构施工图和绘制简单结构施工图的能力；理解钢筋混凝土基本构件承载力的计算思路；熟悉钢筋混凝土结构、装配式混凝土结构、钢结构及建筑物基础的主要构造，能理解建筑工程中出现的一般结构问题。

3. 思想素质目标

学生应形成从事职业活动所需要的工作方法和学习方法，养成科学的思维习惯；培养勤奋向上、严谨求实的工作态度；具有自学和拓展知识、接受终身教育的基本能力。

1.3.3 课程特点

（1）本课程内容较多，公式多、符号多，不能死记硬背，要结合图纸、结合实际去理解，在理解的基础上逐步记忆。

（2）注意学习我国现行工程建设规范，本课程涉及主要规范见表1-2。

表1-2 本课程涉及主要规范

名称	编号
工程结构通用规范	GB 55001—2021
混凝土结构通用规范	GB 55008—2021
建筑与市政工程抗震通用规范	GB 55002—2021
建筑结构荷载规范	GB 50009—2012
建筑结构可靠性设计统一标准	GB 50068—2018
混凝土结构设计规范（2015年版）	GB 50010—2010
钢结构设计标准	GB 50017—2017
建筑地基基础设计规范	GB 50007—2011
建筑抗震设计规范（2016年版）	GB 50011—2010
建筑工程抗震设防分类标准	GB 50223—2008
混凝土结构施工图平面整体表示方法制图规则和构造详图	22G101—1 22G101—2 22G101—3

百年大计，质量为本。国家规范是工程人的行动准则，必须严格按照我国规范开展工程，不能违背，也容不得半点儿马虎。在课程学习过程中，一定要养成科学严谨、一丝不苟的工作习惯，遵纪守法，严守规范，要做一名合格的施工员。

（3）教学内容围绕一套图纸展开，因此必须先看懂图纸，同时结合当地的实际工程，做到学有所用。

（4）本课程与"建筑材料""建筑识图与构造""建筑施工技术"等课程密切相关，要学好本课程必须努力学好上述几门课程。

模块小结

（1）结构的功能要求。在正常施工和正常使用时，能承受可能出现的各种作用，在设计规定的偶然事件发生时及发生后，仍能保持必需的整体稳定性；在正常使用条件下具有良好的工作性能；在正常维护下具有足够的耐久性能；概括起来就是安全性、适用性、耐久性，统称可靠性。

（2）结构的极限状态。整个结构或结构的一部分超过某一特定状态就不能满足设计规定的某一功能要求，此特定状态就称为结构该功能的极限状态，包括承载能力极限状态、正常使用极限状态和耐久性极限状态。承载能力极限状态是指结构或结构构件达到最大承载力而出现不适于继续承载的变形等，一旦超过此状态，就可能发生严重后果；正常使用极限状态是指结构或结构构件达到正常使用或耐久性能的某项规定限值；耐久性极限状态是指材料性能劣化、材料削弱等。

（3）我国建筑抗震设防目标是"三水准两阶段"。"三水准"指小震不坏、中震可修、大震不倒；"两阶段"指弹性阶段的承载力计算和弹塑性阶段的变形验算。

（4）抗震设计的基本要求。选择对抗震有利的场地和地基；选择对抗震有利的建筑体型；选择合理的抗震结构体系；结构构件应有利于抗震；处理好非结构构件；采用隔震和消能减震设计；合理选用材料；保证施工质量。

习　题

一、填空题

1. 房屋建筑中能承受荷载作用，起骨架作用的体系称为_____。
2. 建筑结构按受力和构造特点不同可分为_____、_____、_____、_____、_____。
3. 建筑结构按所用的材料不同分为_____、_____、_____、_____。
4. 框架结构的主要承重体系由_____和_____组成。
5. 结构的_____、_____和_____统称为结构的可靠性。
6. 结构或结构构件达到最大承载能力而出现不适于继续承载的变形的极限状态称为_____。
7. 结构或结构构件达到正常使用或耐久性能的某项规定限值的极限状态称为_____。
8. 根据结构的功能要求，极限状态可划分为_____、_____和_____。

二、选择题

1. 当结构或结构的一部分作为刚体失去了平衡状态，就认为超出了（　　）。
   A．承载能力极限状态　　　　　　B．正常使用极限状态
   C．刚度　　　　　　　　　　　　D．柔度
2. 下列几种状态中，不属于超过承载能力极限状态的是（　　）。
   A．结构转变为机动体系　　　　　B．结构丧失稳定
   C．地基丧失承载力而破坏　　　　D．结构产生影响外观的变形
3. 结构的可靠性是指（　　）。
   A．安全性、耐久性、稳定性　　　B．安全性、适用性、稳定性
   C．适用性、耐久性、稳定性　　　D．安全性、适用性、耐久性
4. 《建筑抗震设计规范（2016年版）》提出的抗震设防目标为（　　）。
   A．三水准两阶段　　　　　　　　B．三水准三阶段
   C．两水准三阶段　　　　　　　　D．单水准单阶段
5. 在抗震设防中，小震对应的是（　　）。
   A．小型地震　　B．多遇地震　　C．偶遇地震　　D．罕遇地震
6. 下列哪种结构形式对抗震是最有利的？（　　）
   A．框架结构　　B．砌体结构　　C．剪力墙结构　　D．桁架结构
7. 下列结构类型中，抗震性能最佳的是（　　）。
   A．钢结构　　　　　　　　　　　B．现浇钢筋混凝土结构
   C．预应力混凝土结构　　　　　　D．装配式钢筋混凝土结构

8．下列哪些结构布置对抗震是不利的？（　　）
　　A．不对称　　　　　　　　　　　B．各楼层屈服强度按层高变化
　　C．同一楼层的各柱等刚度　　　　D．采用变截面抗震墙
9．框架结构的特点有（　　）。
　　A．建筑平面布置灵活　　　　　　B．适用于商场、展厅及轻工业厂房
　　C．构件简单　　　　　　　　　　D．施工方便

三、判断题
1．结构在正常使用时，不能出现影响正常使用或外观的变形。　　　　　　（　　）
2．构件若超出承载能力极限状态，就有可能发生严重后果。　　　　　　　（　　）
3．目前来讲，抗震能力的概念设计比理论计算重要。　　　　　　　　　　（　　）

模块1
在线答题

模块 2　建筑结构施工图

思维导图

模块 2 建筑结构施工图

引例

图 2.1 所示为二层框架结构教学楼（实例）的建筑效果图，其建筑施工图和结构施工图见附录 A。实际工程中我们看见的都是施工图。

图 2.1 实例的建筑效果图

一栋房屋从施工到建成，需要有全套房屋施工图（即常说的建筑施工图、结构施工图、给排水施工图、电气施工图、暖通施工图）作指导。在整套施工图中，建筑施工图处于主导地位，结构施工图是施工的重要依据。

思考：如何读懂结构施工图？结构施工图表达的内容是什么？

我们在"建筑识图与构造"课程中学习了建筑施工图，它表达了建筑的外形、大小、功能、内部布置、内外装修和细部结构的构造做法，而建筑的各承重构件（如基础、柱、梁、板等）的布置和配筋并没有表达出来。因此，在进行建筑设计时，除了要画出建筑施工图，还要进行结构设计，画出结构施工图。本模块将介绍结构施工图的内容。

结构施工图概述

2.1 结构施工图的内容与作用

2.1.1 结构施工图的内容

结构施工图主要表示承重构件（基础、墙、柱、梁、板）的结构布置，构件种类、数量，构件的内部构造、配筋和外部形状大小，材料及构件间的相互关系。其内容包括以下几点。

（1）结构设计总说明。

（2）基础施工图：包括基础（含设备基础、基础梁、地圈梁）平面布置图和基础详图。

（3）结构平面布置图：包括楼层结构平面布置图和屋面结构平面布置图。

剪力墙结构图

027

（4）柱（墙）、梁、板的配筋图：包括梁、板结构详图。

（5）结构构件详图：包括楼梯（电梯）结构详图和其他详图（如预埋件、连接件等）。

上述顺序即为结构施工图的识读顺序。

> **特别提示**
>
> （1）结构施工图必须与建筑施工图密切配合，它们之间不能产生矛盾。
>
> （2）根据工程的复杂程度，结构说明的内容有多有少，一般将内容详列在一张"结构设计总说明"图纸上。
>
> （3）基础断面详图应尽可能与基础平面布置图在同一张图纸上，以便对照施工，方便读图。

2.1.2 结构施工图的作用

结构施工图主要作为施工放线，开挖基槽，安装梁、板构件，浇筑混凝土，编制施工预算，进行施工备料及作施工组织计划等的依据。

2.1.3 常用结构构件代号和钢筋的表示方法

建筑结构中的承重构件往往种类多、数量多，而且布置复杂，为了图面清晰，把不同的构件表达清楚，便于施工，在结构施工图中，构件的位置用其代号表示，每个构件都有其相应的代号。《建筑结构制图标准》（GB/T 50105—2010）中规定这些代号用构件名称汉语拼音的第一个大写字母表示。要识读结构施工图，必须熟悉各类构件代号，常用结构构件代号见表2-1。

钢筋代号：φ—HPB300级钢筋；Φ—HRB400级钢筋；Φ—HRB500级钢筋。

例如，φ8@200表示HPB300级钢筋，直径为8mm，间距为200mm；4Φ18表示4根直径为18mm的HRB400级钢筋。钢筋的画法见表2-2。

> **特别提示**
>
> 在阅读结构施工图前，必须先阅读建筑施工图，建立起立体感；在识读结构施工图期间，应先看文字说明后看图样；应反复核对结构与建筑中同一部位的表示，这样才能准确地理解结构施工图中所表达的内容。

表 2-1　常用结构构件代号

序号	名称	代号	序号	名称	代号
1	板	B	15	楼梯梁	TL
2	屋面板	WB	16	框支梁	KZL
3	空心板	KB	17	框架梁	KL
4	槽形板	CB	18	屋面框架梁	WKL
5	折板	ZB	19	框架	KJ
6	楼梯板	TB	20	刚架	GJ
7	预应力空心板	YKB	21	柱	Z
8	梁	L	22	构造柱	GZ
9	屋面梁	WL	23	承台	CT
10	吊车梁	DL	24	桩	ZH
11	圈梁	QL	25	雨篷	YP
12	过梁	GL	26	阳台	YT
13	连系梁	LL	27	预埋件	M
14	基础梁	JL	28	基础	J

表 2-2　钢筋的画法

序号	说明	图例
1	在结构平面布置图中，双层钢筋底层钢筋的弯钩应向上或向左，顶层钢筋的弯钩则向下或向右	(底层) (顶层)
2	钢筋混凝土墙体配双层钢筋时，在配筋立面图中，远面钢筋的弯钩应向上或向左，近面钢筋的弯钩则向下或向右	（JM 近面；YM 远面）
3	在断面图中不能表达清楚的钢筋布置（如钢筋混凝土墙、楼梯等），应在断面图外增加钢筋大样图	
4	箍筋、环筋等若布置复杂，可增加钢筋大样图及说明	或
5	每组相同的钢筋、箍筋或环筋，可用一根粗实线表示，同时用一两端带斜短画线的横穿细线，表示其余钢筋及起止范围	

2.2 钢筋混凝土框架结构施工图

引例

实例中教学楼为二层全现浇钢筋混凝土框架结构，层高为 3.6m，平面尺寸为 45m×17.4m，建筑抗震设防烈度为 7 度。其建筑平、立面图见附录 A 建施-1~建施-3。该楼的图纸表达与本模块引例（建筑效果图）有何异同？

2.2.1 框架结构施工图的内容

以实例为例，框架结构施工图的内容如下。
（1）结施-1：结构设计总说明及图纸目录。
（2）结施-2：基础平面布置图。
（3）结施-3：柱平法施工图。
（4）结施-4：楼面板模板配筋图。
（5）结施-5：楼面梁平法施工图。
（6）结施-6：屋面板模板配筋图。
（7）结施-7：屋面梁平法施工图。
（8）结施-8：楼梯结构详图。

2.2.2 钢筋混凝土框架结构施工图的识读

实例解读 1

结施-1 为结构设计总说明及图纸目录。由图可知：工程为二层框架结构，7 度抗震设防，墙体材料的类型、规格、强度等级，混凝土及钢筋的等级，构造要求，施工注意事项，选用标准图集等情况均有说明。

结施-2 为基础平面布置图，局部如图 2.2 所示。由图可知：地基承载力特征值是 200kPa，基础类型为柱下独立基础，共有 3 种基础形式，JC-1、JC-2、JC-3，基底标高为-1.500m，各种基础的尺寸、定位均有说明。JC-1~JC-3 的基础详图和配筋见 JC-×、A—A 剖面图、柱下独立基础参数表。JC-1 为正方形，尺寸为 2000mm×2000mm，板底钢筋网片为 ⌀12@150，两个方向钢筋直径均为 12mm，间距为 150mm；JC-2 为正方形，尺寸为 2500mm×2500mm，板底钢筋网片为 ⌀12@150，钢筋直径为 12mm，间距为 150mm；JC-3 为一圆柱（直径 500mm）下的基础，尺寸为 2200mm×2200mm。

图 2.2 基础平面布置图（局部）

墙下基础分布在各道轴线上。外墙剖面 1—1，墙下条形基础定位轴线两侧的线是基础墙的断面轮廓线，墙线外侧的细线是可见的墙下基础底部轮廓线，宽度为 600mm。所有外墙墙体厚度均为 240mm，轴线居中（距内、外侧均为 120mm）。内墙剖面 2—2，宽度为 600mm，采用元宝基础。

> **特别提示**
>
> （1）①号筋、②号筋均为受力钢筋，网状配置。
> （2）基坑尺寸和标高不包括垫层宽和厚度，实际开挖时注意考虑垫层。

结施-4 和结施-6 为楼面板和屋面板模板配筋图，局部如图 2.3 所示。

图 2.3　楼面板模板配筋图（局部）

对图 2.3 的识读如下。

（1）板是连续单向板，板厚 130mm，板跨中下部受拉，支座上部受拉，受力钢筋配在受拉侧，即⑫号筋在下部，②号筋在上部。

（2）支座上部钢筋的内侧还有分布钢筋 Φ8@200（图中未标出）。

（3）下部短向钢筋⑫放在长向钢筋⑬的外侧。

（4）板上负筋长度为 $\frac{1}{4}$ 跨度，即 $\frac{1}{4} \times 3000 = 750 \,(\text{mm})$。

> **想一想**
>
> 　　结施-3 是柱平法施工图，结施-5 和结施-7 为楼面梁和屋面梁平法施工图。那么什么是平法施工图？制图规则有何规定？

2.2.3 平面整体表示方法制图规则及识图

《混凝土结构施工图平面整体表示方法制图规则和构造详图》(以下简称平法)是目前我国混凝土结构施工图的主要设计表示方法。图集号分别为:22G101—1(现浇混凝土框架、剪力墙、梁、板),22G101—2(现浇混凝土板式楼梯),22G101—3(独立基础、条形基础、筏形基础、桩基础)。

由于平法施工图采用了全新的平面整体表示方法制图规则来表达,在识读平法施工图时,应首先掌握平法制图规则,能识读平法标准构造图集,逐步理解规范条文和积累一定的施工经验。现主要介绍22G101—1标准构造图集的制图规则。

1. 柱平法施工图制图规则

柱平法施工图即在柱平面布置图上采用截面注写方式或列表注写方式表达柱构件的截面形状、几何尺寸、配筋等设计内容,并用表格或其他方式注明包括地下和地上各层的结构层楼(地)面标高、结构层高及相应结构层号(与建筑楼层号一致)。

柱编号见表2-3。

表2-3 柱编号

柱类型	代号	序号
框架柱	KZ	××
转换柱	ZHZ	××
芯柱	XZ	××

结构层标高指扣除建筑面层及垫层厚度后的标高,如图2.4所示。结构层应含地下及地上各层,同时应注明相应结构层号(与建筑楼层号一致)。

图2.4 结构层楼面标高示例

1)截面注写方式

截面注写方式是指在分标准层绘制的柱平面布置图的柱截面上,分别在同一编号的柱中选择一个截面,以直接注写截面尺寸和配筋具体数值的方式,来表达柱平法施工图(图2.5)。其步骤为:首先对所有柱截面进行编号,然后从相同编号的柱中选择一个截面,按另一种比例在原位放大绘制柱截面配筋图,并在各配筋图上继其编号后再注写截面尺寸 $b×h$,角筋或全部纵向钢筋、箍筋的具体数值,以及柱截面与轴线关系的具体数值。

图 2.5 柱平法施工图截面注写方式

> **特别提示**
>
> 截面注写方式绘制的柱平法施工图图纸数量一般与标准层数相同。但对不同标准层的不同截面和配筋，也可根据具体情况在同一柱平面布置图上用加括号"（ ）"的方法来区分和表达不同标准层的注写数值。加括号的方法是设计人员用来区分图纸上图形相同、数值不同的情况的有效方法。

2）结构层标高、结构层高及相应结构层号

此项内容可以用表格或其他方法注明，用来表达所有柱沿高度方向的数据，方便设计和施工人员查找、修改。如二层楼面，其结构层楼面标高为3.570m，结构层高为3.6m，其表格见表2-4。

表 2-4 结构层标高及结构层高示例

层号	标高/m	结构层高/m
屋面	7.200	0
2	3.570	3.6
1	基础顶面	3.6

实例解读 2

图 2.5 为实例中结施-3 节选。图中框架柱 KZ1 是角柱，截面尺寸为 500mm×500mm，柱中纵向受力钢筋：四角 4⊈25 钢筋，两边各配有 2⊈22 和 2⊈20 钢筋，箍筋 ⊈10@100（表示箍筋为 HRB400 级钢筋，直径为 10mm，沿全高加密，间距为 100mm）。框架柱 KZ2 仍是角柱，截面尺寸为 500mm×550mm，柱中纵向受力钢筋：四角 4⊈25 钢筋，两边各配有 3⊈25、2⊈22 钢筋，箍筋 ⊈10@100（表示箍筋为 HRB400 级钢筋，直径为 10mm，沿全高加密，间距为 100mm）。框架柱 KZ3，截面尺寸为 500mm×500mm，柱中纵向受力钢筋 12⊈22，箍筋 ⊈10@100/200（表示箍筋为 HRB400 级钢筋，直径为 10mm，加密区间距为 100mm，非加密区间距为 200mm）。柱高度自基础顶到 7.200m。

图 2.6 所示为 KZ3 配筋图及抽筋图，读者可以对照阅读。

图 2.6 KZ3 配筋图及抽筋图

> 知识链接

柱平法施工图列表注写方式

柱平法施工图列表注写方式，就是在柱平面布置图上，分别在不同编号的柱中各选择一个（有时需几个）截面，标注柱的几何参数代号；另在柱表中注写柱号、柱段起止标高、柱的几何尺寸与配筋具体数值；同时配以各种柱截面形状及其箍筋类型图，来表达柱平法施工图。一般情况下，用一张图纸便可以将本工程所有柱的设计内容（构造要求除外）一次性表达清楚。

第一部分：柱平面布置图。在柱平面布置图上，分别在不同编号的柱中各选择一个（或几个）截面，标注柱的几何参数代号 b_1、b_2、h_1、h_2，用以表示柱截面形状及与轴线的关系。

第二部分：柱表。柱表内容包含以下 6 部分。

（1）柱号：由柱类型代号（如 KZ）和序号（如 1，2，…）组成，应符合表 2-3 的规定。给柱编号一方面可以使设计和施工人员对柱的种类、数量一目了然；另一方面在必须与之配套使用的标准构造详图中，也按构件类型统一编制了代号，这些代号与平法施工图中相同类型的构件的代号完全一致，使二者之间建立明确的对应互补关系，从而保证结构设计的完整性。

（2）各段柱的起止标高：自柱根部往上，以变截面位置或截面未变但配筋改变处为界分段注写。框架柱和框支柱的根部标高指基础顶面标高，梁上柱的根部标高指梁顶面标高，如图 2.7（a）所示。剪力墙上柱的根部标高分两种：当柱纵向钢筋锚固在墙顶部时，其根部标高为墙顶面标高，如图 2.7（b）所示；当柱与剪力墙重叠一层时，其根部标高为墙顶面往下一层的结构层楼面标高，如图 2.7（c）所示。

图 2.7 柱的根部标高起始点示意图

（3）柱截面尺寸 $b \times h$ 及与轴线关系的几何参数代号 b_1、b_2 和 h_1、h_2 的具体数值，须对应各段柱分别注写。其中 $b = b_1 + b_2$，$h = h_1 + h_2$。当截面的某一边收缩变化至与轴线重合或偏离轴线的另一侧时，b_1、b_2、h_1、h_2 中的某项为零或为负值，如图 2.8 所示。

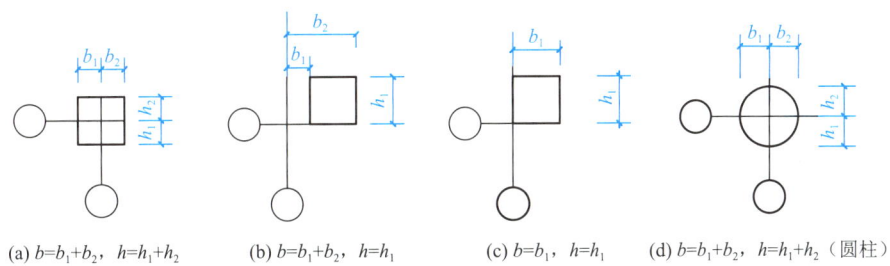

图 2.8 柱截面尺寸与轴线的关系

（4）**柱纵向钢筋**：分角筋、截面 b 边一侧中部筋和 h 边一侧中部筋 3 项。当柱纵向钢筋直径相同，各边根数也相同时，可将纵向钢筋写在"全部纵向钢筋"一栏中。采用对称配筋的矩形柱，可仅注写一侧中部筋，对称边省略。

（5）**箍筋种类、类型号及箍筋肢数**：在"箍筋类型号"栏内注写。具体工程所设计的箍筋类型图及箍筋复合的具体方式，需画在表的上部或图中的适当位置，并在其上标注与表中相对应的 b、h 和类型号，如图 2.9 所示。

（6）**柱箍筋**：包括钢筋级别、直径与间距。当为抗震设计时，用斜线"/"区分柱端箍筋加密区与柱身非加密区长度范围内箍筋的不同间距。例如：⌀8@100/200，表示箍筋为 HRB400 级钢筋，直径为 8mm，加密区间距为 100mm，非加密区间距为 200mm。当柱纵向钢筋采用搭接连接，且为抗震设计时，在柱纵向钢筋搭接长度范围内（应避开柱端的箍筋加密区）的箍筋，均应按 ≤5d（d 为柱纵向钢筋较小直径）且 ≤100mm 的间距加密。

实例解读 3

图 2.5 所述框架柱若用列表注写方式表达，如图 2.9 所示。

柱表

柱号	标高/m	$b×h$/mm	b_1/mm	b_2/mm	h_1/mm	h_2/mm	角筋	b 边一侧中部筋	h 边一侧中部筋	箍筋类型号	箍筋	备注
KZ1	基顶~7.200	500×500	250	250	250	250	4⌀25	2⌀22	2⌀20	1(4×4)	⌀10@100	起止标高：基顶~7.200
KZ2	基顶~7.200	500×550	250	250	300	250	4⌀25	3⌀25	2⌀22	1(4×4)	⌀10@100	起止标高：基顶~7.200
KZ3	基顶~7.200	500×500	250	250	250	250	4⌀22	2⌀22	2⌀22	1(4×4)	⌀10@100/200	起止标高：基顶~7.200
KZ4	基顶~7.200	400×400	200	200	250(300)	150(100)	4⌀22	2⌀22	2⌀20	1(4×4)	⌀10@100 ⌀10@100/200	起止标高：基顶~3.570 3.570~7.200

图 2.9 柱平法施工图列表注写方式

图 2.9 柱平法施工图列表注写方式（续）

2. 梁平法施工图制图规则

梁平法施工图，是在梁平面布置图上采用平面注写方式或截面注写方式表达。在梁平法施工图中，也应注明结构层标高及相应的结构层号（同柱平法标注）。需要注意的是：在柱、剪力墙和梁平法施工图中分别注明的结构层标高及结构层高必须保持一致，以保证用同一标准竖向定位。通常情况下，梁平法施工图的图纸数量与结构楼层的数量相同，图纸应清晰简明，便于施工。

平面注写方式是在梁平面布置图上，分别在不同编号的梁中各选一根梁，在其上注写截面尺寸和配筋的具体数值，如图 2.10 所示。

平面注写包括集中标注和原位标注。集中标注表达梁的通用数值，即梁多数跨相同的数值；原位标注表达梁的特殊数值，即梁个别截面与多数跨不同的数值。

图 2.10 实例中 KL3 梁平面注写方式对比示例

> **特别提示**
>
> 当集中标注中的某项数值不适用于梁的某部位时,则将该项数值原位标注。施工时,原位标注取值优先。这样既有效减少了表达上的重复,又保证了数值的唯一性。

1) 梁集中标注的内容

梁集中标注的内容,有 5 项必注值及 1 项选注值,规定如下。

(1) 梁编号。该项为必注值,由梁类型代号、序号、跨数及悬挑代号(如有)组成。根据梁的受力状态和节点构造的不同,将梁类型代号归纳为 8 种,其编号见表 2-5。

表 2-5　梁编号

梁类型	代号	序号	跨数、是否带悬挑
楼层框架梁	KL	××	（××）、（××A）或（××B）
屋面框架梁	WKL	××	（××）、（××A）或（××B）
框支梁	KZL	××	（××）、（××A）或（××B）
非框架梁	L	××	（××）、（××A）或（××B）
悬挑梁	XL	××	—
井字梁	JZL	××	（××）、（××A）或（××B）
楼层框架扁梁	KBL	××	（××）、（××A）或（××B）
托柱转换梁	TZL	××	（××）、（××A）或（××B）

注：(1)（××A）为一端有悬挑，（××B）为两端有悬挑，悬挑不计入跨内。
(2) 非框架梁 L、井字梁 JZL 表示端支座为铰接；当非框架梁、井字梁端支座上部纵向钢筋为充分利用钢筋的抗拉强度时，在梁代号后加"g"。
(3) 楼层框架扁梁节点核心区代号 KBH。
(4) 当非框架梁按受扭设计时，在梁代号后加"N"。

(2) **梁截面尺寸**。该项为必注值。等截面梁，用 $b\times h$ 表示；当为竖向加腋梁时，用 $b\times h$ Y$c_1\times c_2$ 表示，其中 c_1 为腋长，c_2 为腋高（图 2.11）；当为水平加腋梁时，用 $b\times h$ PY$c_1\times c_2$ 表示；当有悬挑梁且根部和端部的高度不同时，用斜线"/"分隔根部与端部的高度值，即 $b\times h_1/h_2$（图 2.12）。

图 2.11　竖向加腋梁截面尺寸注写示例

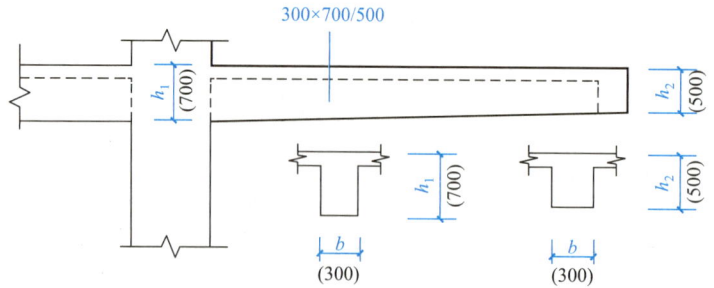

图 2.12　悬挑梁不等高截面尺寸注写示例

(3) **梁箍筋**。该项为必注值，包括钢筋级别、直径、加密区与非加密区间距及根数。箍筋加密区与非加密区的不同间距及根数需用斜线"/"分隔；当梁箍筋为同一种间距及根数时，则不需用斜线；当加密区与非加密区的箍筋根数相同时，则将根数注写一次；箍筋根数应写在括号内。加密区范围见相应抗震级别的构造详图（模块 8）。

> **特别提示**
>
> 框架抗震等级分四级，相应的加密区范围也有规定，详见模块 8 表 8-3。实例中框架抗震等级为二级。

(4) 梁上部通长钢筋或架立钢筋配置（通长钢筋可为相同或不同直径采用搭接连接、机械连接或对焊连接的钢筋）。该项为必注值，应根据结构受力要求及箍筋根数等构造要求而定。当同排纵向钢筋中既有通长钢筋又有架立钢筋时，应采用加号"+"将通长钢筋与架立钢筋相连。注写时需将角筋写在加号的前面，架立钢筋写在加号后面的括号内，以示不同直径及与通长钢筋的区别。当全部采用架立钢筋时，则将其写入括号内。

当梁的上部和下部纵向钢筋均为通长钢筋，且各跨配筋相同时，此项可加注下部纵向钢筋的配筋值，用分号";"将上部与下部纵向钢筋的配筋值分隔开来，少数跨不同者，可取原位标注。

(5) 梁侧面纵向构造钢筋或受扭钢筋配置。该项为必注值。当梁腹板高度 $h_w \geq 450mm$ 时，需配置纵向构造钢筋，所注规格与根数应符合规范规定。此项注写值以大写字母"G"打头，接续注写设置在梁两个侧面的总配筋值，且对称配置。

当梁侧面需配置纵向受扭钢筋时，此项注写值以大写字母"N"打头，接续注写配置在梁两个侧面的总配筋值，且对称配置。纵向受扭钢筋应满足梁侧面纵向构造钢筋的间距要求，且不再重复配置纵向构造钢筋。

(6) 梁顶面标高高差。该项为选注值。梁顶面标高高差是指相对于该结构层楼面标高的高差值，有高差时，需将其写入括号内，无高差时不注。一般情况下，需要注写梁顶面标高高差的有洗手间梁、楼梯平台梁、楼梯平台板边梁等。

2) 梁原位标注的内容

梁原位标注的内容规定如下。

(1) 梁支座上部纵向钢筋，应包含通长钢筋在内的所有纵向钢筋。

① 当上部纵向钢筋多于一排时，用斜线"/"将各排纵向钢筋自上而下分开。

如 KL3 梁 C 支座上部纵向钢筋注写为 2⌀22+4⌀20(4/2)，表示第一排纵向钢筋为 2⌀22（两侧）+2⌀20（中间），第二排纵向钢筋为 2⌀20（两侧）。

② 当同排纵向钢筋有两种直径时，用加号"+"将两种直径的纵向钢筋相连，注写时角筋在前。

如 KL3 梁 A 支座上部纵向钢筋注写为 2⌀22+2⌀20，表示有 4 根纵向钢筋，2⌀22 放在角部，2⌀20 放在中部。

③ 当梁中间支座两边的上部纵向钢筋不同时，需在支座两边分别标注；当梁中间支座两边的上部纵向钢筋相同时，可仅在支座的一边标注配筋值，另一边省去不注。

(2) 梁下部纵向钢筋，规定如下。

① 当下部纵向钢筋多于一排时，用斜线"/"将各排纵向钢筋自上而下分开。

如梁下部纵向钢筋注写为 6⌀25 2/4，表示上一排纵向钢筋为 2⌀25，下一排纵向钢筋为 4⌀25，全部伸入支座。

② 当同排纵向钢筋有两种直径时，用加号"+"将两种直径的纵向钢筋相连，注写时角筋在前。

如 KL3 梁右跨下部纵向钢筋注写为 2⎯25+2⎯22，表示 2⎯25 放在角部，2⎯22 放在中部。

③ 当梁下部纵向钢筋不全部伸入支座时，将梁支座下部纵向钢筋减少的数量写在括号内。

如下部纵向钢筋注写为 6⎯25 2(-2)/4，表示上一排纵向钢筋为 2⎯25，且不伸入支座；下一排纵向钢筋为 4⎯25，全部伸入支座。又如梁下部纵向钢筋注写为 2⎯25+3⎯22(-3)/5⎯25，表示上一排纵向钢筋为 2⎯25 和 3⎯22，其中 3⎯22 不伸入支座；下一排纵向钢筋为 5⎯25，全部伸入支座。

(3) 附加箍筋或吊筋，将其直接画在梁平面布置图中的主梁上，用线引注总配筋值（附加箍筋的肢数注在括号内），如图 2.13 所示。当多数附加箍筋或吊筋相同时，可在施工图中统一注明，少数不同值原位标注。

如 KL3 支承一梁，在支承处设 2⎯25 吊筋和附加箍筋（每侧 3 根，直径为 8mm，间距为 50mm），类型为图 2.13 所示 A 类。

D—附加横向钢筋所在主梁下部下排较粗纵向钢筋直径，D≤20mm；
d—附加箍筋所在主梁箍筋直径；n—附加箍筋所在主梁箍筋肢数。

图 2.13 主次梁相交处主梁各类型附加横向钢筋画法示例

实例解读 4

以 KL3 为例，该框架梁有 3 跨，两端跨截面尺寸为 250mm×600mm，中跨为 250mm×400mm。左端跨箍筋"⎯8@100/200（2）"，表示箍筋为 HRB400 级钢筋，直径为 8mm，双肢箍，端部加密间距为 100mm，中部非加密区间距为 200mm。中跨、右端跨"⎯8@100（2）"，表示箍筋为 HRB400 级钢筋，直径为 8mm，双肢箍，沿梁箍筋间距均为 100mm。

该梁上部通长钢筋 2⎯22，A 支座"2⎯22+2⎯20"表示通长钢筋 2⎯22 另加 2⎯20 支座负筋，B 支座"2⎯22+2⎯20"表示通长钢筋 2⎯22 另加 2⎯20 纵向钢筋，C 支座"2⎯22+4⎯20（4/2）"表示通长钢筋 2⎯22 另加 4⎯20 纵向钢筋（两排），D 支座"4⎯22"表示通长钢筋 2⎯22 另加 2⎯22 纵向钢筋。

该梁下部第一跨纵向钢筋 3⎯22，"G4⎯12"表示梁的两个侧面共配置 4⎯12 的纵向构造钢筋，每侧各 2⎯12。由于是构造钢筋，其搭接与锚固长度可取为 15d。下部第二跨纵向钢筋 3⎯18。下部第三跨纵向钢筋 2⎯25+2⎯22，"N4⎯14"表示梁的两个侧面共配置 4⎯14 的纵向受扭钢筋，每侧各配置2⊈14。由于是受力钢筋，其搭接长度为l_l或l_{lE}，其锚固长度与方式同框架梁下部纵向钢筋。

> **特别提示**
>
> 在主次梁交接处，主梁必须设附加横向钢筋，附加横向钢筋可以是箍筋或吊筋，也可以是箍筋加吊筋。

（4）其他。当在梁上集中标注的内容如截面尺寸、箍筋、通长钢筋、架立钢筋、梁侧构造钢筋、受扭钢筋或梁顶面标高高差等，不适用某跨或某悬挑部分时，则将其不同数值原位标注在该跨或该悬挑部位，施工时应按原位标注数值取用。

知识链接

梁平法施工图截面注写方式

梁平法施工图截面注写方式是在分标准层绘制的梁平面布置图上，分别在不同编号的梁中各选一根梁用剖面号引出配筋图，并在其上注写截面尺寸和配筋具体数值来表达梁平法施工图的方式。

其步骤为：对所有梁进行编号，从相同编号的梁中选择一根梁，先将"单边截面号"画在该梁上，再将截面配筋详图画在本图或其他图上。当某梁的顶面标高与该结构层的楼面标高不同时，尚应在其梁编号后注写梁顶面标高高差。

在截面配筋详图上注写截面尺寸$b×h$、上部纵向钢筋、下部纵向钢筋、侧面构造钢筋或受扭钢筋及箍筋的具体数值时，其表达形式与平面注写方式相同。

截面注写方式可以单独使用，也可以与平面注写方式结合使用。

板及现浇板式楼梯的平法注写方式

板的平法注写方式如图2.14所示。

图2.14 板的平法注写方式

现浇板式楼梯的平法注写方式如图2.15所示。

图 2.15　现浇板式楼梯的平法注写方式

模块小结

结构施工图是表达建筑物的结构形式及构件布置等的图样，是建筑施工的依据。

结构施工图一般包括基础施工图、结构平面布置图、构件详图等。基础施工图用来反映建筑物的基础形式、基础构件布置及构件详图。在识读基础施工图时，应重点了解基础的形式、布置位置、基础地面宽度、基础埋置深度等。楼层结构平面布置图主要反映了墙、柱、梁、板等构件的型号、布置位置，现浇及预制板装配情况。构件详图主要反映了构件的形状、尺寸、配筋、预埋件设置等情况。

在识读结构施工图时，要与建筑施工图对照阅读，因为结构施工图是在建筑施工图的基础上设计的。

习题

一、判断题

1. 在结构平面图中配置双层钢筋时，底层钢筋的弯钩应向下。（　　）
2. 欲了解建筑物的内部构造和结构形式，应查阅建筑立面图。（　　）
3. 在结构平面图中配置双层钢筋时，顶层钢筋的弯钩应向上。（　　）
4. 欲了解门窗的位置、宽度和数量，应查阅结构平面布置图。（　　）

二、思考题

1. 说出下列构件代号所表示的内容。

   TB　QL　KZL　YP　J　KB　GL　TL　KL　KZ

2. 识读实例中 KL1 平法配筋图。
3. 识读实例中 KZ1 平法配筋图。

模块 2
在线答题

模块 3　建筑力学基本知识

思维导图

引例

实例中的两层现浇钢筋混凝土框架结构教学楼，由现浇的梁、板、柱和基础等构件组成，这些构件整体浇筑在一起。楼面是现浇的钢筋混凝土板，由框架梁支承着，柱支承着框架梁，柱固结于现浇钢筋混凝土基础内。图 3.1 所示为某教室楼面构件布置示意图。

图 3.1　某教室楼面构件布置示意图

实例中各种构件之间，构件与构件上作用的家具、人群之间存在各种力的关系，房屋结构只有正确、合理地承担着各种力的作用，才能安全地工作。掌握基本的建筑力学知识，这是结构设计的第一步。

3.1　静力学的基本知识

3.1.1　静力学简介

静力学是研究物体在力作用下的平衡规律的科学。

平衡是物体机械运动的特殊形式，严格地说，物体相对于惯性参照系处于静止或做匀速直线运动的状态，即加速度为零的状态都称为平衡。对于一般工程问题，平衡状态是以地球为参照系确定的。例如，相对于地球静止不动的建筑物和沿直线匀速起吊的物体，都处于平衡状态。

> **特别提示**
>
> 房屋从开始建造时起，就承受各种力的作用。例如，楼板在施工中除承受自身的重力外，还承受人和施工机具的重力；墙面承受楼面传来的竖向压力和水平的风力；基础则承受墙身传来的压力；等等。

3.1.2 力的概念

1．力

1）力的定义

力是物体之间相互的机械作用，这种作用的效果是使物体的运动状态发生改变（外效应），或者使物体发生变形（内效应）。

既然力是物体与物体之间的相互作用，那么，力不能脱离物体而单独存在，某一物体受到力的作用，一定有另一物体对它施加作用。在研究物体的受力问题时，必须分清哪个是施力物体，哪个是受力物体。

> **特别提示**
>
> 预制板支承在楼面梁上，板是施力物体，梁是受力物体；楼面梁支承在墙上，梁是施力物体，墙是受力物体。

2）力的三要素

实践证明，力对物体的作用效果取决于三个要素：力的大小、方向和作用点，如图 3.2 所示。

描述一个力时，要全面表明力的三要素，因为任一要素发生改变，都会对物体产生不同的效果。

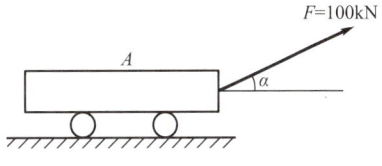

图 3.2 力的图示

（1）力的大小。力的大小表示物体间相互作用的强烈程度。为了度量力的大小，必须确定力的单位。在国际单位制里，力的常用单位为牛顿（N）或千牛顿（kN），1kN=1000N。

（2）力的方向。力的方向包含方位和指向两个含义。例如，重力的方向是铅垂向下的，"铅垂"是力的方位，"向下"是力的指向。

（3）力的作用点。力的作用点是指力在物体上的作用位置。力的作用位置往往并不是一个点，而是有一定的范围，但是，当力的作用范围与物体相比很小时，就可以近似地看成一个点，而认为力集中作用在这个点上。作用在这一点上的力称为集中力，工程中也称集中荷载。

3）力是矢量

力是一个有大小和方向的物理量，所以力是矢量。力用一段带箭头的线段来表示。线段的长度表示力的大小；线段与某定直线的夹角表示力的方位，箭头表示力的指向；线段的起点或终点表示力的作用点。用字母表示力时，采用粗黑体字母 $\boldsymbol{F}$ 或 $\vec{F}$，而普通字母 F 只表示力的大小。

> **特别提示**
>
> 实例中的板承受人群和家具的重力；梁承受着板传来的重力；柱承受着梁传来的重力和外部的风力。这些力都有确定的大小、方向和作用点，它们都是矢量。

2. 刚体

任何物体在力的作用下，都会发生大小和形状的改变，即发生变形。但在正常情况下，实际工程中许多物体的变形是非常微小的，对研究物体的平衡问题影响很小，可以忽略不计，这样就可以将物体看成不变形体。

在外力的作用下，大小和形状保持不变的物体称为刚体。例如，在对实例中的梁进行受力分析时，就应将该梁看成刚体，梁本身的变形可以忽略。

> **特别提示**
>
> 在静力学中，我们将所讨论的物体都看作刚体，但在讨论物体受到力的作用时是否破坏及计算变形时，就不能再将物体看成刚体，而应看作变形体。例如，对实例中的梁和板进行设计计算时，就要考虑梁和板本身的变形。

3. 力系

通常一个物体所受的力不止一个而是若干个。作用于物体上的一群力称为力系。力系是工程力学研究的对象，因为所有的工程构件都处于平衡状态，且由于一个力不可能使物体处于平衡状态，因此，工程构件都是受到力系作用的。

> **特别提示**
>
> 实例中教学楼的楼面梁本身有重力，还承受其上板传来的竖向力；梁两端支承在柱上，柱对梁还有支承力，所以对于梁来讲，梁所受的力不止一个，而是多个，这些力就构成了力系。其他的房屋结构构件也都在力系的作用之下处于平衡状态。

按照力系中各力作用线分布的不同，力系可分为以下三种。

（1）汇交力系：力系中各力的作用线汇交于一点。
（2）平行力系：力系中各力的作用线相互平行。
（3）一般力系：力系中各力的作用线既不完全交于一点，也不完全相互平行。

按照各力作用线是否位于同一平面内，上述力系又可分为平面力系和空间力系两类。本书主要研究的是平面力系，即平面汇交力系、平面平行力系和平面一般力系。

如果物体在某一力系作用下保持平衡状态，则该力系称为平衡力系。作用在物体上的一个力系，如果可用另一个力系来代替，而不改变力系对物体的作用效果，则这两个力系称为等效力系。如果一个力与一个力系等效，则这个力就为该力系的合力，原力系中的各个力称为其合力的各个分力。

知识链接

楼面梁 L1 所承受的各个力组成了力系，如图 3.3 所示。这些力都作用在梁的纵向对称平面内，所以该力系为平面力系。经过分析，可以发现这个平面力系中的各个力的作用线又是相互平行的，所以该力系又可以称为平面平行力系。

简支梁实例——过梁

图 3.3　楼面梁 L1 上各个力的分布情况

3.1.3　静力学公理

静力学公理是人们在长期的生产和生活实践中逐步认识和总结出来的力的普遍规律。它阐述了力的基本性质，是静力学的基础。

1. 二力平衡公理

作用在同一刚体上的两个力，使刚体处于平衡状态的充分与必要条件是：这两个力大小相等、方向相反，作用线在同一直线上。

此公理说明了作用在同一个物体上的两个力的平衡条件。

知识链接

如图 3.4 所示，在起重机上挂一静止重物[图 3.4（a）]，重物受到绳索拉力 T 和重力 G 的作用[图 3.4（b）]，则这两个力大小相等、方向相反且作用在同一条直线上。

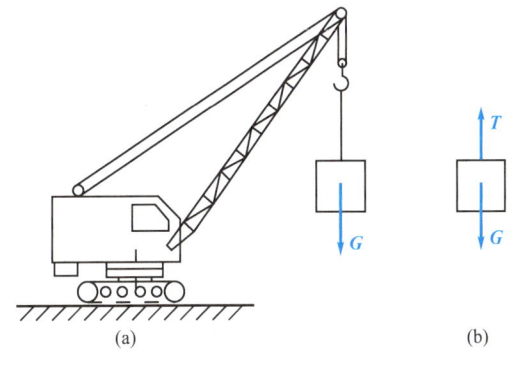

图 3.4　平衡力

只在两点受力的作用而处于平衡的构件称为二力构件，如图 3.5 所示。如果构件是一个直杆，则称为二力杆，如图 3.6 所示。

图 3.5 二力构件

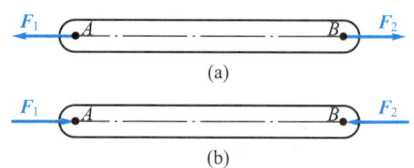

图 3.6 二力杆（受拉与受压）

> **特别提示**
>
> 应当注意，只有当力作用在刚体上时，二力平衡公理才能成立。对于变形体，二力平衡条件只是必要条件，并不是充分条件。例如，满足上述条件的两个力作用在一根绳子上，当这两个力使绳子受拉时，绳子才能平衡，如图 3.7（a）所示；如受等值、反向、共线的压力，就不能平衡了，如图 3.7（b）所示。

2. 作用力与反作用力公理

作用力

作用力和反作用力总是同时存在，两力的大小相等、方向相反，沿着同一直线，分别作用在两个相互作用的物体上。

若 A 物体对 B 物体有一个作用力，则同时 B 物体对 A 物体必有一个反作用力。这两个力大小相等、方向相反，沿着同一直线分别作用在这两个物体上。如图 3.8 所示，N_1 和 N_1' 为作用力和反作用力，它们分别作用在 A、B 两个物体上。

图 3.7 二力作用下的变形体

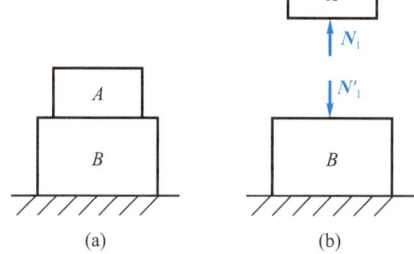

图 3.8 作用力与反作用力

此公理说明了两个物体间相互作用力的关系。这里必须强调指出：作用力和反作用力是分别作用在两个物体上的力，任何作用在同一个物体上的两个力都不是作用力与反作用力。

> **特别提示**
>
> 各个受力构件之间都存在作用力和反作用力的关系。例如，支承在墙上的楼面梁 L1（图 3.3），梁对墙的压力和墙对梁的支承力是作用力和反作用力的关系。

3. 加减平衡力系公理

在作用着已知力系的刚体上，加上或者减去任意平衡力系，不会改变原来力系对刚体的作用效应。这是因为平衡力系对刚体的运动状态没有影响，所以增加或减少任意平衡力系均不会使刚体的运动效果发生改变。

推论 力的可传性原理：作用在刚体上的力可以沿其作用线移动到刚体上的任意一点，而不改变力对刚体的作用效果。

根据力的可传性原理可知，力对刚体的作用效应与力的作用点在作用线上的位置无关。因此，力的三要素可改为力的大小、方向、作用线。

知识链接

如图 3.9 所示，在 A 点作用一水平力 F 推车或沿同一直线在 B 点拉车，对小车的作用效果是一样的。

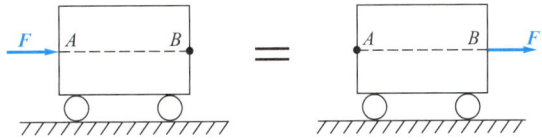

图 3.9 刚体上力的可传性

力的可传性原理只适用于刚体而不适用于变形体。当研究物体的内力、变形时，将力的作用点沿着作用线移动，必须使该力对物体的内力效应发生改变。如图 3.10（a）所示，直杆 AB 为变形体，受到一对拉力的作用，杆件伸长。但若将两力分别沿其作用线移动到杆的另一端，如图 3.10（b）所示，此杆将缩短。

图 3.10 力在变形体上沿作用线移动

4. 力的平行四边形法则

作用于刚体上同一点的两个力可以合成一个合力，合力也作用于该点，合力的大小和方向由以这两个力为邻边所组成的平行四边形的对角线（通过二力汇交点）确定。如图 3.11（a）所示，两力 F_1、F_2 汇交于 A 点，它们的合力 F 也作用在 A 点，合力 F 的大小和方向由以 F_1、F_2 为邻边所组成的平行四边形 $ABCD$ 的对角线 AC 确定：合力 F 的大小为此对角线的长，方向由 A 指向 C。

作用在刚体上的两个汇交力可以合成一个合力。反之，作用在刚体上的一个力也可以分解为两个分力。在工程实际中，最常见的分解方法是将已知力 F 沿两直角坐标轴方向分解，可分解为两个相互垂直的分力 F_x 和 F_y，如图 3.11（b）所示。

按照三角函数公式，可得两分力的大小为

$$\begin{cases} F_x = F\cos\alpha \\ F_y = F\sin\alpha \end{cases} \quad (3\text{-}1)$$

推论 三力平衡汇交定理：若刚体在 3 个互不平行的力的作用下处于平衡状态，则此 3 个力的作用线必在同一平面且汇交于一点。

如图 3.12 所示，刚体在 3 个互不平行的力 F_1、F_2 和 F_3 作用下处于平衡，其中二力 F_1、F_2 可合成一作用于 A 点的合力 F。据二力平衡公理，第三力 F_3 与 F 必共线，即第三力 F_3 必过其他二力 F_1、F_2 的汇交点 A。

图 3.11 力的合成和分解

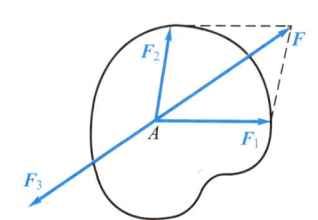
图 3.12 三力平衡汇交定理示意图

3.1.4 力的合成与分解

1. 力在坐标轴上的投影

由于力是矢量，而矢量在运算中很不方便，所以一般在力学计算中常常是将矢量运算转化为代数运算。力在坐标轴上的投影就是转化的基础。

设力 F 作用在物体上点 A 处，用 AB 表示。通过力 F 所在平面的任意点 O 作直角坐标系 xOy，如图 3.13 所示。从力 F 的起点 A、终点 B 分别作垂直于 x 轴的垂线，得垂足 a 和 b，并在 x 轴上得线段 ab，线段 ab 的长度加以正负号称为力 F 在 x 轴上的投影，用 F_x 表示。同样方法也可以确定力 F 在 y 轴上的投影为线段 a_1b_1，用 F_y 表示。并且规定：**从投影的起点到终点的指向与坐标轴正方向一致时，投影取正号；从投影的起点到终点的指向与坐标轴正方向相反时，投影取负号。**

从图中的几何关系得出投影的计算公式为

$$\begin{cases} F_x = \pm F\cos\alpha \\ F_y = \pm F\sin\alpha \end{cases} \quad (3\text{-}2)$$

式中　α——力 F 与 x 轴所夹的锐角。F_x 和 F_y 的正负可按上面提到的规定直观判断得出。

反过来，已知力 F 在坐标轴上的投影 F_x 和 F_y，则可以求出这个力的大小和方向。由图 3.13 中所示的几何关系可知

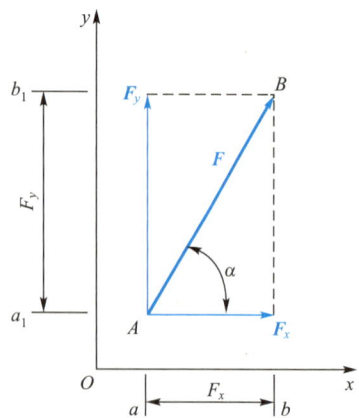
图 3.13 力在坐标轴上的投影

$$\begin{cases} F = \sqrt{F_x^2 + F_y^2} \\ \alpha = \arctan \dfrac{|F_y|}{|F_x|} \end{cases} \qquad (3\text{-}3)$$

特别要指出的是，当力 F 与 x 轴（y 轴）平行时，F 的投影 F_y（F_x）为零；F_x（F_y）的值与 F 的大小相等，方向按上述规定的符号确定。

> **特别提示**
>
> F 的分力 F_x 和 F_y 的大小与 F 在对应坐标轴上的投影 F_x 和 F_y 的绝对值相等，但力的投影与力的分力却是两个不同的概念。力的投影是代数量，由力 F 可确定其投影 F_x 和 F_y，但是由投影 F_x 和 F_y 只能确定力 F 的大小和方向，不能确定其作用位置；而力的分力是力沿该方向的分作用，是矢量，由分力能完全确定力的大小、方向和作用位置。

应用案例 3-1

试分别求出图 3.14 中所示各力在 x 轴和 y 轴上的投影。已知 F_1=100N，F_2=150N，F_3=F_4=200N，各力方向如图 3.14 所示。

解： 由式（3-2）可得各力在 x、y 轴上的投影为

$F_{1x}=F_1\cos45°=100×0.707=70.7$（N）

$F_{1y}=F_1\sin45°=100×0.707=70.7$（N）

$F_{2x}=-F_2\sin60°=-150×0.866=-129.9$（N）

$F_{2y}=-F_2\cos60°=-150×0.5=-75$（N）

$F_{3x}=F_3\cos90°=0$

$F_{3y}=-F_3\sin90°=-200×1=-200$（N）

$F_{4x}=F_4\sin30°=200×0.5=100$（N）

$F_{4y}=-F_4\cos30°=-200×0.866=-173.2$（N）

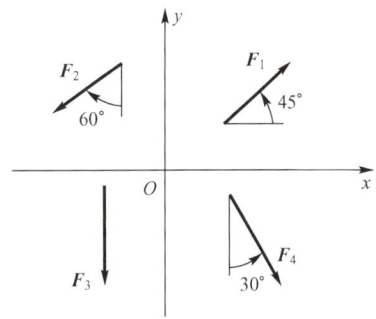

图 3.14　应用案例 3-1 图

【案例点评】

以上案例中的各力出现在不同的方向上，具有代表性。在求解力的投影时要明确力的投影与坐标轴的正方向的关系，若方向一致，力的投影就取正号；反之，则取负号。

2. 合力投影定理

合力投影定理为合力在坐标轴上的投影（F_{Rx}，F_{Ry}）等于各分力在同一轴上投影的代数和，即

$$\begin{cases} F_{Rx}=F_{1x}+F_{2x}+\cdots+F_{nx}=\sum F_x \\ F_{Ry}=F_{1y}+F_{2y}+\cdots+F_{ny}=\sum F_y \end{cases} \qquad (3\text{-}4)$$

如果将各个分力沿坐标轴方向进行分解，再对平行于同一坐标轴的分力进行合成（方向相同的相加，方向相反的相减），可以得到合力在该坐标轴方向上的分力（F_{Rx}，F_{Ry}）。不难证明，合力在直角坐标系坐标轴上的投影（F_{Rx}，F_{Ry}）和合力在该坐标轴方向上的分力（F_{Rx}，F_{Ry}）大小相等，而投影的正号代表了分力的指向和坐标轴的指向一致，负号则相反。

✓ 应用案例 3-2

试分别求出图 3.15 中各力的合力在 x 轴和 y 轴上的投影。已知 F_1 = 20kN，F_2 = 40kN，F_3 = 50kN，各力方向如图 3.15 所示。

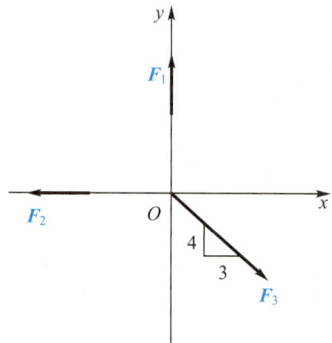

图 3.15 应用案例 3-2 图

解：由式（3-4）可得各力的合力在 x、y 轴上的投影分别为

$$F_{Rx} = \sum F_x = F_1 \cos 90° - F_2 \cos 0° + F_3 \times \frac{3}{\sqrt{3^2+4^2}}$$

$$= 0 - 40 + 50 \times \frac{3}{5} = -10 \text{ (kN)}$$

$$F_{Ry} = \sum F_y = F_1 \sin 90° + F_2 \sin 0° - F_3 \times \frac{4}{\sqrt{3^2+4^2}}$$

$$= 20 + 0 - 50 \times \frac{4}{5} = -20 \text{ (kN)}$$

【案例点评】

用合力投影定理求解平面汇交力系的合力的投影最为方便。

3.1.5 力矩与力偶

1. 力矩

从实践中我们知道，力对物体的作用效果除能使物体移动外，还能使物体转动，力矩就是度量力使物体转动效应的物理量。

知识链接

用扳手拧螺母、用钉锤拔钉子及用手推门等，都是物体在力矩作用下产生转动效应的实例，如图 3.16 所示。

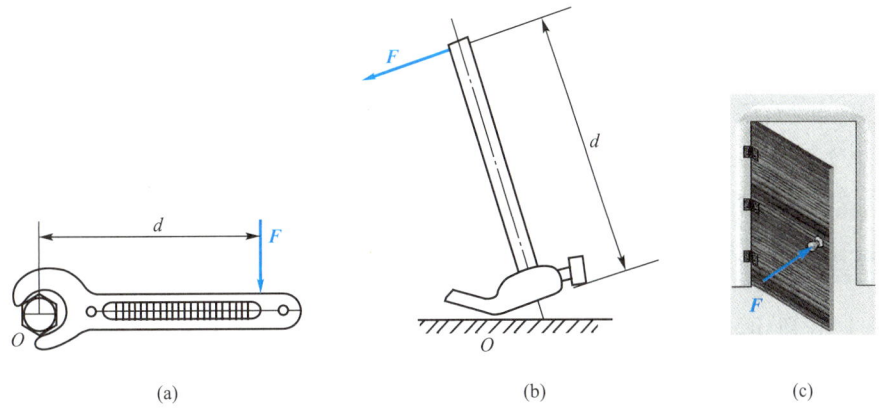

图 3.16 生活中的力矩作用

实践经验告诉人们：力 F 使物体绕某点 O 的转动效应，不仅与力 F 的大小成正比，而且与力 F 的作用线到 O 点的垂直距离 d 成正比。可见其大小的乘积 Fd 就可作为这种转动效应强度的度量（图 3.17）。力对物体的转动效应，除了要反映它的强度，还要反映其转向，就平面问题来说，可能产生两种转向相反的转动，即逆时针或顺时针方向的转动。对这两种情况，可采用正负号加以区分。因此，用乘积 Fd 加上正号或负号作为度量力 F 使物体绕 O 点转动效应的物理量，称为力 F 对 O 点的矩，简称力矩。O 点称为矩心，矩心 O 到力 F 的作用线的垂直距离 d 称为力臂。力矩是代数量，通常用符号 $M_O(F)$ 表示，若力使物体产生逆时针方向转动，取正号；反之，取负号，即

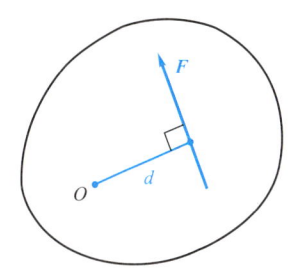

图 3.17 力对点之矩

$$M_O(F) = \pm Fd \tag{3-5}$$

力矩的单位是力与长度的单位的乘积。在国际单位制中，力矩的单位为 N·m 或 kN·m。

> **特别提示**
>
> 力矩在下列情况下为零：①力等于零；②力臂等于零，即力的作用线通过矩心。

2. 合力矩定理

在计算力矩时，往往是力臂不易求出，因而直接按定义求力矩难以计算。此时，通常采用的方法是将这个力分解为两个或两个以上便于求出力臂的分力，再由多个分力力矩的代数和求出合力的力矩。这一有效方法的理论根据是合力矩定理，即有 n 个平面汇交力作

用于 A 点，则平面汇交力系的合力对平面内任一点之矩，等于力系中各分力对同一点力矩的代数和，表示为

$$M_O(F_R) = M_O(F_1) + M_O(F_2) + \cdots + M_O(F_n) = \sum_{i=1}^{n} M_O(F_i) \qquad (3-6)$$

该定理不仅适用于平面汇交力系，而且可以推广到任意力系。

应用合力矩定理可以简化力矩的计算。在力臂已知或方便求解时，按力矩定义进行计算；若力臂不易计算，按合力矩定理求解，可以将此力分解为相互垂直的分力，如两分力对该点的力臂已知，即可方便地求出两分力对该点力矩的代数和，从而求出已知力对该点的力矩。

✓ 应用案例 3-3

如图 3.18 所示，$F_1=400\text{N}$，$F_2=200\text{N}$，$F_3=300\text{N}$。试求各力对 O 点的力矩及合力对 O 点的力矩。

解： F_1 对 O 点的力矩为 $M_O(F_1) = F_1 d_1 = 400 \times 1 = 400(\text{N}\cdot\text{m})$（↺）

F_2 对 O 点的力矩为 $M_O(F_2) = -F_2 d_2 = -200 \times 2\sin 30° = -200(\text{N}\cdot\text{m})$（↻）

F_3 对 O 点的力矩为 $M_O(F_3) = F_3 d_3 = 300 \times 0 = 0$

上述 3 个力的合力对 O 点的力矩为 $M_O(F_i) = 400 - 200 + 0 = 200(\text{N}\cdot\text{m})$（↺）

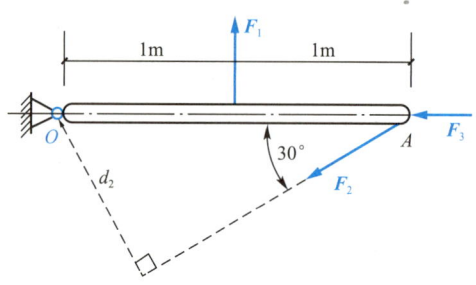

图 3.18 应用案例 3-3 图

3．力偶

1）力偶的概念

在力学中，由两个大小相等、方向相反、作用线平行而不重合的力 F 和 F' 组成的力系，称为力偶，并用符号（F，F'）来表示。力偶的作用效果是使物体转动。

在日常生活中，汽车司机用双手转动转向盘、钳工用丝锥攻螺纹等都是力偶作用的案例。

力偶中两力作用线间的垂直距离 d 称为力偶臂，如图 3.19 所示。力偶所在的平面称为力偶作用面。

在力偶作用面内，力偶能使物体产生转动，那么力偶对物体的转动效应该如何度量呢？由经验可知，力偶中的力 F 越大，或者力偶臂 d 越大，力偶对物体的转动效应越强。此外，力偶在平面内的转向不同，其作用效应也不相同。可见在力偶作用面内，力偶对物体的转动效应取决于力偶中力 F 和力臂 d 的乘积的大

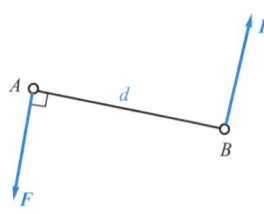

图 3.19 力偶示意图

小以及力偶的转向。在力学中用力 F 的大小与力偶臂 d 的乘积 Fd 加上正号或负号作为度量力偶对物体转动效应的物理量，该物理量称为力偶矩，并用符号 $M(F, F')$ 或 M 表示，即

$$M(F, F') = M \pm Fd \tag{3-7}$$

式中，对于正负号的规定是：若力偶的转向是逆时针，取正号；反之，取负号。在国际单位制中，力偶矩的单位为 N·m 或 kN·m。

2）力偶的性质

（1）力偶在任一坐标轴上的投影等于零。由于力偶在任一坐标轴上的投影等于零，所以力偶对物体不会产生移动效应，只产生转动效应。力偶不能用一个力来代替，即力偶不能简化为一个力，因而力偶也不能与一个力平衡，力偶只能与力偶平衡。

（2）力偶对其作用面内任一点 O 之矩恒等于力偶矩，而与矩心的位置无关。

（3）在同一平面内的两个力偶，如果它们的力偶矩大小相等，力偶的转向相同，则这两个力偶是等效的，这一性质称为力偶的等效性。图 3.20 所示的各力偶均为等效力偶。

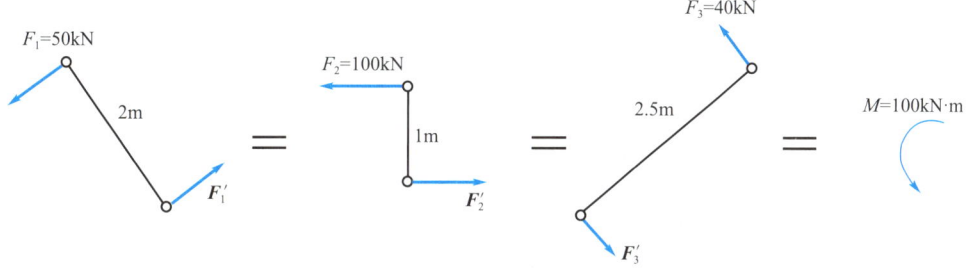

图 3.20　等效力偶

根据力偶的等效性，可以得出以下两个推论。

推论 1　力偶可以在其作用面内任意移转而不改变它对物体的转动效应，即力偶对物体的转动效应与它在作用面内的位置无关。

推论 2　只要保持力偶矩的大小、力偶的转向不变，就可以实现同时改变力偶中的力和力偶臂的大小，而不改变它对物体的转动效应。在平面问题中，由于力偶对物体的转动效应完全取决于力偶矩的大小和力偶的转向，所以，力偶在其作用面内除可用两个力表示外，通常还可用一带箭头的弧线来表示，如图 3.21 所示。其中箭头表示力偶的转向，M 表示力偶矩的大小。

图 3.21　力偶的表示方法

3）平面力偶系的合成

在物体的某一平面内同时作用有两个或两个以上的力偶时，这群力偶就称为平面力偶系。

力偶对物体的作用效应只有转动效应，而转动效应由力偶的大小和转向来度量，因此，力偶系的作用效果也只能是产生转动，其转动效应等于各力偶转动效应的总和。可以证明，

平面力偶系合成的结果为一合力偶，其合力偶矩等于各分力偶矩的代数和，即

$$M = M_1 + M_2 + \cdots + M_n = \sum_{i=1}^{n} M_i \tag{3-8}$$

应用案例 3-4

如图 3.22 所示，在物体的某平面内作用 3 个力偶。已知 $F_1=400\text{N}$，$F_2=200\text{N}$，$M=300\text{N}\cdot\text{m}$，求其合成的结果。

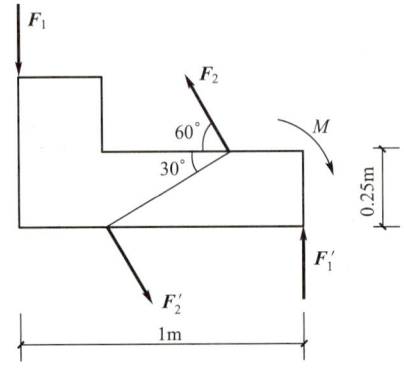

图 3.22　应用案例 3-4 图

解：此共面的 3 个力偶组成平面力偶系，它们合成的结果是一个合力偶。

$$\sum M_i = M_1 + M_2 + \cdots + M_n = F_1 d_1 + F_2 d_2 - M$$

$$= 400 \times 1 + 200 \times \frac{0.25}{\sin 30°} - 300$$

$$= 200(\text{N}\cdot\text{m}) \ (\curvearrowleft)$$

4．力的平移定理

由力的性质可知：在刚体内，力沿其作用线平移，其作用效应不改变。如果将力的作用线平移到另一个位置，则其作用效应将发生改变，原因是力的转动效应与力的位置是直接的关系。如生活中用力开门的实际效应与力的大小、方向和位置都有关系。

那么，要想将力平移而又不改变其对物体的运动效果，需要附加什么条件呢？

在图 3.23（a）中，物体上 A 点作用有一个力 F，如将此力平移到物体的任意一点 O，而又不改变物体的运动效果，则应根据加减平衡力系公理，在 O 点加上一对平衡力 F' 和 F''，使它们的大小与力 F 相等，作用线与力 F 平行，如图 3.23（b）所示。显然，力 F 与 F'' 组成了一个力偶（F，F''），其力偶矩为 $M = Fd = M_O(F)$。于是，原作用于 A 点的力 F 就与现在作用在 O 点的力 F' 和力偶（F，F''）等效，即相当于将力 F 平移到 O 点，如图 3.23（c）所示。

由此可以得出<u>力的平移定理</u>：作用于刚体上的力 F，可以平移到刚体上任意一点 O，但必须附加一个力偶才能与原力等效，附加的力偶矩等于原力 F 对新作用点 O 的力矩。

应用力的平移定理可将一个力化为一个力偶。反之，也可将同一平面内的一个力 F' 和一个力偶矩为 M 的力偶合成一个合力，即将图 3.23（c）化为图 3.23（a），而力 F 就是力

F' 和该力偶的合力。力 F 与 F' 大小相等、方向相同、作用线平行,作用线间的垂直距离为 d。

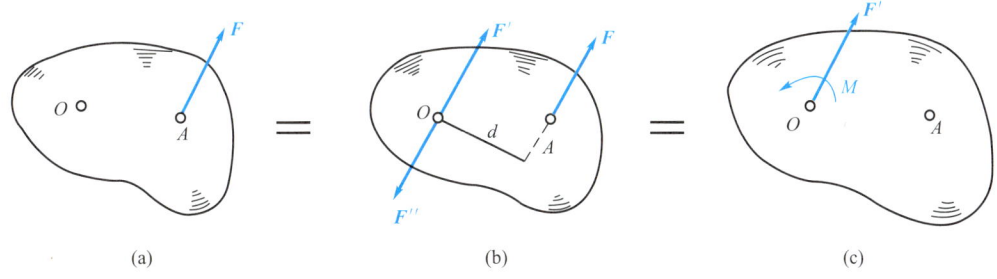

图 3.23　力的平移定理

3.1.6　约束与约束反力

1. 约束与约束反力的概念

在工程结构中,每一个构件都和周围的其他构件相互联系着,并且由于受到这些构件的限制而不能自由运动。一个物体的运动受到周围物体的限制时,这些周围物体称为该物体的约束。例如,前面所提到的柱就是梁的约束,基础是柱的约束。

如果没有柱的限制,梁就会掉下来。柱要阻止梁的下落,就必须给梁施加向上的力,这种约束给被约束物体的力称为约束反力,简称反力。约束反力的方向总是与约束所能限制的运动方向相反。

> **特别提示**
>
> 实例中的框架梁受到框架柱的支承而不致下落,框架柱受到基础的限制而被固定,楼面梁受到墙的支承,预制板受到楼面梁的支承等,这些支承物均称为约束。

在物体上,除约束反力以外,还有能主动引起物体运动或使物体产生运动趋势的力,称为主动力。例如,重力、风力、水压力、土压力等都是主动力。主动力在工程中也称为荷载。一般情况下,物体总是同时受到主动力和约束反力的作用。主动力通常是已知的,而约束反力则是未知的。因此,正确地分析约束反力是对物体进行受力分析的关键。

2. 各类约束及其反力

1) 柔体约束

用柔软的皮带、绳索、链条阻碍物体运动而构成的约束称为柔体约束。这种约束只能限制物体沿着柔体中心线向柔体张紧方向移动,且柔体约束只能受拉力,不能受压力,所以约束反力一定通过接触点,沿着柔体中心线背离被约束物体的方向,且恒为拉力,如图 3.24 中的力 T。

图 3.24　柔体约束及其反力

> **特别提示**
>
> 在办公楼和教学楼内用链条悬挂吊灯、施工现场塔式起重机的绳索吊起重物等，都是柔体约束。

2）光滑接触面约束

当两物体在接触面处的摩擦力很小而可略去不计时，就是光滑接触面约束。这种约束无论接触面的形状如何，都不能限制物体沿接触面的方向运动或离开接触面，只能限制物体沿着接触面的公法线向接触面内的运动，所以光滑接触面约束的约束反力是通过接触点，沿着接触面的公法线指向被约束的物体，且只能是压力，如图 3.25 中的力 N。

图 3.25　光滑接触面约束及其反力

3）圆柱铰链约束

圆柱铰链简称铰链，它由一个圆柱形销钉 C 插入两个物体 A 和 B 的圆孔中构成，并假设销钉与圆孔的面都是完全光滑的，如图 3.26（a）所示。

圆柱铰链约束只能限制物体在垂直于销钉轴线的平面内沿任意方向的相对移动，而不能限制物体绕销钉作相对转动。圆柱铰链约束的简图如图 3.26（b）所示。圆柱铰链约束的约束反力在垂直于销钉轴线的平面内，通过销钉中心，而方向未定，如图 3.26（c）中的 F_C。在对物体进行受力分析时，通常将圆柱铰链约束的约束反力用两个相互垂直的分力来表示，如图 3.26（c）中的 F_{Cx}、F_{Cy}，两分力的指向可以任意假设，是否为实际指向则要根据计算的结果来判断。

图 3.26 圆柱铰链约束及其反力

4）链杆约束

两端用光滑销钉与其他物体连接而中间不受力的直杆称为链杆。图 3.27（a）所示为建筑物中放置空调用的三角架，其中杆 BC 即为链杆。

图 3.27 链杆约束及其反力

链杆约束的简图如图 3.27（c）所示。由于链杆只能限制物体沿链杆中心线的运动，而不能限制其他方向的运动。所以，<u>链杆约束的约束反力沿着链杆中心线，而指向未定</u>，如图 3.27（b）、（d）所示，图中约束反力的指向是假设的。

3. 支座的简化和支座反力

工程上将结构或构件连接在支承物上的装置称为支座。工程上常常通过支座将构件支承在基础或另一个静止的构件上。支座对构件就是一种约束。支座对它所支承的构件的约束反力也称支座反力。支座的构造是多种多样的，其具体情况也是比较复杂的，这样就需要加以简化，并归纳成几个类型，以便于分析计算。通过简化，建筑结构的支座通常分为固定铰支座、可动铰支座和固定端支座三类。

1）固定铰支座

将构件用光滑的圆柱形销钉与固定支座连接，则该支座成为固定铰支座，如图 3.28（a）所示。构件与支座为光滑的圆柱铰链约束，构件不能产生沿任何方向的移动，但可以绕销钉转动，可见固定铰支座的约束反力与圆柱铰链相同，即约束反力一定作用于接触点，垂直于销钉轴线，并通过销钉中心，而方向未定。固定铰支座的简图如图 3.28（b）、（c）、（d）所示。支座反力如图 3.28（e）所示，<u>用一个水平分力 F_{Ax} 和垂直分力 F_{Ay} 来表示</u>。

图 3.28　固定铰支座及其反力

知识链接

建筑结构中这种理想的支座是不多见的,通常将不能产生移动只能产生微小转动的支座也视为固定铰支座。图 3.29（a）所示为一榀屋架支撑在钢筋混凝土柱上,柱为支座。支座阻止了结构的垂直移动和水平移动,但是它不能阻止结构的微小转动,可将其简化为固定铰支座,如图 3.29（b）所示。

图 3.29　屋架支座简化

2）可动铰支座

如果在固定铰支座下面加上辊轴,该支座则成为可动铰支座,如图 3.30（a）所示。可动铰支座的简图如图 3.30（b）、(c) 所示。这种支座只能限制构件垂直于支承面方向的移动,而不能限制物体绕销钉轴线的转动,其支座反力通过销钉中心,垂直于支承面,而指向未定,如图 3.30（d）所示,图中支座反力 F_A 的指向是假设的。

图 3.30　可动铰支座及其反力

知识链接

如图 3.31（a）所示，楼面梁 L1 搁置在砖墙上，砖墙就是梁的支座，如略去梁与砖墙之间的摩擦力，则砖墙只能限制梁向下运动，而不能限制梁的转动与水平方向的移动。这样，就可以将砖墙简化为可动铰支座，如图 3.31（b）所示。

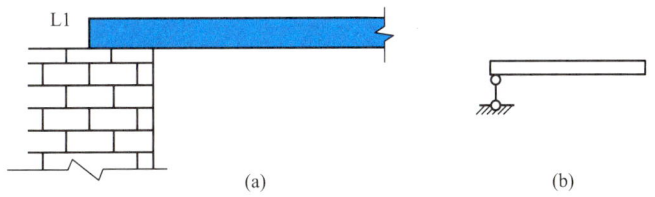

图 3.31　楼面梁 L1 的支座简化

3）固定端支座

固定端支座构件与支承物固定在一起，构件在固定端既不能沿任何方向移动，也不能转动，因此，这种支座对构件除了产生水平反力和竖向反力，还有一个阻止转动的力偶。图 3.32（b）、（d）分别是柱和挑梁的固定端支座简图及支座反力。

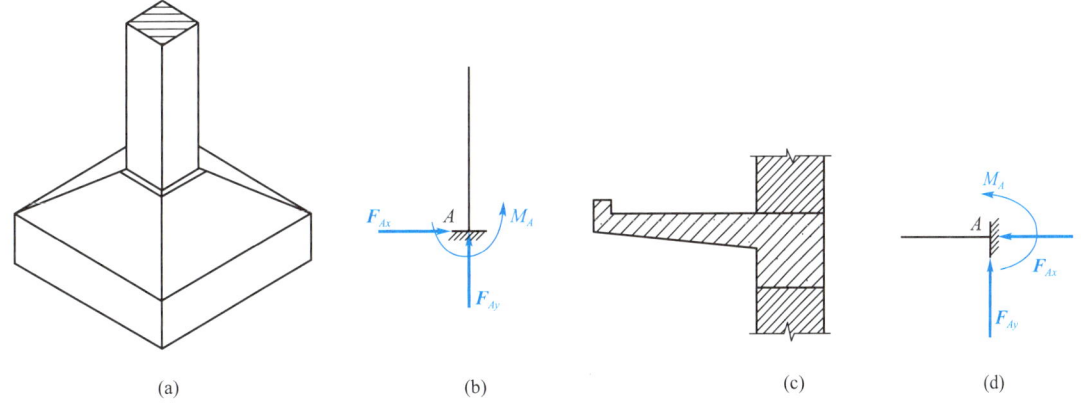

图 3.32　固定端支座及其反力

特别提示

实例中固结于独立基础 JC-2 的钢筋混凝土柱 KZ1 如图 3.32（a）所示；屋面挑梁 WTL1 和悬挑梁 XTL1 固结于墙中，如图 3.32（c）所示。它们的固结端就是典型的固定端支座。

工程实例

2008 年 3 月 15 日，美国纽约曼哈顿一处建筑工地发生吊车高空坠落事故，砸毁附近数座建筑，如图 3.33 所示，造成至少 4 人死亡、10 多人受伤。这是纽约曾发生的最严重的建筑施工事故之一。

图 3.33　某建筑工地事故现场

事故发生在当地时间下午 2 点 30 分左右，悬在大厦一侧的吊车突然自 15 层高处落下，造成旁边一座 4 层建筑坍塌，其他 3 座建筑受损。经初步调查发现，事故原因是工人在安装一个钢质环梁时发生失误。环梁应套在起重机塔身的标准节上，通过撑杆把起重机固定在建筑的预埋件上，起着固定塔式起重机的作用。该环梁在安装时发生坠落，恰好刮断处在低位的一个同样起到支撑起重机作用的撑杆连接点，环梁失去约束作用，没有了约束力，起重机失去平衡，坠向旁边的建筑。

3.2　结构的计算简图、受力图及平面杆系结构

3.2.1　结构计算简图

在实际结构中，结构的受力和变形情况非常复杂，影响因素也很多，完全按实际情况进行结构计算是不可能的，而且计算过分精确，在工程实际中也是不必要的。为此，在进行结构力学分析之前，应首先将实际结构进行简化，即用一种力学模型来代替实际结构，它能反映实际结构的主要受力特征，同时又能使计算大大简化。这样的力学模型称为结构的计算简图。因此，力学所研究的并非结构实体，而是结构的计算简图。

> **特别提示**
>
> 计算简图的选取非常重要，它直接影响计算工作量的大小以及结构分析与实际受力情况之间的差异程度。计算简图选取不准确将会导致设计结果与实际不符，甚至造成工程事故。因此，应高度重视对计算简图的选取。

1. 计算简图的选取原则

（1）反映结构实际情况。计算简图应能正确反映结构的实际受力情况，使计算结果尽可能准确。

（2）分清主次因素。计算简图可以略去次要因素，使计算简化。

计算简图的简化程度与结构构件的重要性、设计阶段、计算的复杂性及计算工具等许多因素有关。

2. 计算简图的简化方法

一般工程结构是由杆件、节点、支座三部分组成的。要想得出结构的计算简图，就必

须对结构的各组成部分进行简化。

1）杆件的简化

一般的实际结构均为空间结构，而空间结构常常可分解为几个平面结构来计算，结构杆件均可用其杆轴线来代替。

2）节点的简化

杆系结构的节点通常可分为铰节点和刚节点。

（1）铰节点。铰节点上各杆间的夹角可以改变；各杆的铰节点既不承受也不传递弯矩，但能承受轴力和剪力。其简化示意如图3.34（a）所示。

（2）刚节点。刚节点上各杆间的夹角保持不变，各杆的刚节点在结构变形时转动同一角度；各杆的刚节点既能承受并传递弯矩，又能承受轴力和剪力。其简化示意如图3.34（b）所示。

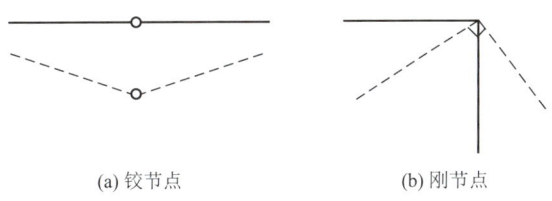

图 3.34　节点简化示意图

3）支座的简化

平面杆系结构的支座的简化如下。

（1）可动铰支座。杆端 A 沿水平方向可以移动，绕 A 点可以转动，但沿支座杆轴方向不能移动，如图3.35（a）所示。

（2）固定铰支座。杆端 A 绕 A 点可以自由转动，但沿任何方向不能移动，如图3.35（b）所示。

（3）固定端支座。A 端支座为固定端支座，使 A 端既不能移动，也不能转动，如图3.35（c）所示。

图 3.35　支座简化示意图

工程实例

工业厂房中的刚屋架节点如图3.36（a）所示，可简化为铰节点；钢筋混凝土房屋中的现浇梁柱节点如图3.36（b）所示，可简化为刚节点。

（a）工业厂房

（b）钢筋混凝土房屋

图 3.36　节点简化的工程实例

3.2.2　受力图

在工程实际中，建筑结构通常是由多个物体或构件相互联系组合在一起的。如板支承在梁上、梁支承在墙上、墙支承在基础上。因此，进行受力分析前，必须首先明确要对哪一种物体或构件进行受力分析，即要明确研究对象。为了分析研究对象的受力情况，又必须弄清研究对象与哪些物体有联系，受到哪些力的作用，这些力是什么物体给它的，哪些是已知力，哪些是未知力。为此，需要将研究对象从它周围的物体中分离出来。被分离出来的研究对象称为脱离体。在脱离体上画出周围物体对它的全部主动力和约束反力，这样的图形称为受力图。

受力图是对物体进行力学计算的依据，必须认真对待，熟练掌握。

1．单个物体的受力图

在画单个物体的受力图时，先要明确对象，然后画出研究对象的计算简图，再将已知的主动力画在计算简图上，最后根据约束性质在各相互作用点上画出对应的约束反力。这样，就得到单个物体的受力图了。

应用案例 3-5

楼面梁 L1 两端支承在墙上，试画出该梁的受力图。

解： 楼面梁 L1 放置在墙体上，如图 3.37（a）所示。简化后如图 3.37（b）所示，A 端为固定铰支座，B 端为可动铰支座。根据支座形式，得到如图 3.37（c）所示的受力图。

(a)

(b)

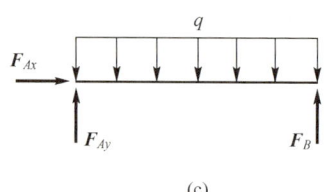
(c)

图 3.37　梁 L1 的受力分析

应用案例 3-6

图 3.38（a）所示的杆 AB 重力为 G，在 C 处用绳索拉住，A、B 处分别支在光滑的墙面及地面上。试画出杆 AB 的受力图。

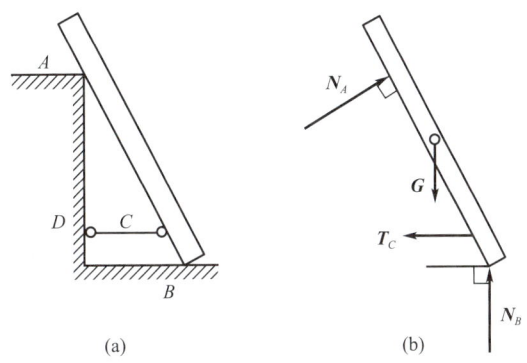

图 3.38　杆 AB 的受力分析

解： 以杆 AB 为研究对象，将其单独画出。作用在杆上的主动力是已知的重力 G，重力 G 作用在杆的中点，铅垂向下；光滑墙面的约束反力 N_A，通过接触点 A 垂直于杆并指向杆；光滑地面的约束反力 N_B，通过接触点 B 垂直于地面并指向杆；绳索的约束反力 T_C，作用于绳索与杆的接触点 C，沿绳索中心背离杆。杆 AB 的受力图如图 3.38（b）所示。

应用案例 3-7

水平梁 AB 在跨中 C 处受到集中力 F 的作用，A 端为固定铰支座，B 端为可动铰支座，如图 3.39（a）所示。梁的自重不计，试画出梁 AB 的受力图。

解： 取梁 AB 为研究对象，解除约束并将它单独画出。在梁的中点 C 处受到主动力 F 的作用。A 端是固定铰支座，支座反力可用通过铰链中心 A 并且相互垂直的分力 F_{Ax} 和 F_{Ay} 表示。B 端是可动铰支座，支座反力可用通过铰链中心且垂直于支承面的力 F_B 表示。梁 AB 的受力图如图 3.39（b）所示。

另外，梁 AB 受共面不平行的 3 个力作用而平衡，也可以根据三力平衡汇交定理进行受力分析。已知 F、F_B 相交于 D 点，则 F_A 也必沿 A、D 两点的连线通过 D 点，可画出受力图，如图 3.39（c）所示。

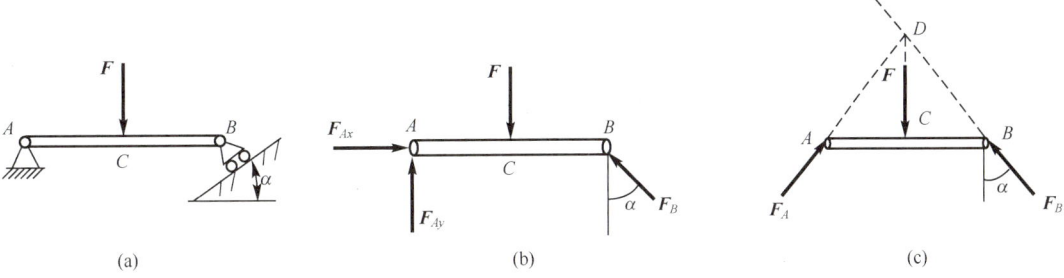

图 3.39　梁 AB 的受力分析

2. 物体系统的受力图

物体系统的受力图的画法与单个物体的受力图的画法基本相同，区别只在于所取的研究对象可能是整个物体系统或物体系统中的某一部分或某一物体。画整个物体系统的受力图时，只需将物体系统看作一个整体，与单个物体受力图的画法一样。此外，当需要画出物体系统中某一部分或某个物体的受力图时，要注意被拆开的约束处必须加上相应的约束反力，且约束反力是相互间的作用，也一定遵循作用力与反作用力公理。

✅ 应用案例 3-8

梁 AC 和梁 CD 用铰链 C 连接，并支承在 3 个支座上，A 处为固定铰支座，B、D 处为可动铰支座，受已知力 F 的作用，如图 3.40（a）所示。试画出梁 AC、CD 及整个梁 AD 的受力图。

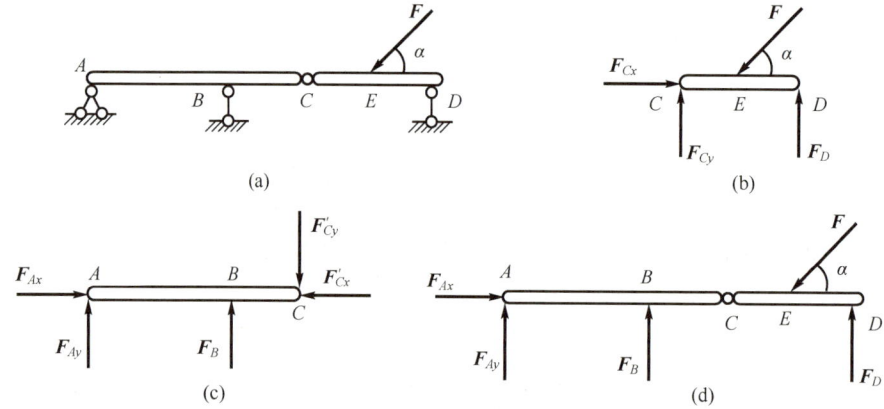

图 3.40　多跨静定梁的受力图

解：（1）以梁 CD 为研究对象。梁 CD 上受到的主动力为已知力 F；D 处为可动铰支座，其支座反力是垂直于支承面的 F_D，指向假设为向上；C 处为铰接，其支座反力用两个相互垂直的分力 F_{Cx} 和 F_{Cy} 表示，指向为假设。梁 CD 的受力图如图 3.40（b）所示。

（2）取梁 AC 为研究对象。A 处为固定铰支座，其支座反力可用 F_{Ax} 和 F_{Ay} 表示；B 处为可动铰支座，其支座反力可用 F_B 表示；C 处为铰接，其支座反力用两个互相垂直的分力 F'_{Cx} 和 F'_{Cy} 表示。梁 AC 的受力图如图 3.40（c）所示。

（3）取整梁 AD 为研究对象。此时，没有解除 AC 和 CD 两段梁之间的铰链约束，故其相互作用力不必画出。因此，作用在整梁上的力有主动力 F，A 处固定铰支座的支座反力 F_{Ax} 和 F_{Ay}，B 和 D 两处的可动铰支座的支座反力 F_B 和 F_D。梁 AD 的受力图如图 3.40（d）所示。

✅ 应用案例 3-9

三铰拱 ABC 如图 3.41（a）所示。C 处为铰链连接，A 和 B 处都是固定铰支座。在拱

AC 上作用有力 F。若不计拱的自重，试画出拱 AC、BC 及整体的受力图。

解：（1）画拱 BC 的受力图。取拱 BC 为研究对象，由 B 处和 C 处的约束性质可知其约束反力分别通过两铰的中心 B、C，大小和方向未知。但因为拱 BC 上只受 F_B 和 F_C 两个力的作用且平衡，它是二力构件，所以 F_B 和 F_C 的作用线一定沿着两铰中心的连接线 BC，且大小相等、方向相反，其指向是假定的。拱 BC 的受力图如图 3.41（b）所示。

（2）画拱 AC 的受力图。取拱 AC 为研究对象，作用在拱 AC 上的主动力是已知力 F。A 处为固定铰支座，其支座反力是 F_{Ax} 和 F_{Ay}。C 处通过铰链与拱 BC 相连，由作用力与反作用力关系可以确定 C 处的约束反力是 F'_C，它与 F_C 大小相等、方向相反，作用在同一条直线上。拱 AC 的受力图如图 3.41（c）所示。

（3）画整体的受力图。将拱 AC 和拱 BC 的受力图合并，即得整体的受力图，如图 3.41（d）所示。

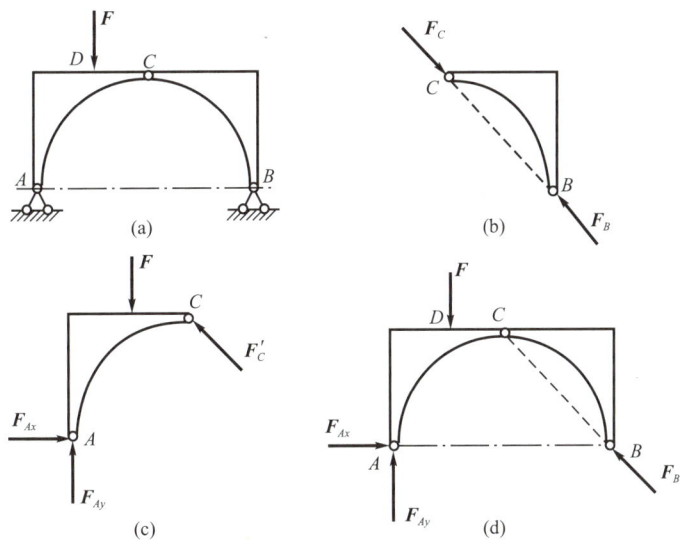

图 3.41 三铰拱的受力图

想一想

拱 AC、BC 及整体的受力图还有其他画法吗？

特别提示

画受力图时应注意以下几点。

（1）明确研究对象。首先要明确画哪个物体的受力图，然后将与它相联系的所有约束去掉，单独画出它的简图。

（2）研究对象受的力要全部画出。在建筑力学中，除重力外，物体之间都是通过直接接触才会出现相互作用的力。因此，研究对象与其他物体连接之处，一般都受到力的作用，千万不要遗漏。

（3）主动力照原样画出即可。约束反力是由约束的性质和类型确定的，有什么样的约束，必定产生什么样的约束反力，不能根据主动力的方向简单推断。

（4）注意作用力与反作用力关系。作用力的方向一旦确定，反作用力的方向必定与它相反，不能再随意假设。此外，在以几个物体构成的物体系统为研究对象时，系统中各物体间没有拆开的约束的，约束反力不必画出。

（5）同一约束的反力，在各受力图中假设的指向必须一致。

3.2.3 平面杆系结构的分类

平面杆系结构是本书分析的对象，按照它的构造和力学特征，可分为以下五类。

1. 梁

梁是一种受弯构件，轴线常为一直线，可以是单跨梁，如图 3.42（a）、（b）和（c）所示，也可以是多跨梁，即连续梁，如图 3.42（d）所示。其支座可以是固定铰支座、可动铰支座，也可以是固定端支座。工程中常见的单跨静定梁有三种形式，即简支梁[图 3.42（a）]、悬臂梁 [图 3.42（b）] 和外伸梁 [图 3.42（c）]。

2. 拱

拱的轴线为曲线，在竖向力的作用下，支座不仅有竖向支座反力，而且存在水平支座反力，拱内不仅存在剪力、弯矩，而且存在轴力。由于水平支座反力的影响，拱内的弯矩往往小于同样条件下的梁的弯矩。三铰拱如图 3.42（i）所示。

3. 刚架

刚架由梁、柱组成，梁、柱节点多为刚节点。在荷载作用下，各杆件的轴力、剪力、弯矩往往同时存在，但以弯矩为主。图 3.42（e）、（f）、（g）、（h）所示分别为简支刚架、悬臂刚架、三铰刚架和组合刚架。

4. 桁架

桁架是由若干杆件通过铰节点连接起来的结构，各杆轴线为直线，支座常为固定铰支座或可动铰支座。当荷载只作用于桁架节点上时，各杆只产生轴力。图 3.42（j）、（k）、（l）所示分别为简支桁架、悬臂桁架、三铰拱桁架。

5. 组合结构

组合结构即结构中一部分是链杆，一部分是梁或刚架。在荷载作用下，链杆中往往只产生轴力，而梁或刚架部分还同时存在弯矩和剪力。

图 3.42　不同平面杆系结构简图

工程实例

某混合结构施工图中钢筋混凝土梁 L2 两端支承在墙上，如图 3.43（a）所示；梁 L4 一端支承在墙上，另一端悬挑。梁所承受的预制混凝土板的荷载和梁的自重，可以简化为沿梁跨度方向的均布线荷载 q。

为了选择一个较为符合实际的计算简图，先要分析梁在墙上的工作情况。因为梁支承在砖墙上，其两端均不可能产生垂直向下的移动，但在梁弯曲变形时，两端能够产生转动；整个梁不可能在水平方向移动，但在温度变化时，梁端能够产生热胀冷缩。考虑到以上工作特点，可将梁的支座作如下处理：通常在一端墙宽的中点设置固定铰支座，在另一端墙宽的中点设置可动铰支座。用梁的轴线代替梁，对梁 L2 简化就得到了如图 3.43（b）所示的计算简图。

图 3.43　梁 L2 的受力情况和计算简图

> **特别提示**
>
> 图 3.43（b）所示的计算简图反映的就是所谓的简支梁。梁 L2 的两端不可能产生垂直向下的移动，但可转动；左端的固定铰支座限制了梁在水平方向的整体移动；右端的可动铰支座允许梁在水平方向的温度变形。这样的简化既反映了梁的实际工作性能及变形特点，又便于计算。

图 3.44 所示为梁 L4 的计算简图，梁 L4 为外伸梁。

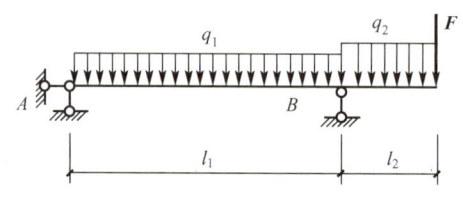

图 3.44　梁 L4 的计算简图

该施工图中梁 XTL1 的受力情况和计算简图如图 3.45 所示，其一端是固定端，另一端是自由端，属于悬臂梁。

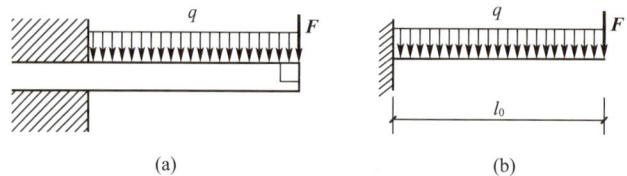

图 3.45　梁 XTL1 的受力情况和计算简图

模 块 小 结

静力学的基本知识包括力的基本概念（力的三要素、力的矢量性、力系的概念及分类），静力学公理（二力平衡公理阐述了二力作用下的平衡条件，作用力与反作用力公理说明了物体之间的相互关系，加减平衡力系公理是力系等效的基础，力的平行四边形法则是力的合成规律），力的合成与分解（主要是运用力在坐标轴上的投影对力进行代数运算及合力投影定理），力矩（力矩是度量力使物体转动效应的物理量），力偶（力偶的作用效果是使物体转动），约束（约束是阻碍物体运动的限制物），约束反力（约束反力的方向与限制物体运动的方向相反）。

在进行结构力学分析之前，需要对实际结构进行简化，用一种力学模型来代替实际结构，既能反映实际结构的主要受力特征，又能使计算简化，所以工程力学的研究对象并非结构的实体，而是结构的计算简图。计算简图的简化方法：结构的杆件均可用其杆轴线来代替；杆系结构的节点根据连接形式不同，简化为铰节点和刚节点；支座简化为可动铰支座、固定铰支座和固定端支座。

画受力图的步骤：明确研究对象，画出研究对象的分离简图；在分离简图上画出全部主动力；在分离体上画出全部的约束反力，注意约束反力与约束应一一对应。

习　　题

一、选择题（含多项选择题）

1．力的三要素是（　　）。
  A．力的大小　　　B．力的方向　　　C．力的矢量性　　　D．力的作用点
2．常见约束有以下哪几种？（　　）
  A．柔体约束　　　　　　　　　B．光滑接触面约束
  C．链杆约束　　　　　　　　　D．圆柱铰链约束
3．作用力与反作用力公理是在描述（　　）。
  A．二力作用下的平衡条件　　　B．物体之间的相互作用关系
  C．力系等效的基础　　　　　　D．力的合成的规律
4．柱与基础的节点可简化为（　　）。
  A．铰节点　　　B．链杆　　　C．刚节点　　　D．接触点

二、判断题

1．力可以使物体发生各种形式的运动。　　　　　　　　　　　　　（　　）
2．力与力偶可以合成。　　　　　　　　　　　　　　　　　　　　（　　）
3．力的投影和力的分解是等效的。　　　　　　　　　　　　　　　（　　）
4．约束反力的方向与限制物体运动的方向相反。　　　　　　　　　（　　）
5．当力的作用线通过矩心时，力的转动效应为零。　　　　　　　　（　　）

三、案例分析题

1．图3.46所示为现浇钢筋混凝土雨篷，试将该雨篷中的雨篷板和雨篷梁进行力学简化，画出计算简图，并进行受力分析。

图3.46　现浇钢筋混凝土雨篷

2. 如图 3.47 所示，试将该房屋结构中的各种结构构件进行力学简化，画出计算简图，并讨论各个构件的受力情况。

图 3.47　某房屋结构构件

四、思考题

1. 推小车时，人给小车一个作用力，小车也给人一个反作用力。此二力大小相等、方向相反，且作用在同一直线上，因此二力互相平衡。这种说法对不对？为什么？

2. 同一个力在两个互相平行的轴上的投影是否相等？若两个力在同一轴上的投影相等，这两个力是否一定相等？

3. 为什么用手拔钉子拔不出来，用钉锤很容易就能拔出来？

4. 为什么力偶在任意坐标轴上的投影为零？

五、作图题

1. 试画出图 3.48 所示的各物体的受力图（假定各接触面都是光滑的）。

   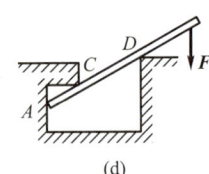

(a)　　　　　　　(b)　　　　　　　(c)　　　　　　　(d)

图 3.48　作图题 1 图

2. 试画出图 3.49 所示的各梁的受力图，梁重不计。

(a)　　　　　　　(b)　　　　　　　(c)　　　　　　　(d)

图 3.49　作图题 2 图

3．试画出图 3.50 所示的物体系统各部分及整体的受力图，结构自重不计。

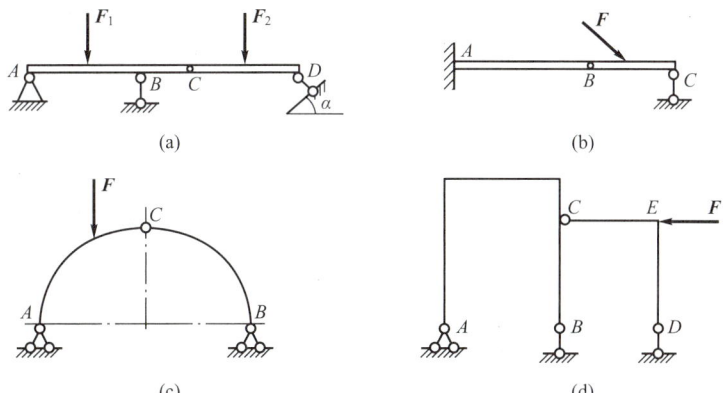

图 3.50　作图题 3 图

六、计算题

1．已知 F_1=400N，F_2=200N，F_3=300N，F_4=300N。各力的方向如图 3.51 所示。试求每个力在 x、y 轴上的投影。

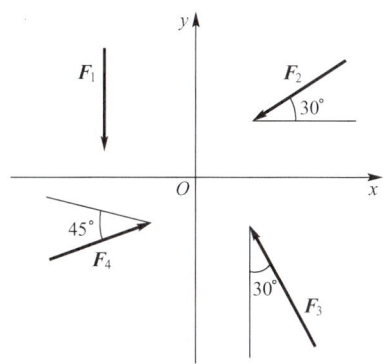

图 3.51　计算题 1 图

2．如图 3.52 所示，支架由杆 AB、AC 构成，A 处是铰链，B、C 两处都是固定铰支座，在 A 点作用有竖直力 F=100kN。求图示 3 种情况下，杆 AB、AC 所受的力。

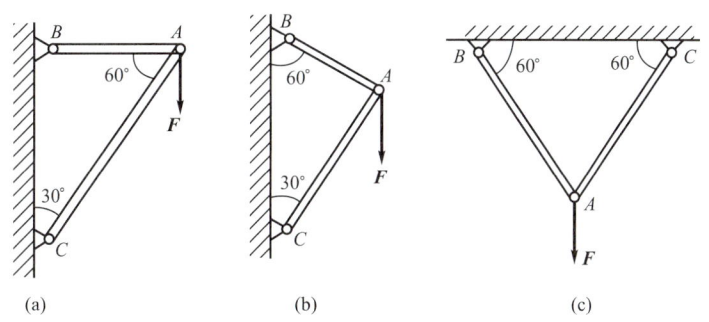

图 3.52　计算题 2 图

3．分别求出图 3.53 所示的力 F 对 O 点的力矩。

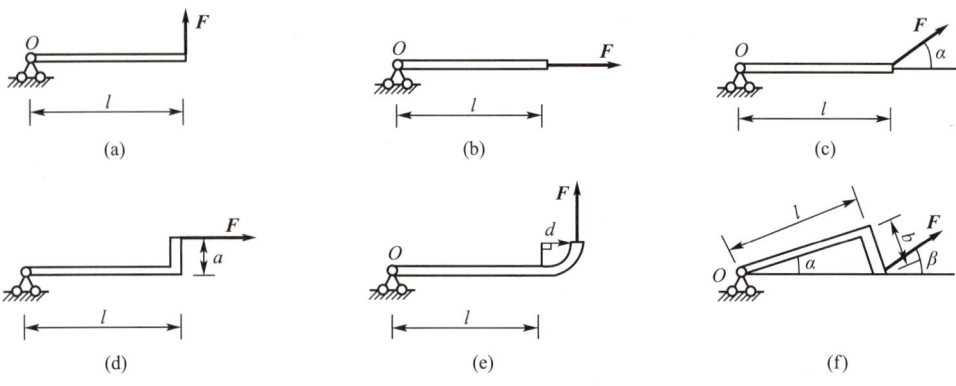

图 3.53 计算题 3 图

4. 分别求出图 3.54 所示力偶的力偶矩。已知：$F_1 = F_1' = 50\text{N}$，$F_2 = F_2' = 100\text{N}$，$F_3 = F_3' = 120\text{N}$；$d_1 = 50\text{cm}$，$d_2 = 30\text{cm}$，$d_3 = 20\text{cm}$。

图 3.54 计算题 4 图

模块 4 结构上的荷载及支座反力计算

思维导图

引例

实例中,教室的楼盖由梁和板组成,其上有家具和人群等荷载,其自身重力和外加荷载由梁和板承受,并通过梁和板传递到墙上,墙就是梁的支座。那么梁和板上的荷载是多少?由于荷载总是变化的,怎样取值才能保证结构及结构构件的可靠性?同时,梁和板传到支座的压力是多少?支座反力又是多少?这些都是要解决的问题。

4.1 结构上的荷载

4.1.1 荷载的分类

建筑结构在施工与使用期间要承受各种作用,如人群、风、雪及结构构件的自重等,这些外力直接作用在结构上;还有温度变化、地基不均匀沉降等间接作用在结构上。直接作用在结构上的外力称为荷载。

(1)荷载按作用时间的长短和性质可分为三类:永久荷载、可变荷载和偶然荷载。

① 永久荷载是指在结构设计使用期内,其值不随时间而变化,或其变化与平均值相比可以忽略不计,或其变化是单调的并能趋于限值的荷载,如结构的自重、土压力、预应力等荷载。永久荷载又称恒荷载。

② 可变荷载是指在结构设计使用期内,其值随时间而变化,或其变化与平均值相比不可忽略的荷载,如楼面活荷载、吊车荷载、风荷载、雪荷载等。可变荷载又称活荷载。

③ 偶然荷载是指在结构设计使用期内不一定出现,一旦出现,其值很大且持续时间很短的荷载,如爆炸力、撞击力等。

> **学中做**
>
> 将下列荷载与其对应的分类连线。
>
> 楼板的重力　　　　　　　　　　　　可变荷载
> 房间中人及家具的重力　　　　　　　偶然荷载
> 雪荷载　　　　　　　　　　　　　　永久荷载
> 地震力

(2)荷载按结构的反应特点可分为两类:静态荷载和动态荷载。

① 静态荷载是指使结构产生的加速度可以忽略不计的作用,如结构自重、住宅和办公楼的楼面活荷载等。

② 动态荷载是指使结构产生的加速度不可忽略不计的作用，如地震、吊车荷载、设备振动等。

（3）荷载按作用位置可分为两类：固定荷载和移动荷载。

① 固定荷载是指作用位置不变的荷载，如结构的自重等。

② 移动荷载是指可以在结构上自由移动的荷载，如车轮压力等。

4.1.2 荷载的分布形式

1. 材料的重度

某种材料单位体积的重力（kN/m^3）称为材料的重度，即重力密度，用 γ 表示，详见附录 B 表 B1。

> **特别提示**
>
> 如工程中常用水泥砂浆的重度是 $20kN/m^3$，石灰砂浆的重度是 $17kN/m^3$，钢筋混凝土的重度是 $24\sim 25kN/m^3$，钢的重度是 $78.5kN/m^3$。

2. 均布面荷载

在均匀分布的荷载作用面上，单位面积上的荷载值称为均布面荷载，其单位为 kN/m^2 或 N/m^2。图 4.1 所示为板上的均布面荷载。

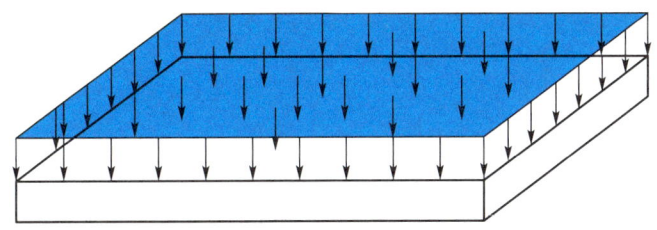

图 4.1　板上的均布面荷载

> **特别提示**
>
> 一般板上的自重荷载为均布面荷载，其值为重度乘以板厚。
>
> 如一矩形截面板，板长为 L（m），板宽为 B（m），截面厚度为 h（m），重度为 γ（kN/m^3），则此板自重 $G=\gamma BLh$；板的自重在平面上是均匀分布的，所以单位面积的自重 $G_k=\dfrac{G}{BL}=\dfrac{\gamma BLh}{BL}=\gamma h$（$kN/m^2$）。$G_k$ 值就是板自重简化为单位面积上的均布荷载标准值。

> **学中做**
>
> 如果现浇钢筋混凝土板厚110mm,则板的自重标准值为_____kN/m²。

3．均布线荷载

沿跨度方向单位长度上均匀分布的荷载称为均布线荷载,也称线荷载集度,其单位为 kN/m 或 N/m。图4.2所示为梁上的均布线荷载。

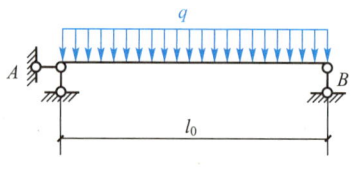

图 4.2 梁上的均布线荷载

> **特别提示**
>
> 一般梁上的自重荷载为均布线荷载,其值为重度乘以横截面面积。
>
> 如一矩形截面梁,梁长为 L（m）,其截面宽度为 b（m）,截面高度为 h（m）,重度为 γ（kN/m³）,则此梁自重 $G = \gamma b h L$；梁的自重沿跨度方向是均匀分布的,所以沿梁轴每米长度的自重 $G_k = \dfrac{G}{L} = \dfrac{\gamma b h L}{L} = \gamma b h$ (kN/m)。G_k 值就是梁自重简化为沿梁轴方向的均布荷载标准值。

> **学中做**
>
> 如果钢筋混凝土梁的截面尺寸为200mm×400mm,则梁的自重标准值为_____kN/m。如果梁两侧及底部有20mm厚的石灰砂浆抹灰,则抹灰的自重标准值为_____kN/m。

4．非均布线荷载

沿跨度方向单位长度上非均匀分布的荷载称为非均布线荷载,其单位为 kN/m 或 N/m,图4.3（a）所示的挡土墙的土压力即为非均布线荷载。

5．集中荷载（集中力）

集中地作用于一点的荷载称为集中荷载（集中力）,其单位为 kN 或 N,通常用 G 或 F 表示,图4.3（b）所示柱子的自重即为集中荷载。

模块 4　结构上的荷载及支座反力计算

(a) 挡土墙的土压力　　　　(b) 柱子的自重

图 4.3　非均布线荷载与集中荷载

> **特别提示**
> 一般柱子的自重为集中荷载，其值为重度乘以柱子的体积，即 $G=\gamma bhL$。

知识链接

均布面荷载转化为均布线荷载的计算

在工程计算中，板面上受到均布面荷载 q'（kN/m^2）时，它传给支撑梁的为线荷载，此时梁沿跨度（轴线）方向均匀分布的线荷载如何计算？

设板跨度为 3.3m（受荷宽度）、梁 L2 跨度为 5.1m，如图 4.4（a）所示。那么，梁 L2 上受到的全部荷载 $q=q'\times 3.3m+$ 梁 L2 自重标准值（kN/m），荷载 q 是沿梁的跨度均匀分布的，如图 4.4（b）所示。

(a) 板和梁 L2　　　　(b) 梁 L2 上的均布线荷载

图 4.4　板上的荷载传给梁

4.1.3 荷载的代表值

在后续进行结构设计时,应对荷载赋予一个规定的量值,该量值即所谓的荷载代表值。永久荷载采用标准值为代表值,可变荷载采用标准值、组合值、频遇值或准永久值为代表值。

1. 荷载标准值

荷载标准值是荷载的基本代表值,为设计基准期内(50年)最大荷载统计分布的特征值,是指其在结构使用期间可能出现的最大荷载值。

1) 永久荷载标准值(G_k)

永久荷载标准值是永久荷载的唯一代表值。对于结构自重可以根据结构的设计尺寸和材料的重度确定,常用材料和构件重度见附录 B 表 B1。

✅ 应用案例 4-1

矩形截面钢筋混凝土梁 L2,计算跨度为 5.1m,截面尺寸为 $b=250$mm,$h=500$mm,求该梁自重(即永久荷载)标准值。

解: 梁自重为均布线荷载的形式,梁自重标准值应按照 $G_k=\gamma b h$ 计算,其中钢筋混凝土的重度 $\gamma=25$kN/m³,$b=250$mm,$h=500$mm,故

$$梁自重标准值\ G_k=\gamma b h=25\times0.25\times0.5=3.125\ (\text{kN/m})$$

【案例点评】

计算过程中应注意物理量单位的换算。梁自重标准值用 G_k 表示。

✅ 应用案例 4-2

某办公楼楼面做法为:30mm 水磨石地面,120mm 钢筋混凝土空心板(折算为 80mm 厚的实心板),板底 20mm 厚石灰砂浆粉刷,求楼板自重标准值。

解: 板自重为均布面荷载的形式,其楼面做法中每一层标准值均应按照 $G_k=\gamma h$ 计算,然后把 3 个值加在一起就是楼板的自重标准值。

查附录 B 表 B1 得:30mm 水磨石地面的面荷载为 0.65kN/m²,钢筋混凝土的重度 $\gamma_2=25$kN/m³,石灰砂浆的重度 $\gamma_3=17$kN/m³,故

楼面做法:	
30mm 水磨石地面	0.65kN/m²
120mm 空心板自重	$25\times0.08=2$ (kN/m²)
板底粉刷	$17\times0.02=0.34$ (kN/m²)
楼板每平方米自重(面荷载)标准值:	$G_k=2.99$kN/m²

应用案例 4-3

钢筋混凝土梁 L5（7），截面尺寸 b=200mm，h=300mm，梁上放置厚 120mm、高 1.2m 的栏杆，栏杆重度 γ_1=19kN/m³，栏杆两侧 20mm 厚石灰砂浆抹面，求作用在梁上的永久荷载标准值。

解：经分析，梁 L5（7）的自重及作用在梁上的栏杆、石灰砂浆抹面为梁的永久荷载，荷载计算如下。

查附录 B 表 B1 得：钢筋混凝土的重度 γ_2=25kN/m³，石灰砂浆的重度 γ_3=17kN/m³，故

梁 L5(7)的自重　　　　　　　　　　　　　　　$25 \times 0.2 \times 0.3 = 1.5$ (kN/m)

梁上的栏杆及石灰砂浆抹面　　$1.2 \times (0.12 \times 19 + 0.02 \times 17 \times 2) = 3.552$ (kN/m)

梁上的永久荷载标准值：　　　　　　　　　　　　　　$G_k = 5.052 \text{kN/m}$

2）可变荷载标准值（Q_k）

可变荷载标准值由设计基准期内最大荷载概率分布的某个分位值确定，是可变荷载的最大荷载代表值，由统计获得。我国《建筑结构荷载规范》对<u>楼（屋）面活荷载、雪荷载、风荷载、吊车荷载</u>等可变荷载标准值规定了具体的数值，设计时可直接查用。

（1）楼（屋）面活荷载标准值见附录 B 表 B2 和表 B3。

> **特别提示**
>
> 根据附录 B 表 B2，查得实例中教学楼教室的楼面活荷载标准值为 2.5kN/m²；楼梯活荷载标准值为 3.5kN/m²。

（2）风荷载标准值（ω_k），风受到建筑物的阻碍和影响时，速度会改变，并在建筑物表面上形成压力和吸力，即为建筑物所受的风荷载。根据《建筑结构荷载规范》相关规定，风荷载标准值（ω_k）按式（4-1）计算。

$$\omega_k = \beta_z \mu_s \mu_z \omega_0 \tag{4-1}$$

式中　β_z——考虑风荷载脉动对结构影响的系数；

　　　μ_s——风荷载体型系数；

　　　μ_z——风压高度变化系数；

　　　ω_0——基本风压（kN/m²）。

以上 4 个指标按《工程结构通用规范》和《建筑结构荷载规范》确定。

（3）雪荷载标准值、施工及检修荷载标准值根据《建筑结构荷载规范》相关规定取值。

知识链接

根据上述风荷载的计算方法，确定出实例中框架结构上的风荷载，如图 4.5 所示。

图 4.5　风荷载作用示意图

2. 可变荷载的组合值、频遇值和准永久值

可变荷载组合值、频遇值和准永久值见表 4-1。

表 4-1　可变荷载组合值、频遇值和准永久值

名称	符号	计算公式	符号意义	特点
可变荷载组合值	Q_c	$Q_c = \psi_c Q_k$	ψ_c——可变荷载组合值系数 Q_k——可变荷载标准值	当结构上同时作用两种或两种以上的可变荷载时，由于各种可变荷载同时达到其最大值（标准值）的可能性极小，因此计算时采用可变荷载组合值
可变荷载频遇值	Q_f	$Q_f = \psi_f Q_k$	ψ_f——可变荷载频遇值系数 Q_k——可变荷载标准值	为结构上时而出现的较大荷载；对可变荷载，为在设计基准期内其超越的总时间为规定的较小比率或超越频率为规定频率的荷载值
可变荷载准永久值	Q_q	$Q_q = \psi_q Q_k$	ψ_q——可变荷载准永久值系数 Q_k——可变荷载标准值	为在设计基准期内经常作用（其超越的总时间约为设计基准期一半）的可变荷载，其在规定的期限内有较长的总持续时间，即经常作用于结构上的可变荷载

注：ψ_c、ψ_f、ψ_q、Q_k 4 个参数查附录 B 表 B2 和表 B3 可得。

4.1.4　荷载分项系数及荷载设计值

1. 荷载分项系数

荷载分项系数用于结构承载力极限状态设计中，目的是保证在各种可能的荷载组合出现时，结构均能维持在相同的可靠度水平上。荷载分项系数包括永久荷载分项系数 γ_G、可变荷载分项系数 γ_Q 和预应力作用分项系数 γ_P，其值见表 4-2。

表 4-2　建筑结构的荷载分项系数

荷载分项系数	适用情况	
	当作用效应对承载力不利时	当作用效应对承载力有利时
γ_G	1.3	≤1.0
γ_Q	1.5	0
γ_P	0.3	≤1.0

2. 荷载设计值

一般情况下，荷载标准值与荷载分项系数的乘积为荷载设计值，也称设计荷载，其数值大体上相当于结构在非正常使用情况下荷载的最大值，它比荷载标准值具有更大的可靠度。永久荷载设计值为 $\gamma_G G_k$；可变荷载设计值为 $\gamma_Q Q_k$。

荷载分项系数

应用案例 4-4

实例中，现浇钢筋混凝土楼面板板厚 $h=100$mm，板面做法选用 8～10mm 厚地砖，25mm 厚干硬水泥砂浆，素水泥浆，其面荷载标准值合计为 0.7kN/m²，板底采用 20mm 厚石灰砂浆粉刷，确定楼面永久荷载设计值和可变荷载设计值。

解：（1）计算永久荷载标准值。

板自重	$25 \times 0.10 = 2.5$ (kN/m²)
板面做法	0.7kN/m²
板底粉刷	$17 \times 0.02 = 0.34$ (kN/m²)
板每平方米总重力(面荷载)标准值	$G_k = 3.54$kN/m²

（2）计算永久荷载设计值。

$$g = \gamma_G G_k = 1.3 \times 3.54 = 4.602 \text{ (kN/m}^2\text{)}$$

（3）计算可变荷载标准值。

查附录 B 表 B2 知：教学楼可变荷载标准值为 $Q_k = 2.5$kN/m²（面荷载）。

（4）计算可变荷载设计值。

$$q = \gamma_Q Q_k = 1.5 \times 2.5 = 3.75 \text{ (kN/m}^2\text{)}$$

> **学中做**
>
> 荷载设计值一般_____荷载标准值，即设计值等于标准值乘以一个_____1 的系数（γ_G、γ_Q），主要是考虑到荷载有可能高于标准值。
>
> 材料则相反，材料强度的设计值一般_____材料强度标准值，即设计值等于标准值_____一个大于 1 的材料强度分项系数，主要是考虑到材料或构件的强度有低于标准值的可能性，出现不安全因素，从而引入一个分项系数。我国设计规范采用的是极限状态设计方法，确保结构具有一定的可靠度，对混凝土，$\gamma_C = 1.4$；对钢筋，$\gamma_S = 1.2$。
>
> 建筑构件所受荷载的计算事关建筑物的受力、传力，甚至影响建筑物的使用安全，因此，在计算荷载、确定荷载效应时一定要认真、细心，不能错算、漏算。

4.2 静力平衡条件及构件支座反力计算

物体在力系的作用下处于平衡时,力系应满足一定的条件,这个条件称为静力平衡条件。

4.2.1 平面力系的平衡条件

1. 平面任意力系的平衡条件

学习了模块 3 的力学概念后我们知道,一般情况下平面力系与一个力及一个力偶等效。若与平面力系等效的力和力偶均等于零,则原力系一定平衡。平面任意力系平衡的必要和充分条件是:力系中所有各力在两个坐标轴上的投影的代数和等于零,力系中所有各力对于任意一点 O 的力矩的代数和等于零。

由此得平面任意力系的平衡方程为

$$\begin{cases} \sum F_x = 0 \\ \sum F_y = 0 \\ \sum M_O(F) = 0 \end{cases} \quad (4\text{-}2)$$

> **特别提示**
>
> $\sum F_x = 0$ 即力系中所有力在 x 轴方向的投影的代数和等于零; $\sum F_y = 0$ 即力系中所有力在 y 轴方向的投影的代数和等于零; $\sum M_O(F) = 0$ 即力系中所有力对任意一点 O 的力矩的代数和等于零。

平面任意力系的平衡方程还有另外两种形式。

1) 二矩式

$$\begin{cases} \sum F_x = 0 \\ \sum M_A(F) = 0 \\ \sum M_B(F) = 0 \end{cases} \quad (4\text{-}3)$$

其中,A、B 两点之间的连线不能垂直于 x 轴。

2) 三矩式

$$\begin{cases} \sum M_A(F) = 0 \\ \sum M_B(F) = 0 \\ \sum M_C(F) = 0 \end{cases} \quad (4\text{-}4)$$

其中,A、B、C 三点不能共线。

2. 几种特殊情况的平衡条件

1) 平面汇交力系

若平面力系中的各力的作用线汇交于一点,则此力系称为平面汇交力系。根据力系的简化结果，汇交力系与一个力（力系的合力）等效；由平面任意力系的平衡条件可知，平面汇交力系平衡的充分和必要条件是<u>力系的合力等于零</u>，即

$$\sum F_x = 0$$
$$\sum F_y = 0$$

2）平面平行力系

若平面力系中的各力的作用线均相互平行，则此力系为平面平行力系。显然，平面平行力系是平面力系的一种特殊情况，可由平面任意力系的平衡方程推出，由于平面平行力系在某一坐标轴（x 轴或 y 轴）上的<u>投影均为零</u>，因此，其平衡方程为

$$\begin{cases} \sum F_y = 0 \text{（或} \sum F_x = 0\text{）} \\ \sum M_O(F) = 0 \end{cases}$$

当然，平面平行力系的平衡方程也可写成二矩式，即

$$\begin{cases} \sum M_A(F) = 0 \\ \sum M_B(F) = 0 \end{cases}$$

其中，A、B 两点之间的连线不能与各力的作用线平行。

4.2.2　构件的支座反力计算

求解构件支座反力的基本步骤如下。
（1）以整个构件为研究对象进行受力分析，<u>绘制受力图</u>。
（2）<u>建立 xOy 直角坐标系</u>。
（3）依据静力平衡条件，根据受力图<u>建立静力平衡方程，求解方程，得支座反力</u>。

> **特别提示**
>
> xOy 直角坐标系，一般假定 x 轴以水平向右为正，y 轴以竖直向上为正。
> 绘制受力图时，支座反力均假定为正方向。
> 求解出支座反力后，应标明其实际受力方向。

应用案例 4-5

图 4.6（a）所示的简支梁，计算跨度为 l_0，承受的均布荷载为 q，求梁的支座反力。

(a) 计算简图　　　　　　　　(b) 受力图

图 4.6　梁的支座反力计算

解:（1）以梁为研究对象进行受力分析，绘制受力图，如图 4.6（b）所示。
（2）建立如图 4.6（b）所示的直角坐标系。
（3）建立平衡方程，求解支座反力。

$$\sum F_x = 0, \quad F_{Ax} = 0$$
$$\sum F_y = 0, \quad F_{Ay} - ql_0 + F_{By} = 0$$
$$\sum M_A = 0, \quad F_{By}l_0 - ql_0 \times \frac{l_0}{2} = 0$$

解得：
$$F_{Ax} = 0, \quad F_{Ay} = F_{By} = \frac{1}{2}ql_0(\uparrow)$$

 应用案例 4-6

如图 4.7（a）所示的悬臂梁，计算跨度为 l_0，承受的集中荷载设计值为 F，求梁的支座反力。

 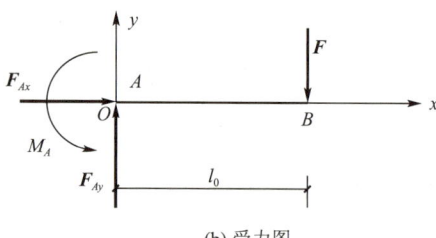

(a) 计算简图　　　　　　　　　　　　(b) 受力图

图 4.7　悬臂梁的支座反力计算

解:（1）以梁为研究对象进行受力分析，绘制受力图，如图 4.7（b）所示。
（2）建立如图 4.7（b）所示的直角坐标系。
（3）建立平衡方程，求解支座反力。

$$\sum F_x = 0, \quad F_{Ax} = 0$$
$$\sum F_y = 0, \quad F_{Ay} - F = 0$$
$$\sum M_A = 0, \quad M_A - Fl_0 = 0$$

解得：
$$F_{Ax} = 0, \quad F_{Ay} = F(\uparrow), \quad M_A = Fl_0(\curvearrowleft)$$

应用案例 4-7

图 4.8（a）所示的简支梁，计算跨度为 l_0，承受的集中荷载设计值为 F，作用在跨中 C 点，求简支梁的支座反力。

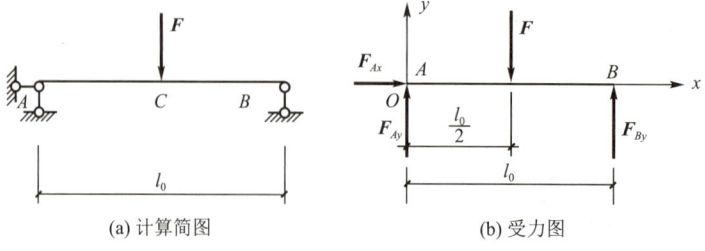

(a) 计算简图　　　　　　　　　　　　(b) 受力图

图 4.8　简支梁的支座反力计算

解：（1）以梁为研究对象进行受力分析，绘制受力图，如图4.8（b）所示。
（2）建立如图4.8（b）所示的直角坐标系。
（3）建立平衡方程，求解支座反力。

$$\sum F_x = 0, \quad F_{Ax} = 0$$
$$\sum F_y = 0, \quad F_{Ay} - F + F_{By} = 0$$
$$\sum M_A = 0, \quad F_{By} \times l_0 - F \times \frac{l_0}{2} = 0$$

解得：
$$F_{Ax} = 0, \quad F_{Ay} = F_{By} = \frac{F}{2}(\uparrow)$$

✅ 应用案例 4-8

如图4.9（a）所示的外伸梁，简支跨计算跨度为l_1，承受的均布荷载为q_1；外伸跨计算跨度为l_2，承受的均布荷载为q_2，承受的集中荷载值为F，求外伸梁的支座反力。

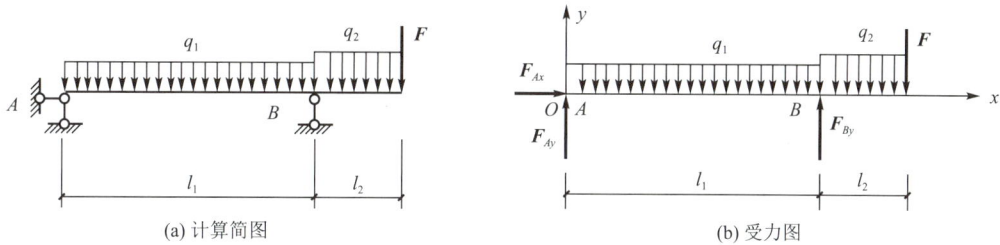

(a) 计算简图　　　　　　　　　　　　　　(b) 受力图

图 4.9　外伸梁的支座反力计算

解：（1）以梁为研究对象进行受力分析，绘制受力图，如图4.9（b）所示。
（2）建立如图4.9（b）所示的直角坐标系。
（3）建立平衡方程，求解支座反力。

$$\sum F_x = 0, \quad F_{Ax} = 0$$
$$\sum F_y = 0, \quad F_{Ay} - q_1 l_1 - q_2 l_2 + F_{By} - F = 0$$
$$\sum M_A = 0, \quad F_{By} l_1 - \frac{1}{2} q_1 l_1^2 - q_2 l_2 (l_1 + \frac{l_2}{2}) - F(l_1 + l_2) = 0$$

解得：
$$F_{Ax} = 0$$
$$F_{Ay} = \frac{q_1 l_1}{2} - \frac{q_2 l_2^2}{2l_1} - \frac{F l_2}{l_1}(\uparrow)$$
$$F_{By} = \frac{q_1 l_1}{2} + q_2 l_2 + \frac{q_2 l_2^2}{2l_1} + F + \frac{F l_2}{l_1}(\uparrow)$$

✅ 综合应用案例 4-1

应用案例4-2中的某办公楼，已知楼面做法为：30mm水磨石地面，120mm钢筋混凝土空心板，板底20mm厚石灰砂浆粉刷。其钢筋混凝土矩形截面梁L1如图4.10（a）所示，梁的计算跨度l_0=6000mm，梁的截面宽度b=250mm，截面高度h=500mm，梁两侧20mm

厚石灰砂浆粉刷，求梁 L1 的恒荷载标准值及活荷载标准值产生的支座反力。

图 4.10　梁 L1 的支座反力计算

解：（1）确定计算简图。按照模块 3 的内容，梁 L1 简化为简支梁，其计算简图如图 4.10（b）所示。

（2）荷载计算。

① 楼面荷载标准值。

楼面做法：30mm 水磨石地面	0.65kN/m^2
120mm 空心板自重	$25 \times 0.08 = 2\ (\text{kN/m}^2)$
板底粉刷	$17 \times 0.02 = 0.34\ (\text{kN/m}^2)$
楼面荷载标准值	2.99kN/m^2

② 恒荷载标准值。

板传给梁的恒荷载标准值：2.99×3.3=9.867(kN/m)（梁的受荷范围是 3.3m）

梁 L1 自重：25×0.25×0.5=3.125 (kN/m)

两侧粉刷：2×17×0.5×0.02=0.34 (kN/m)

则梁 L1 上的恒荷载标准值 G_k=9.867+3.125+0.34=13.332 (kN/m)

③ 活荷载标准值。

查附录 B 表 B2 知：办公楼楼面活荷载标准值为 2kN/m^2。

则梁 L1 上的活荷载标准值 Q_k=2×3.3=6.6(kN/m)（梁的受荷范围是 3.3m）

（3）求解支座反力。以梁为研究对象进行受力分析，绘制受力图，如图 4.10（c）所示，建立如图 4.10（c）所示的直角坐标系，依据平衡条件建立平衡方程

$$\sum F_x = 0, \quad F_{Ax} = 0$$
$$\sum F_y = 0, \quad F_{Ay} - ql_0 + F_{By} = 0$$

$$\sum M_A = 0, \quad F_{By}l_0 - ql_0 \times \frac{l_0}{2} = 0$$

解得: $\quad F_{Ax} = 0, \quad F_{Ay} = F_{By} = \frac{1}{2}ql_0(\uparrow)$

恒荷载标准值产生的支座反力: $F_{Ax} = 0, \quad F_{Ay} = F_{By} = \dfrac{G_k l_0}{2} = 39.996 \text{kN}(\uparrow)$

活荷载标准值产生的支座反力: $F_{Ax} = 0, \quad F_{Ay} = F_{By} = \dfrac{Q_k l_0}{2} = 19.8 \text{kN}(\uparrow)$

知识链接

梁 L1 的受荷范围取相邻两开间各一半，如图 4.11 所示。

图 4.11　梁 L1 的受荷范围

综合应用案例 4-2

上一案例中的办公楼，外伸梁 L4（1A）如图 4.12（a）所示，若内跨度 l_1=6000mm，截面宽度 b=250mm，截面高度 h=500mm；外伸跨度 l_2=2220mm，变截面端部取 b=250mm，h=300mm，求恒荷载标准值产生的支座反力。

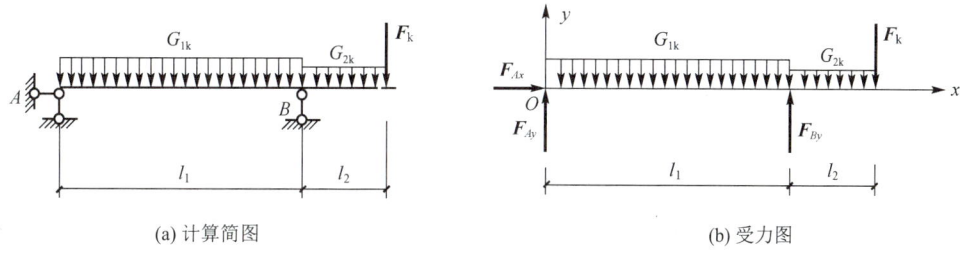

(a) 计算简图　　　　　　　　　(b) 受力图

图 4.12　外伸梁 L4（1A）的支座反力计算

解：（1）荷载计算。

① 内跨。

梁上均布线荷载标准值同梁 L1：G_{1k}=13.332kN/m

② 外伸跨。

楼面恒荷载标准值：2.99kN/m²

梁平均高度：$\dfrac{500+300}{2}=400$ (mm)

梁的自重：25×0.25×0.4=2.5 (kN/m)

两侧粉刷：2×17×0.4×0.02=0.272 (kN/m)

则梁上的恒荷载标准值 G_{2k}=2.99×3.3+2.5+0.272=12.639 (kN/m)

同时，梁 L5（7）传来集中荷载标准值（应用案例 4-3 已计算出）F_k=5.052×3.3≈16.672 (kN/m)

（2）求解支座反力。以梁为研究对象进行受力分析，绘制受力图，如图 4.12（b）所示，建立如图 4.12（b）所示的直角坐标系，依据平衡条件建立平衡方程

$$\sum F_x = 0, \quad F_{Ax} = 0$$
$$\sum F_y = 0, \quad F_{Ay} - G_{1k}l_1 - G_{2k}l_2 + F_{By} - F_k = 0$$
$$\sum M_A = 0, \quad F_{By}l_1 - \frac{1}{2}G_{1k}l_1^2 - G_{2k}l_2\left(l_1+\frac{l_2}{2}\right) - F_k(l_1+l_2) = 0$$

解得：$F_{Ax} = 0$

$$F_{By} = \frac{1}{2}G_{1k}l_1 + G_{2k}l_2\left(1+\frac{l_2}{2l_1}\right) + F_k\left(1+\frac{l_2}{l_1}\right)$$

$$= \frac{1}{2}\times 13.332\times 6 + 12.639\times 2.22\times\left(1+\frac{2.22}{2\times 6}\right) + 16.672\times\left(1+\frac{2.22}{6}\right)$$

$$\approx 96.086 \text{ (kN)}(\uparrow)$$

$$F_{Ay} = G_{1k}l_1 + G_{2k}l_2 - F_{By} + F_k$$

$$= 13.332\times 6 + 12.629\times 2.22 - 96.086 + 16.672 \approx 28.614 \text{ (kN)}(\uparrow)$$

模块小结

（1）按作用时间的长短和性质，荷载可分为三类：永久荷载、可变荷载和偶然荷载。

（2）永久荷载的代表值是荷载标准值，可变荷载的代表值有荷载标准值、组合值、频遇值和准永久值。荷载标准值是设计基准期内（50年）最大荷载统计分布的特征值，是荷载的基本代表值。

（3）荷载设计值是荷载分项系数与荷载标准值的乘积，荷载分项系数分为永久荷载分项系数、可变荷载分项系数和预应力作用分项系数。

（4）平面任意力系平衡的必要和充分条件：力系中所有各力在两个坐标轴上的投影的代数和等于零，力系中所有各力对于任意一点 O 的力矩的代数和等于零。

（5）根据静力平衡原理及平衡方程，可以求解静定结构构件的支座反力。

习　题

一、选择题

1．永久荷载的代表值是（　　）。
　　A．标准值　　　　B．组合值　　　　C．设计值　　　　D．准永久值
2．当两种或两种以上的可变荷载同时出现在结构上时，应采用的荷载代表值是（　　）。
　　A．标准值　　　　B．组合值　　　　C．设计值　　　　D．准永久值
3．办公楼楼梯上的可变荷载标准值是（　　）。
　　A．2kN/m²　　　B．2.5kN/m²　　　C．3.5kN/m²　　　D．4kN/m²
4．可变荷载设计值是（　　）。
　　A．$\gamma_Q Q_k$　　　B．Q_k　　　C．$\gamma_G G_k$　　　D．G_k
5．当楼面上的可变荷载标准值大于 4 kN/m² 时，可变荷载分项系数 γ_Q 应取（　　）。
　　A．1.2　　　　　B．1.3　　　　　C．1.4　　　　　D．1.35

二、填空题

1．平面任意力系平衡的必要和充分条件：力系中所有各力在_____的代数和等于零，力系中所有各力对于_____的力矩代数和等于零。
2．平面汇交力系平衡的充分和必要条件是：_____。
3．若平面力系中的各力的作用线均相互平行，则此力系为_____。
4．荷载标准值是荷载的_____代表值，是指在结构使用期间可能出现的_____荷载值。
5．一般情况下，荷载标准值与荷载分项系数的乘积为_____，也称设计荷载。

三、计算题

1．某办公楼走廊平板，现浇钢筋混凝土板板厚 120mm，30mm 厚水磨石楼面，板底 20mm 厚混合砂浆抹灰，求该走廊平板上的面荷载标准值。
2．某办公楼钢筋混凝土简支梁，计算跨度为 6m，梁的截面尺寸为 200mm×500mm，作用在梁上的恒荷载标准值 G_k=10kN/m（未考虑梁自重），活荷载标准值 Q_k=5kN/m，试计算：
（1）该梁上的恒荷载标准值。
（2）该梁恒荷载标准值和活荷载标准值共同作用下的支座反力。
3．求图 4.13 所示悬臂梁的支座反力。

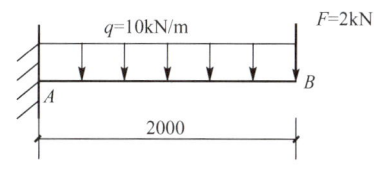

图 4.13　计算题 3 图

4．试确定图书馆书库的楼面活荷载标准值，并求出其准永久值。
5．求图 4.14 中各构件的支座反力。

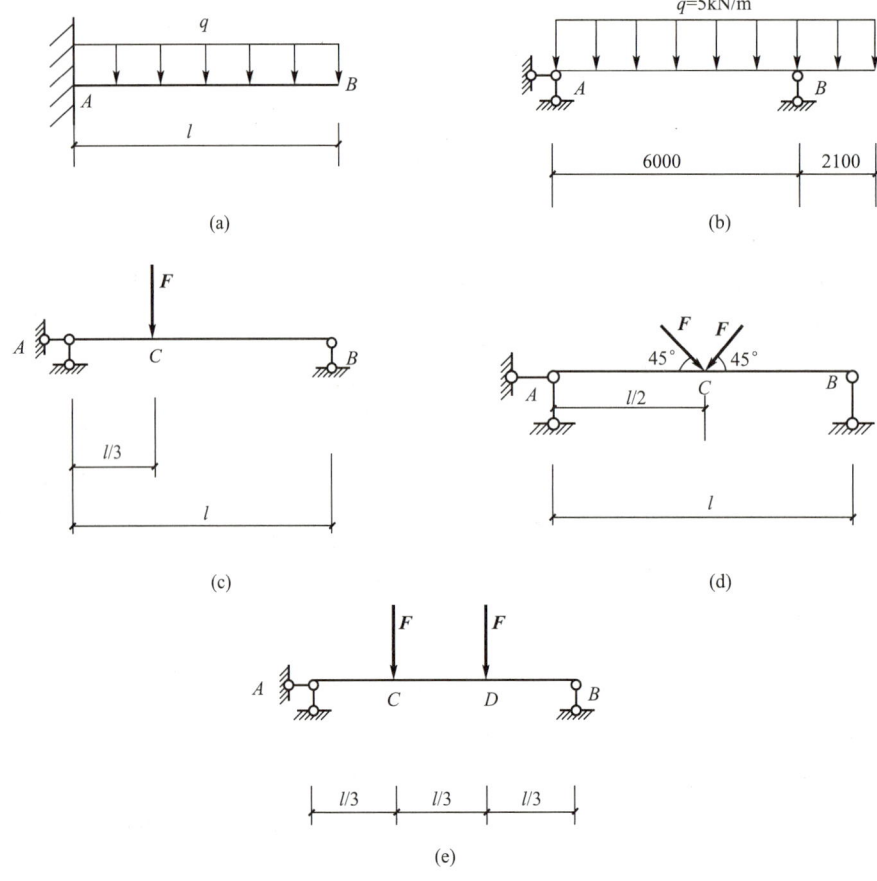

图 4.14 计算题 5 图

模块 5 构件内力计算及荷载效应组合

思维导图

引例

实际工程中,所有建筑物都要依靠其结构来承受荷载和其他间接作用(如温度变化、混凝土收缩与徐变等),结构是建筑物的重要组成部分。外荷载及其他作用必定在结构构件内部引起内力和变形,即荷载效应。荷载效应的大小决定了后续的结构设计工作中选择什么样的材料、材料的强度等级、材料的用量、构件的截面形状及尺寸等内容。以钢筋混凝土结构为例,构件在荷载作用下的荷载效应之一是弯矩,控制截面的弯矩就控制了截面受力钢筋的多少及钢筋所处的位置。本模块在模块 3 和模块 4 的基础上,主要介绍构件内力计算的基本方法及荷载效应组合的基本概念。

5.1 内力的基本概念

5.1.1 内力的定义

当人们用双手拉长一根弹簧时会感到弹簧内有一种反抗拉长的力,要想使弹簧拉得更长,就要施加更大的外力,而弹簧的反抗力也更大,这种反抗力就是弹簧的内力。内力是指杆件受外力作用后在其内部所引起的各部分之间的相互作用力,内力是由外力引起的,且外力越大,内力也越大。

工程中结构构件常见的内力有轴力、剪力、弯矩。轴力用 N 表示,与截面正交,与轴线重合;剪力用 V 表示,与截面相切,与轴线正交;弯矩用 M 表示,与截面互相垂直。这 3 种力分别如图 5.1~图 5.3 所示。

图 5.1 轴力的正负号规定

图 5.2 剪力的正负号规定

图 5.3 弯矩的正负号规定

> **特别提示**
>
> 内力除轴力、剪力、弯矩外，还有扭矩 T，由于工程中受扭构件比较少，本节将不涉及扭矩的相关内容。

5.1.2 内力的符号规定

1. 轴力的符号规定

轴力用符号 N 表示，背离截面的轴力称为拉力，为正值；指向截面的轴力称为压力，为负值。图 5.1（a）所示的截面受拉，N 为正号，图 5.1（b）所示的截面受压，N 为负号。轴力的单位为牛顿（N）或千牛顿（kN）。

2. 剪力的符号规定

剪力用符号 V 表示，其正负号规定如下：当截面上的剪力绕梁段上任意一点有顺时针转动趋势时为正，反之为负，如图 5.2 所示。剪力的单位为牛顿（N）或千牛顿（kN）。

3. 弯矩的符号规定

弯矩用符号 M 表示，其正负号规定如下：当截面上的弯矩使梁产生下凹的变形时为正，反之为负，如图 5.3 所示。杆件弯矩的正负号可随意假设，但弯矩图画在杆件受拉的一侧，图中不标正负号。弯矩的单位为 N·m 或 kN·m。

> **特别提示**
>
> 用截面法求解杆件截面内力时，轴力、剪力、弯矩均假定为正方向。

5.1.3 应力

1. 应力的基本概念

杆件在外荷载作用下的截面内力计算是通过截面法求解的，从其求解步骤来看，截面上的内力只与杆件的支座、荷载及长度有关，而与杆件的材料和截面尺寸无关。因此，内力的大小不足以反映杆件截面的强度，内力在杆件上的密集程度才是影响强度的主要原因。

内力在一点处的集度称为应力，用分布在单位面积上的内力来衡量。一般将应力分解为垂直于截面和相切于截面的两个分量，垂直于截面的应力分量称为正应力或法应力，用 σ 表示；相切于截面的应力分量称为剪应力或切向应力，用 τ 表示。

应力的单位为帕（Pa），常用单位还有兆帕（MPa）或吉帕（GPa）。

$$1\text{Pa}=1\text{N/m}^2,\ 1\text{MPa}=10^6\text{Pa}=1\text{N/mm}^2,\ 1\text{GPa}=10^9\text{Pa}$$

2. 轴向拉伸（压缩）杆件横截面上的应力计算

轴向拉伸（压缩）时，杆件横截面上的应力为正应力，根据材料的均匀连续假设，可知正应力在其截面上是均匀分布的，若用 A 表示杆件的横截面面积，N 表示该截面的轴力，则等直杆轴向拉伸（压缩）时横截面正应力 σ 的计算公式为

$$\sigma = \frac{N}{A} \tag{5-1}$$

正应力有拉应力与压应力之分，拉应力为正，压应力为负。

图 5.4（a）所示为等截面轴心受压柱的简图，其横截面面积为 A，荷载竖直向下且大小为 N，通过截面法求得 1—1 截面的轴力大小为-N，负号说明轴力为压应力，即正应力 σ 为压应力，大小为 N/A，其分布如图 5.4（b）所示。

(a) 轴心受压柱　　(b) 1—1截面处应力分布

图 5.4　轴向受压柱横截面上的应力分布

3. 矩形截面梁平面弯曲时横截面上的应力计算

一般情况下，梁在竖向荷载作用下会产生弯曲变形，本书只涉及平面弯曲的梁。平面弯曲指梁上所有外力都作用在纵向对称面内，梁变形后轴线形成的曲线也在该平面内弯曲，如图 5.5 所示。

图 5.5　平面弯曲的梁

梁平面弯曲时，其横截面上的内力有弯矩和剪力，因此，梁横截面上必然有正应力和剪应力的存在。

1）弯曲正应力

假设梁是由许多纵向纤维组成的，在受到外力作用下，将产生如图 5.6 所示的弯曲变形，凹边各层纤维缩短，凸边各层纤维伸长。这样梁的下部纵向纤维产生拉应变，上部纵向纤维产生压应变。从下部的拉应变过渡到上部的压应变，必有一层纤维既不伸长也不缩短，即此层线应变为零，定义这一层为中性层，中性层与横截面的交线称为中性轴，如图 5.7 中的 z 轴所示。

图 5.6 弯矩作用下梁的变形

图 5.7 梁的矩形截面

通过推导，平面弯曲梁的横截面上任一点处的正应力计算公式为

$$\sigma = \frac{M}{I_z} y \qquad (5\text{-}2)$$

式中　M——横截面上的弯矩；

　　　I_z——横截面对中性轴的惯性矩；

　　　y——所求应力点在 yOz 坐标系中的纵坐标。

> **特别提示**
>
> （1）计算截面弯曲正应力时，其假定的坐标轴与普通的坐标轴正方向不同，y 轴正方向垂直向下，z 轴正方向水平向右，如图 5.7 所示。
>
> （2）矩形截面：$I_z = \dfrac{1}{12} bh^3$；当 y 达到最大值时，$\dfrac{I_z}{y_{\max}} = W_z$，$W_z$ 称为抗弯截面模量。圆形截面：$I_z = \dfrac{\pi}{64} d^4$（$d$ 为直径）。

由式（5-2）可知，对于同一个截面，M、I_z 为常量，截面上任一点处的正应力的大小与该点到中性轴的距离成正比，沿截面高度呈线性变化，如图 5.8 所示。

如果截面上的弯矩为正弯矩，中性轴至截面上边缘区域为受压区，中性轴至截面下边缘区域为受拉区，且中性轴处应力为零，截面上边缘处压应力最大，截面下边缘处拉应力最大，如图 5.9（a）所示；如果截面上的弯矩为负弯矩，中性轴至截面上边缘区域为受拉区，中性轴至截面下边缘区域为受压区，且中性轴处应力为零，截面上边缘处拉应力最大，截面下边缘处压应力最大，如图 5.9（b）所示。

图 5.8 弯曲正应力分布

(a) 正弯矩　　　　　　　　　(b) 负弯矩

图 5.9　正弯矩和负弯矩下正应力分布

> **特别提示**
>
> 对于多跨连续梁来讲，在竖向荷载作用下其跨中处产生正弯矩而支座处产生负弯矩，其受拉区位置不同，因此纵向受力钢筋所处的位置也不同。

2）弯曲剪应力

平面弯曲梁的横截面上任一点处剪应力的计算公式为

$$\tau = \frac{V S_z^*}{I_z b} \tag{5-3}$$

式中　V——横截面上的剪力；
　　　I_z——横截面对中性轴的惯性矩；
　　　b——横截面宽度；
　　　S_z^*——横截面上所求剪应力处的水平线以下（或以上）部分面积 A^* 对中性轴的静矩。

剪应力的方向可根据与横截面上剪力方向一致来确定。对矩形截面梁，其剪应力沿截面高度呈二次抛物线变化，如图 5.10 所示，中性轴处剪应力最大，离中性轴越远剪应力越小，截面上下边缘处剪应力为零，中性轴上下两点如果距离中性轴相同，其剪应力也相同。

(a) 矩形截面梁　　　(b) 剪应力分布

图 5.10　矩形截面梁剪应力分布

> **特别提示**
>
> （1）对于矩形截面梁来讲，截面弯矩引起的正应力在中性轴处为零，截面边缘处正应力最大；而剪力引起的剪应力在中性轴处最大，在截面边缘处剪应力为零。
>
> （2）矩形截面梁：$\tau_{max}=3V/2A$。

5.2 静定结构内力计算

静定结构是指结构的支座反力和各截面的内力可以用平衡条件唯一确定的结构，本节将介绍静定结构的内力计算，包括求解结构构件指定截面的内力与绘制整个结构构件的内力图两大部分。

5.2.1 指定截面的内力计算

不同的结构构件承担的荷载与支承条件不同，截面上产生的内力不同。例如，仅受轴向外力作用的杆件，截面上产生的内力只有轴力；外力作用下产生平面弯曲的梁，截面上产生的内力为剪力与弯矩；由梁和柱用刚节点连接而成的平面刚架上的截面内力一般有轴力、剪力和弯矩。

求解不同结构构件的指定截面内力采用的基本方法是截面法，其基本步骤如下。

（1）按模块 4 中的方法求解支座反力。

（2）沿所求内力的截面处假想切开，选择其中一部分为脱离体，另一部分留置不顾。

（3）绘制脱离体受力图，应包括原来在脱离体部分的荷载和反力，以及切开截面上的待定内力。

（4）根据脱离体的受力图建立静力平衡方程，求解方程，得截面内力。

1. 轴向拉压杆件的轴力计算

✓ 应用案例 5-1

杆件受力如图 5.11（a）所示，杆件在力 F_1、F_2、F_3 作用下处于平衡。已知 F_1=25kN，F_2=35kN，F_3=10kN，求 1—1 和 2—2 截面的轴力。

解：杆件承受多个轴向力作用时，外力将杆分为几段，各段杆的内力将不相同，因此要分段求出杆的力。

（1）求 1—1 截面的轴力。用 1—1 截面在 AB 段内将杆假想截开，取左段杆为研究对象 [图 5.11（b）]，截面上的轴力用 N_1 表示，并假设为拉力，由平衡方程

$$\sum F_x = 0, \quad N_1 - F_1 = 0$$

求得 $N_1=F_1=25\text{kN}$。正值说明假设方向与实际方向相同，1—1 截面的轴力为拉力。

（2）求 2—2 截面的轴力。用 2—2 截面在 BC 段内将杆假想截开，取左段杆为研究对象 [图 5.11（c）]，截面上的轴力用 N_2 表示，也假设为拉力，由平衡方程

$$\sum F_x = 0, \quad N_2 + F_2 - F_1 = 0$$

求得 $N_2 = F_1 - F_2 = 25 - 35 = -10 (\text{kN})$。负值说明假设方向与实际方向相反，2—2 截面的轴力为压力。

也可以取 2—2 截面右段杆为研究对象 [图 5.11（d）]，截面上的轴力用 N_2 表示，由平衡方程

$$\sum F_x = 0, \quad N_2 + F_3 = 0$$

求得 $N_2 = -F_3 = -10\text{kN}$。

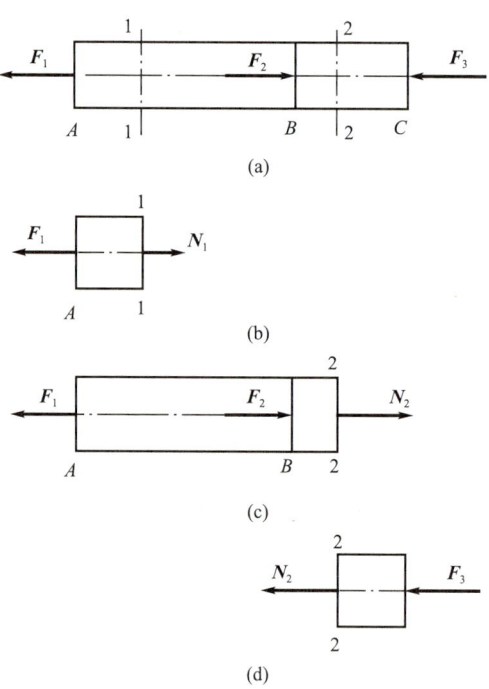

图 5.11 轴向拉压杆件的内力

特别提示

不难看出：AB 段任一截面的轴力与 1—1 截面的轴力相等，BC 段任一截面的轴力与 2—2 截面的轴力相等。

2．单跨静定梁的内力计算

应用案例 5-2

图 5.12（a）所示为某砖混结构中简支梁 L2 的计算简图，计算跨度 $l_0=5.1\text{m}$，已知梁上均布永久荷载标准值 $G_k=13.332\text{kN/m}$，计算梁跨中处截面的内力。

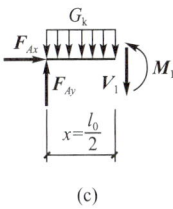

图 5.12　简支梁 L2

解：（1）求支座反力。取整个梁为研究对象，画出梁的受力图，如图 5.12（b）所示，建立平衡方程求解支座反力，即

$$\sum F_x = 0, \quad F_{Ax} = 0$$

$$\sum F_y = 0, \quad F_{Ay} - G_k \times l_0 + F_{By} = 0$$

$$\sum M_A(F) = 0, \quad F_{By} \times l_0 - \frac{1}{2} G_k l_0^2 = 0$$

解得：$F_{Ax} = 0$，$F_{Ay} = F_{By} = \frac{1}{2} G_k l_0 = \frac{1}{2} \times 13.332 \times 5.1 \approx 33.997 \, (\text{kN})(\uparrow)$

（2）求梁跨中截面的内力。在跨中截面将梁假想截开，取左段梁为脱离体，画出脱离体的受力图，如图 5.12（c）所示。假定该截面的剪力 V_1 和弯矩 M_1 的方向均为正方向，$x = \frac{1}{2} l_0$，建立平衡方程求解剪力 V_1 和弯矩 M_1，即

$$\sum F_x = 0, \quad F_{Ax} = 0$$

$$\sum F_y = 0, \quad F_{Ay} - V_1 - \frac{1}{2} G_k l_0 = 0$$

$$\sum M_A(F) = 0, \quad M_1 - V_1 \frac{l_0}{2} - G_k \frac{l_0}{2} \cdot \frac{l_0}{4} = 0$$

解得：$V_1 = 0$，$M_1 = \frac{1}{8} G_k l_0^2 = \frac{1}{8} \times 13.332 \times 5.1^2 \approx 43.346 \, (\text{kN} \cdot \text{m})$

> **特别提示**
>
> 若简支梁 L2 承受均布可变荷载标准值 $Q_k = 6.6 \text{kN/m}$，按照截面法求解得：
>
> 跨中截面内力 $V_1 = 0$，$M_1 = \frac{1}{8} Q_k l_0^2 = \frac{1}{8} \times 6.6 \times 5.1^2 \approx 21.458 \, (\text{kN} \cdot \text{m})$
>
> 支座处截面内力 $V_2 = \frac{1}{2} Q_k l_0 = 16.83 \text{kN}$，$M_2 = 0$

应用案例 5-3

图 5.13（a）所示为某砖混结构中悬挑梁 XTL1 的计算简图，$l_0 = 2.1 \text{m}$，永久荷载标准值 $G_k = 12.639 \text{kN/m}$，$F_k = 16.665 \text{kN}$，计算梁支座 1—1 截面的内力。

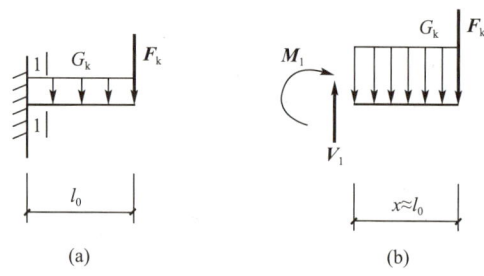

图 5.13 悬挑梁 XTL1

解：通过截面法求解 1—1 截面内力时，沿 1—1 截面将梁假想截开，不难发现：取左段梁为脱离体时，脱离体包含支座，需要求解支座反力；取右段梁为脱离体时，脱离体没有支座，无须求解支座反力，所以为了方便起见，取右段梁为脱离体，画出脱离体的受力图，如图 5.13（b）所示，假定该截面的剪力 V_1 和弯矩 M_1 的方向均为正方向，$x \approx l_0$，建立平衡方程求解剪力 V_1 和弯矩 M_1，即

$$\sum F_y = 0, \quad V_1 - G_k l_0 - F_k = 0$$

$$\sum M_1(F) = 0, \quad -M_1 - \frac{1}{2}G_k l_0^2 - F_k l_0 = 0$$

解得：$V_1 = G_k l_0 + F_k = 12.639 \times 2.1 + 16.665 \approx 43.207 \text{ (kN)}$

$$M_1 = -\frac{1}{2}G_k l_0^2 - F_k l_0 = -\frac{1}{2} \times 12.639 \times 2.1^2 - 16.665 \times 2.1 \approx -62.865 \text{ (kN·m)}$$

✅ 应用案例 5-4

图 5.14（a）所示为某砖混结构中外伸梁 L4（1A）的计算简图，l_1=6m，l_2=2.2m；永久荷载标准值 G_{1k}=13.332kN/m，G_{2k}=12.639kN/m，F_k=16.665kN，计算梁支座处及跨中截面的内力。

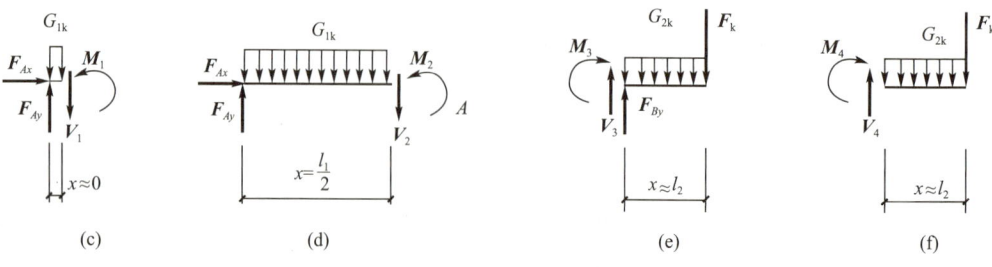

图 5.14 外伸梁 L4（1A）

解：（1）求支座反力。取整个梁为研究对象，画出梁的受力图，如图 5.14（b）所示，建立平衡方程求解支座反力，即

$$\sum F_x = 0 , \quad \sum F_{Ax} = 0$$

$$\sum F_y = 0 , \quad F_{Ay} - G_{1k}l_1 - G_{2k}l_2 + F_{By} - F_k = 0$$

$$\sum M_A(F) = 0 , \quad F_{By}l_1 - \frac{1}{2}G_{1k}l_1^2 - G_{2k}l_2\left(l_1 + \frac{l_2}{2}\right) - F_k(l_1 + l_2) = 0$$

解得：$\quad F_{Ax} = 0 , \quad F_{Ay} = 28.788 \text{kN}(\uparrow) , \quad F_{By} = 95.675 \text{kN}(\uparrow)$

（2）求 1—1 截面内力。用 1—1 截面将梁假想截开，取左段梁为脱离体，画出脱离体的受力图，假定该截面的剪力 V_1 和弯矩 M_1 的方向均为正方向，如图 5.14（c）所示，$x \approx 0$。建立平衡方程求解剪力 V_1 和弯矩 M_1，即

$$\sum F_x = 0 , \quad F_{Ax} = 0$$

$$\sum F_y = 0 , \quad F_{Ay} - V_1 = 0$$

$$\sum M_A(F) = 0 , \quad M_1 = 0$$

解得：$\quad V_1 = F_{Ay} = 28.788 \text{kN} , \quad M_1 = 0$

（3）求 2—2 截面内力。用 2—2 截面将梁假想截开，取左段梁为脱离体，画出脱离体的受力图，假定该截面的剪力 V_2 和弯矩 M_2 的方向均为正方向，如图 5.14（d）所示，$x = \frac{1}{2}l_1$。建立平衡方程求解剪力 V_2 和弯矩 M_2，即

$$\sum F_x = 0 , \quad F_{Ax} = 0$$

$$\sum F_y = 0 , \quad F_{Ay} - \frac{1}{2}G_{1k}l_1 - V_2 = 0$$

$$\sum M_A(F) = 0 , \quad M_2 - \frac{1}{8}G_{1k}l_1^2 - \frac{1}{2}V_2l_1 = 0$$

解得：$V_2 = F_{Ay} - \frac{1}{2}G_{1k}l_1 = 28.788 - \frac{1}{2} \times 13.332 \times 6 = -11.208 \text{(kN)}$

$M_2 = \frac{1}{8}G_{1k}l_1^2 + \frac{1}{2}V_2l_1 = \frac{1}{8} \times 13.332 \times 6^2 + \frac{1}{2} \times (-11.208) \times 6 = 26.37 \text{(kN·m)}$

（4）求 3—3 截面内力。用 3—3 截面将梁假想截开，取右段梁为脱离体，画出脱离体的受力图，假定该截面的剪力 V_3 和弯矩 M_3 的方向均为正方向，如图 5.14（e）所示，$x_2 \approx l_2$。建立平衡方程求解剪力 V_3 和弯矩 M_3，即

$$\sum F_y = 0 , \quad F_{By} - G_{2k}l_2 + V_3 - F_k = 0$$

$$\sum M_B(F) = 0 , \quad -M_3 - \frac{1}{2}G_{2k}l_2^2 - F_kl_2 = 0$$

解得：$V_3 = G_{2k}l_2 + F_k - F_{By} = 12.639 \times 2.2 + 16.665 - 95.675 \approx -51.204 \text{(kN)}$

$M_3 = -\frac{1}{2}G_{2k}l_2^2 - F_kl_2 = -\frac{1}{2} \times 12.639 \times 2.2^2 - 16.665 \times 2.2 \approx -67.249 \text{(kN·m)}$

（5）求 4—4 截面内力。用 4—4 截面将梁假想截开，取右段梁为脱离体，画出脱离体的受力图，假定该截面的剪力 V_4 和弯矩 M_4 的方向均为正方向，如图 5.14（f）所示，$x \approx l_2$。

建立平衡方程求解剪力 V_4 和弯矩 M_4，即

$$\sum F_y = 0 , \quad V_4 - G_{2k}l_2 - F_k = 0$$

$$\sum M_B(F) = 0 , \quad -M_4 - \frac{1}{2}G_{2k}l_2^2 - F_k l_2 = 0$$

解得：$V_4 = G_{2k}l_2 + F_k = 12.639 \times 2.2 + 16.665 \approx 44.471 \text{(kN)}$

$M_4 = -\frac{1}{2}G_{2k}l_2^2 - F_k l_2 = -\frac{1}{2} \times 12.639 \times 2.2^2 - 16.665 \times 2.2 \approx -67.249 \text{(kN·m)}$

> **特别提示**
>
> 在求解悬挑梁及外伸梁外伸部分截面内力时，无须求解支座反力。

3. 静定平面刚架的内力计算

静定平面刚架是由横梁和柱共同组成的一个整体静定承重结构。刚架的特点是具有刚节点，即梁与柱的接头是刚性连接的，共同组成一个几何不变的整体。

✅ 应用案例 5-5

求图 5.15（a）所示刚架 E 截面的内力。

图 5.15　静定平面刚架

解：（1）求支座反力。取整个刚架为脱离体，画出刚架的受力图，如图 5.15（b）所示，建立平衡方程求解支座反力，即

$$\sum F_x = 0 , \quad F_{Ax} + 20 = 0$$

$$\sum M_A(F) = 0 , \quad -F_{Ay} \times 8 - 20 \times 6 + 50 \times 4 = 0$$

$$\sum M_B(F) = 0 , \quad F_{By} \times 8 - 50 \times 4 - 20 \times 6 = 0$$

解得：$F_{Ax} = -20 \text{kN}(\leftarrow) , \quad F_{Ay} = 10 \text{kN}(\uparrow) , \quad F_{By} = 40 \text{kN}(\uparrow)$

（2）求 E 截面内力。沿 E 截面将刚架截开，取 AE 段为脱离体，画出脱离体的受力图，假定该截面的剪力 V_E 和弯矩 M_E 的方向均为正方向，如图 5.15（c）所示，建立平衡方程求解剪力 V_E 和弯矩 M_E，即

$$\sum F_x = 0, \quad V_E - 20 = 0$$
$$\sum F_y = 0, \quad N_E + 10 = 0$$
$$\sum M_E(F) = 0, \quad M_E - 20 \times 3 = 0$$

解得： $V_E = 20\text{kN}, \quad N_E = -10\text{kN}, \quad M_E = 60\text{kN} \cdot \text{m}$

4. 静定平面桁架的内力计算

知识链接

静定平面桁架是一个平面内的若干直杆两端用铰连接所组成的静定结构，如图5.16所示。下面所提及的桁架均为静定平面桁架。

图 5.16　静定平面桁架

组成桁架的各杆依其所在的位置可分为<u>弦杆</u>和<u>腹杆</u>两类，弦杆是指桁架外围的杆件，上部的称为上弦杆，下部的称为下弦杆；上、下弦杆之间的杆件统称为腹杆，其中竖向的称为直腹杆，斜向的称为斜腹杆。从上弦最高点至下弦的距离称为<u>矢高</u>，也称为桁架高；杆件与杆件的连接点称为<u>节点</u>；弦杆上两相邻节点间的区间称为<u>节间</u>；桁架两支座之间的距离称为<u>跨度</u>。

为了简化计算，在取桁架计算简图时，通常作如下假定。

（1）各杆在两端用光滑的理想铰相互连接。

（2）所有杆件的轴线都是直线，在同一平面内且通过铰的中心。

（3）荷载和支座反力都作用在节点上且位于桁架所在的平面内。

符合上述假定的桁架称为理想桁架，其各杆件在节点荷载作用下的内力仅为轴力，且轴力分布均匀。

静定平面桁架的内力计算方法有两种：<u>节点法</u>和<u>截面法</u>。节点法是指截取桁架的节点为脱离体，由节点的平衡条件求解与节点相连的各杆件的内力。截面法是假想用一个截面将桁架切开分成两部分，取其任一部分为脱离体，画出作用在该部分桁架上的外力及被截断杆件的内力，由平衡条件求解被截断各杆件的内力。

求解过程中，进行受力分析及作受力图时，习惯上假定杆件轴力为拉力，其实际轴力方向根据计算结果的正负号判断，正值为拉力，负值为压力。当轴力为零时，杆件称为零杆。

> **特别提示**
>
> 判断零杆的结论如下。
>
> （1）一节点上有 3 根杆件，如果节点上无外力的作用，其中两杆件共线，则另一杆件为零杆，如图 5.17（a）所示。
>
> （2）一节点上只有两根不共线杆件，如果节点上无外力的作用，则两杆件均为零杆，如图 5.17（b）所示。
>
> （3）一节点上只有两根不共线杆件，如果作用在节点上的外力沿其中一杆件，则另一杆件为零杆，如图 5.17（c）所示。
>
>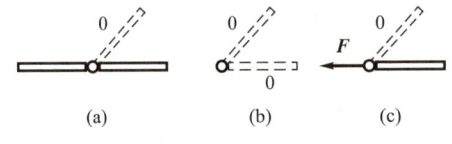
>
> 图 5.17 零杆的判断

（1）节点法的基本步骤。

① 选取整个桁架为研究对象，依据平衡条件求解支座反力。

② 从只有两个杆件的节点开始，逐一将各节点从整榀桁架中依次截割出来为脱离体，作受力图。

③ 依据平衡条件建立平衡方程，逐一求解各杆件内力。

应用案例 5-6

试用节点法求图 5.18（a）所示桁架各杆件的内力。

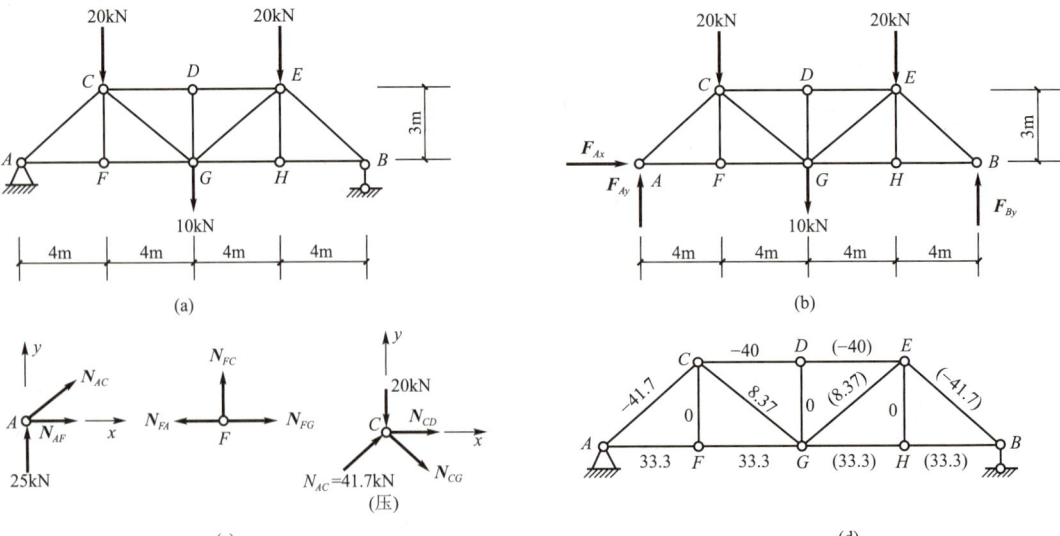

图 5.18 节点法求桁架内力

108

解：（1）求支座反力。画出桁架的受力图，如图 5.18（b）所示，由于结构和荷载均对称，故
$$F_{Ax}=0, \quad F_{Ay}=F_{By}=25\text{kN}(\uparrow)$$

（2）求各杆件内力。经判断，以 F、D、H 为节点，无竖向力作用［以图 5.18（c）中节点 F 为例］，故 CF、DG 及 EH 杆件为零杆。

① 节点 A。受力图如图 5.18（c）所示，建立平衡方程
$$\Sigma F_x=0, \quad N_{AF}+N_{AC}\times 4/5=0$$
$$\Sigma F_y=0, \quad N_{AC}\times 3/5+25=0$$

解得：$N_{AF}=33.3\text{kN}$（拉），$N_{AC}=-41.7\text{kN}$（压）

② 节点 F。CF 杆为零杆，$N_{FC}=0$
$$\Sigma F_x=0, \quad N_{FG}=N_{FA}=33.3\text{kN}\ (拉)$$

③ 节点 C。受力图如图 5.18（c）所示，建立平衡方程
$$\Sigma F_x=0, \quad N_{CG}\times 4/5+N_{CD}+41.7\times 4/5=0$$
$$\Sigma F_y=0, \quad -N_{CG}\times 3/5-20+41.7\times 3/5=0$$

解得：$N_{CG}=8.37\text{kN}$（拉），$N_{CD}=-40\text{kN}$（压）

将计算结果标于图 5.18（d）所示的桁架上（右半桁架各杆件括号内所注数值是根据对称关系求得的结果）。

（2）截面法的基本步骤。

① 选取整个桁架为研究对象，依据平衡条件求解支座反力。

② 假想用一个截面将桁架切开分成两部分，取其任一部分为脱离体，画出作用在该部分桁架上的外力及被截断杆件的内力，作受力图。

③ 依据平衡条件建立平衡方程，求解被截断各杆件的内力。

应用案例 5-7

试用截面法求图 5.19（a）所示桁架 a、b、c 杆件的内力。

解：（1）求支座反力。桁架受力图如图 5.19（b）所示。
$$\Sigma F_y=0, \quad F_{Ay}+F_{By}-5-20-10=0$$
$$\Sigma M_B(F)=0, \quad -F_{Ay}\times 12+5\times 12+20\times 9+10\times 6=0$$

解得：$F_{Ax}=0, \quad F_{Ay}=25\text{kN}(\uparrow), \quad F_{By}=10\text{kN}(\uparrow)$

（2）求指定杆件的内力。用截面 m—m 将杆件 a、b、c 截开，取左半部分为脱离体，画受力图如图 5.19（c）所示。
$$\Sigma F_x=0, \quad N_a+N_c+N_b\cos\alpha=0$$
$$\Sigma F_y=0, \quad 25-5-20-N_b\sin\alpha=0$$
$$\Sigma M_F(F)=0, \quad 5\times 3-25\times 3+N_c\times 2=0$$

解得：$N_b=0, \quad N_a=-30\text{kN}$（压），$N_c=30\text{kN}$（拉）

图 5.19 截面法求桁架内力

5.2.2 内力图

结构构件在外力作用下，截面内力随截面位置的变化而变化，为了形象、直观地表达内力沿截面位置变化的规律，通常绘出内力随截面位置变化的图形，即内力图。根据内力图，可以找出构件内力最大值及其所在截面的位置。

> **特别提示**
>
> 内力图在结构设计中有重要的作用。构件的承载力计算是以构件在荷载作用下控制截面的内力为依据的。对于等截面结构构件，其控制截面是指内力最大的截面；对于变截面结构构件，其控制截面除内力最大的截面外，还有尺寸突变的截面。不同的结构构件在不同的荷载作用下，其控制截面的位置和数量是不一样的，可以通过绘制结构构件内力图的方法来确定。

1. 轴向拉压杆件的内力图——轴力图

可按选定的比例尺，用平行于轴线的坐标表示横截面的位置，用垂直于轴线的坐标表示各横截面轴力的大小，绘出表示轴力与截面位置关系的图形，即轴力图。画图时，习惯上将正值的轴力画在横坐标轴上侧，负值的轴力画在横坐标轴下侧。

绘制仅受轴向集中力杆件的轴力图的步骤如下。

（1）求解支座反力。

（2）根据施加荷载情况分段。

（3）求出每段内任一截面上的轴力值。
（4）选定一定比例尺，用平行于轴线的坐标表示横截面的位置，用垂直于轴线的坐标表示各横截面轴力的大小，绘制轴力图。

应用案例 5-8

等截面杆件受力如图 5.20（a）所示，试作出该杆件的轴力图。

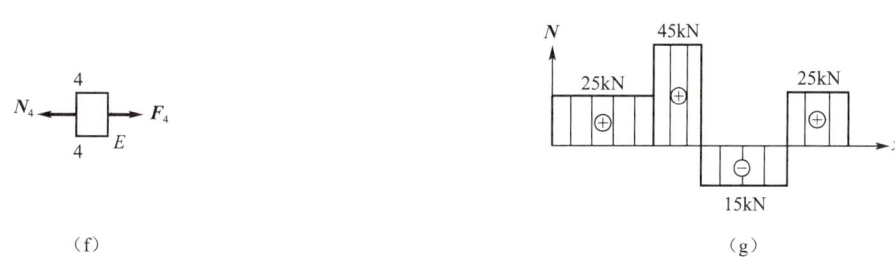

图 5.20 轴向拉压杆件的内力图

解：（1）求支座反力。根据平衡条件可知，轴向拉压杆件固定端的支座反力只有 F_{Ax}，如图 5.20（b）所示。取整根杆为研究对象列平衡方程，即

$$\sum F_x = 0, \quad -F_{Ax} - F_1 + F_2 - F_3 + F_4 = 0$$

解得：$\quad F_{Ax} = -F_1 + F_2 - F_3 + F_4 = -20 + 60 - 40 + 25 = 25(\text{kN})(\leftarrow)$

（2）求各段杆的轴力。如图 5.20（b）所示，杆件在 5 个集中力作用下保持平衡，分 4 段：AB 段、BC 段、CD 段、DE 段。

求 AB 段轴力：用 1—1 截面将杆件在 AB 段内截断，取左段杆为研究对象 [图 5.20(c)]。以 N_1 表示截面上的轴力，由平衡方程

$$\sum F_x = 0, \quad -F_{Ax} + N_1 = 0$$

解得：$\quad N_1 = F_{Ax} = 25\text{kN}$（拉）

求 BC 段的轴力：用 2—2 截面将杆件截断，取左段杆为研究对象 [图 5.20（d）]。由平衡方程

$$\sum F_x = 0, \quad -F_{Ax} + N_2 - F_1 = 0$$

解得：$\qquad N_2 = F_{Ax} + F_1 = 20 + 25 = 45 \text{(kN)}$（拉）

求 CD 段轴力：用 3—3 截面将杆件截断，取左段杆为研究对象[图 5.20（e）]。由平衡方程

$$\sum F_x = 0, \ N_3 - F_{Ax} + F_2 - F_1 = 0$$

解得：$\qquad N_3 = F_{Ax} - F_2 + F_1 = 25 - 60 + 20 = -15 \text{(kN)}$（压）

求 DE 段轴力：用 4—4 截面将杆件截断，取右段杆为研究对象[图 5.20（f）]。由平衡方程

$$\sum F_x = 0, \ F_4 - N_4 = 0$$

解得：$\qquad N_4 = F_4 = 25 \text{kN}$（拉）

（3）绘制轴力图。以平行于轴线的 x 轴为横坐标轴，垂直于轴线的 N 轴为纵坐标轴，按一定比例将各段轴力标在坐标轴上，可作出轴力图，如图 5.20（g）所示。

> **特别提示**
>
> （1）轴力图上，轴向拉力为"+"，压力为"-"。
> （2）绘制轴力图时，杆件是以作用在杆件上的集中力（包括支座反力和外荷载）的位置来分段求解的，对于两个集中力之间的杆件，任一截面的内力均相等。
> （3）由图 5.20（g）可知，BC 段截面上的拉力值最大，为轴向拉杆设计的控制段；同时 CD 段上的压力值最大，也为轴向压杆设计的控制段。

2．梁的内力图——剪力图和弯矩图

梁的内力图包括剪力图和弯矩图，其绘制方法与轴力图相似，即以平行于梁轴线的 x 轴为基线表示该梁的横坐标位置，用纵坐标的端点表示相应截面的剪力或弯矩，再将各纵坐标的端点连接起来。在绘制剪力图时，习惯上将正剪力画在 x 轴的上方，负剪力画在 x 轴的下方，并标明正负号。而绘制弯矩图时则规定画在梁受拉的一侧，即正弯矩画在 x 轴的下方，负弯矩画在 x 轴的上方，可以不标明正负号。

绘制梁的内力图方法有 3 种：内力方程法、规律法及叠加法。内力方程法是指将梁分成若干荷载段，分段采用截面法建立剪力方程和弯矩方程，然后在以平行于梁轴线为 x 轴、垂直于梁轴线为 y 轴的坐标系中绘制剪力图和弯矩图。规律法是指在求得支座反力之后，利用梁上荷载与剪力图、弯矩图之间的关系直接绘制剪力图和弯矩图。叠加法是指在绘制多个荷载作用下构件的内力图时，可以先按规律法绘制单个荷载作用下的内力图，然后将多个分内力图线性叠加形成最终的内力图。下面将讨论采用内力方程法、规律法及叠加法绘制梁的内力图的方法与技巧。

1）用内力方程法绘制内力图

通常梁在外力作用下，各截面上的剪力和弯矩沿轴线方向是变化的。如果用横坐标 x 表示横截面沿梁轴线的位置，则剪力和弯矩都可以表示为坐标 x 的函数，即

$$V = V(x), \ M = M(x)$$

这两个方程分别称为梁的剪力方程和弯矩方程。

应用案例 5-9

作如图 5.21（a）所示简支梁的剪力图和弯矩图。

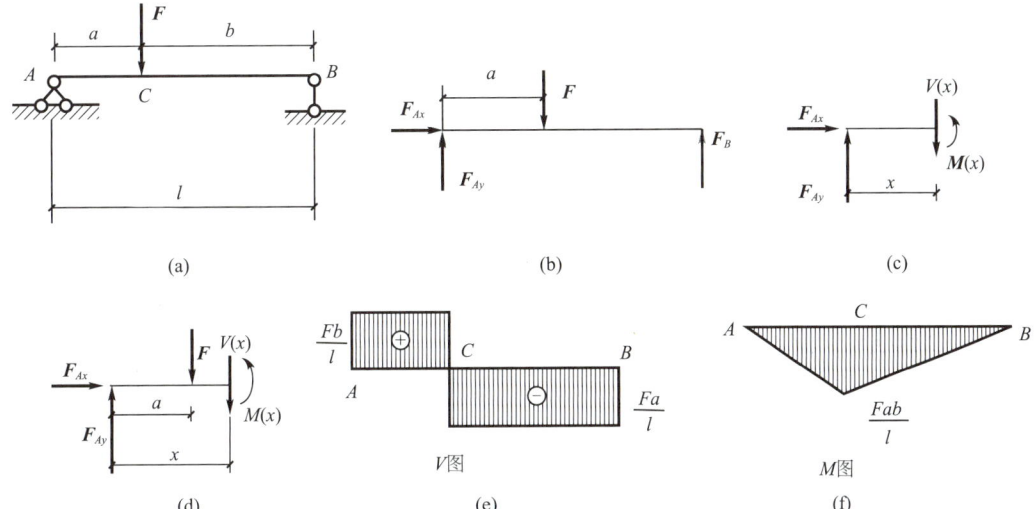

图 5.21 简支梁的内力图 1

解：（1）求支座反力。

由图 5.21（b）知：$\sum M_A(F) = 0$，$F_B = \dfrac{Fa}{l}(\uparrow)$

$\sum M_B(F) = 0$，$F_{Ay} = \dfrac{Fb}{l}(\uparrow)$

$\sum F_x = 0$，$F_{Ax} = 0$

（2）列剪力方程和弯矩方程。

建立 x 坐标轴，取图中的 A 点为坐标原点。因为 AC、CB 段的内力方程不同，所以应分别列出。两段的内力方程分别为

AC 段 [图 5.21（c）]

$$V(x) = F_{Ay} = \dfrac{Fb}{l} \quad (0 \leqslant x < a)$$

$$M(x) = F_{Ay}x = \dfrac{Fb}{l}x \quad (0 \leqslant x < a)$$

CB 段 [图 5.21（d）]

$$V(x) = F_{Ay} - F = \dfrac{Fa}{l} \quad (a \leqslant x < l)$$

$$M(x) = F_{Ay}x - F(x-a) = \dfrac{Fb}{l}x - F(x-a) = \dfrac{Fa}{l}x(l-x) \quad (a \leqslant x < l)$$

（3）绘制剪力图和弯矩图。

由剪力方程和弯矩方程可以看出，C 点是分段函数的分界点，也是剪力图和弯矩图的分界点。剪力图是两条水平线，在集中力 F 作用点 C 处剪力图产生突变，突变值等于集中

力的大小。弯矩图是两条斜率不同的斜直线，在集中力 F 的作用点 C 处相交，形成尖角。梁剪力图和弯矩图分别如图 5.21（e）、（f）所示，并且由图 5.21（e）、（f）可得到以下两条内力图规律。

① 梁上没有荷载段，剪力图为水平直线，弯矩图为一斜直线，当剪力为正时，弯矩图向右下倾斜，当剪力为负时，弯矩图向右上倾斜。

② 在集中力作用点处，剪力图出现突变，方向、大小与集中力相同，弯矩图没有突变但有尖点。

应用案例 5-10

作如图 5.22（a）所示简支梁的剪力图和弯矩图。

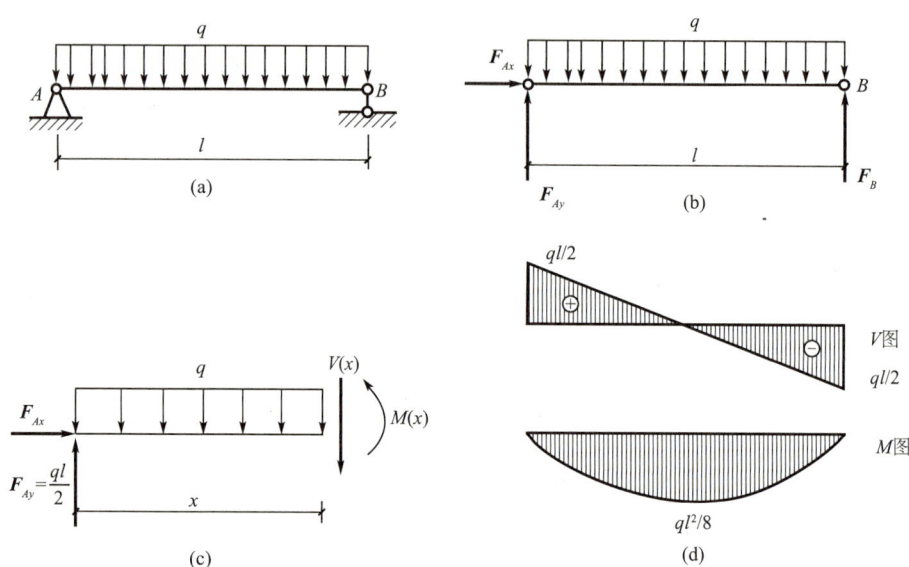

图 5.22　简支梁的内力图 2

解：(1) 求支座反力。

取梁整体为隔离体[图 5.22（b）]利用对称性，则 $F_{Ay}=F_B=\dfrac{ql}{2}(\uparrow)$，建立平衡方程

$$\sum F_x = 0, \quad F_{Ax}=0$$

(2) 列剪力方程和弯矩方程。

建立 x 坐标轴，取图中的 A 点为坐标原点，取 x 的左侧截面为隔离体[图 5.22（c）]，列出剪力方程和弯矩方程

$$V(x)=F_{Ay}-qx=\dfrac{ql}{2}-qx \quad (0 \leqslant x \leqslant l)$$

$$M(x)=F_{Ay}x-q\dfrac{x^2}{2}=\dfrac{ql}{2}x-\dfrac{q}{2}x^2 \quad (0 \leqslant x \leqslant l)$$

(3) 绘制剪力图和弯矩图。

由剪力方程和弯距方程可以看出，该梁的剪力图是直线，只要算出两个点的剪力值就可以画出；弯矩图是抛物线，要计算出 3 个点的弯矩值。

$$V_A = \frac{ql}{2}, \quad V_B = -\frac{ql}{2}$$

$$M_A = 0, \quad M_B = 0, \quad M_C = \frac{ql^2}{8}$$

根据求出的各值，绘制梁的剪力图和弯矩图，如图 5.22（d）所示，并可得出下述规律。

① 梁上有均布荷载段，剪力图为斜直线，弯矩图为二次抛物线。当荷载向上时，剪力图为向右上倾斜的直线，弯矩图为向上凸的抛物线；当荷载向下时，剪力图为向右下倾斜的直线，弯矩图为向下凹的抛物线。

② 最大剪力发生在 A、B 两支座的内侧截面上，$|V|_{\max} = \frac{ql}{2}$，而该处的弯矩为零；最大弯矩发生在梁的中点截面上，$M_{\max} = \frac{ql^2}{8}$，而该处的剪力为零。

✓ 应用案例 5-11

作如图 5.23（a）所示简支梁的剪力图和弯矩图。

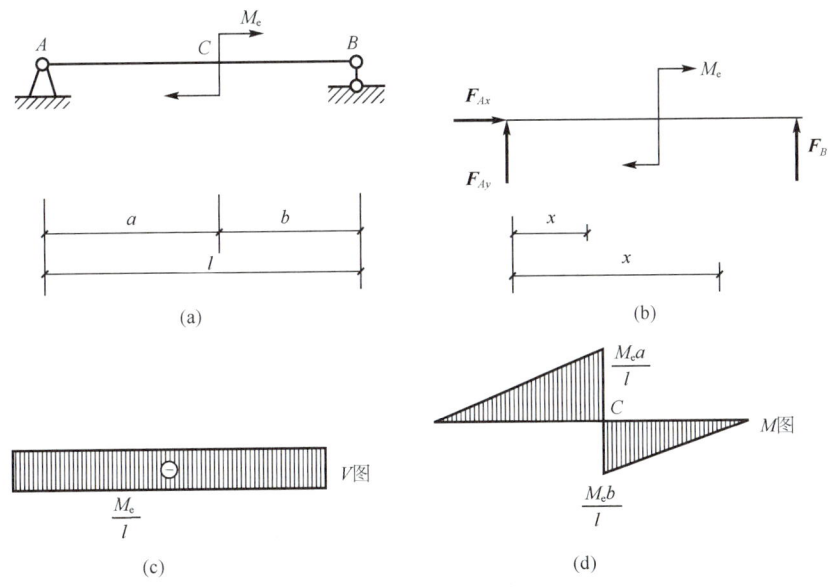

图 5.23 简支梁的内力图 3

解：（1）求支座反力。

$$F_{Ax} = 0, \quad F_{Ay} = \frac{M_e}{l}(\downarrow), \quad F_B = \frac{M_e}{l}(\uparrow)$$

（2）列剪力方程和弯矩方程。

建立 x 坐标轴，取图中的 A 点为坐标原点 [图 5.23（b）]，两段的内力方程分别为

AC 段

$$V(x) = F_{Ay} = \frac{M_e}{l} \quad (0 \leqslant x < a)$$

$$M(x) = F_{Ay}x = \frac{M_e}{l}x \quad (0 \leqslant x < a)$$

CB 段

$$V(x) = F_{Ay} = \frac{M_e}{l} \quad (a \leqslant x \leqslant l)$$

$$M(x) = F_{Ay}x - M_e = \frac{M_e}{l}(x-l) \quad (a \leqslant x \leqslant l)$$

（3）画剪力图和弯矩图。

由剪力方程可知剪力图是一条水平直线。从弯矩方程可以看出，C 点是分段函数的分界点，也是弯矩图的分界点，弯矩图是两条互相平行的斜直线，C 点处弯矩出现突变，突变值等于力偶矩的大小。梁剪力图和弯矩图分别如图 5.23（c）、（d）所示，并可得出下述规律。

在集中力偶作用处，剪力图没有变化，弯矩图发生突变，顺时针力偶弯矩图向下突变，逆时针力偶弯矩图向上突变，突变的值为该集中力偶矩的大小。

2）用规律法绘制内力图

（1）梁上荷载与剪力图、弯矩图的关系见表 5-1。

表 5-1　梁上荷载与剪力图、弯矩图的关系

梁上荷载情况	剪力图（V 图）		弯矩图（M 图）	
	特征：V 图为水平直线		特征：M 图为斜直线	
无荷载区段	$V = 0$		$V = 0$	$M<0$ / $M=0$ / $M>0$
	$V > 0$		$V > 0$	下斜直线
	$V < 0$		$V < 0$	上斜直线
均布荷载向上作用 $q>0$	特征：上斜直线		特征：上凸曲线	
均布荷载向下作用 $q<0$	特征：下斜直线		特征：下凸曲线	
集中力作用处 C	特征：C 截面处有突变，突变值等于 F		特征：截面 C 处有尖点，尖点方向同荷载方向	
集中力偶作用处 C	特征：C 截面处无变化		特征：C 截面处有突变，突变值等于 m	

为了便于记忆表 5-1 中的规律，可以用下面的口诀简述。

① 对剪力图：没有荷载平直线，均布荷载斜直线，力偶荷载无影响，集中荷载有突变。

② 对弯矩图：没有荷载斜直线，均布荷载抛物线，集中荷载有尖点，力偶荷载有突变。

（2）利用规律法绘制内力图的步骤如下。

① 求解支座反力。

② 绘制受力图。

③ 依据梁上荷载与剪力图、弯矩图之间的关系绘制剪力图、弯矩图。

应用案例 5-12

图 5.24（a）所示为某砖混结构楼层平面图中简支梁 L2 的计算简图，计算跨度 l_0=5.1m，已知梁上均布永久荷载标准值 G_k=13.332kN/m，绘制简支梁 L2 的内力图。

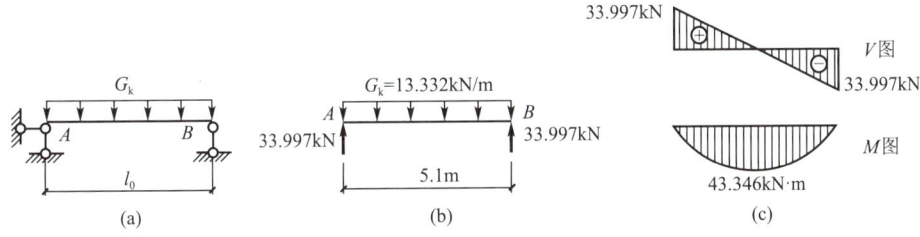

图 5.24　简支梁 L2 的内力图

解：（1）求支座反力。应用案例 5-2 中已求出：$F_{Ax}=0$，$F_{Ay}=F_{By}=33.997\text{kN}(\uparrow)$。

（2）绘制受力图，如图 5.24（b）所示，画出外荷载和支座反力的实际方向并标出大小。

（3）依据梁上荷载与剪力图、弯矩图的规律绘制 V 图和 M 图，如图 5.24（c）所示，$V_A=F_{Ay}=33.997\text{kN}$，$V_B=-F_{By}=-33.997\text{kN}$，跨中 $M=\dfrac{1}{8}\times 13.332\times 5.1^2\approx 43.346(\text{kN}\cdot\text{m})$。

> **特别提示**
>
> 不难看出：跨中截面弯矩最大，$M_{\max}=43.346\text{kN}\cdot\text{m}$，且引起该截面上部受压、下部受拉；支座处剪力最大，$V_{\max}=33.997\text{kN}$。

应用案例 5-13

图 5.25（a）所示为某砖混结构楼层平面图中悬挑梁 XTL1 的计算简图，l_0=2.1m，永久荷载标准值 G_k=12.639kN/m，F_k=16.665kN，绘制悬挑梁 XTL1 的内力图。

图 5.25 悬挑梁 XTL1 的内力图

解：（1）以悬挑梁为研究对象，根据静力平衡条件求得支座反力。

$$F_{Ax} = 0$$

$$F_{Ay} = G_k l_0 + F_k = 12.639 \times 2.1 + 16.665 \approx 43.207 \text{ (kN)}(\uparrow)$$

$$M_A = -\frac{1}{2}G_k l_0^2 - F_k l_0 = -\frac{1}{2} \times 12.639 \times 2.1^2 - 16.665 \times 2.1 \approx -62.865 \text{ (kN} \cdot \text{m)}(\frown)$$

（2）绘制受力图，如图 5.25（b）所示，画出外荷载和支座反力并标出大小。

（3）依据梁上荷载与剪力图、弯矩图的规律绘制 V 图和 M 图，如图 5.25（c）所示。

> **特别提示**
>
> 不难看出：悬挑梁 XTL1 负弯矩最大值 $M_{max} = -62.865 \text{kN} \cdot \text{m}$，且位于支座处，引起该截面上部受拉、下部受压；支座处剪力最大，$V_{max} = 43.207 \text{kN}$。

应用案例 5-14

图 5.26（a）所示为某砖混结构楼层平面图中外伸梁 L4（1A）的计算简图，l_1=6m，l_2=2.2m；永久荷载标准值 G_{1k}=13.332kN/m，G_{2k}=12.639kN/m，F_k=16.665kN，绘制梁 L4（1A）的内力图。

解：（1）求支座反力。

应用案例 5-4 已求出：$F_{Ax} = 0$，$F_{Ay} = 28.788 \text{kN}(\uparrow)$，$F_{By} = 95.675 \text{kN}(\uparrow)$。

（2）绘制受力图，如图 5.26（b）所示，画出外荷载和支座反力的实际方向并标出大小。

（3）依据荷载与剪力图、弯矩图的规律绘制 V 图和 M 图，如图 5.26（c）所示。不难看出：外伸梁 L4（1A）正弯矩最大值 $M_{max} = 31.081 \text{kN} \cdot \text{m}$，且引起该截面上部受压、下部受拉；负弯矩最大值 $M_{max} = -67.249 \text{kN} \cdot \text{m}$，且位于中间支座 B 处，引起该截面上部受拉、下部受压。B 支座处剪力最大，$V_{max} = -51.204 \text{kN}$。

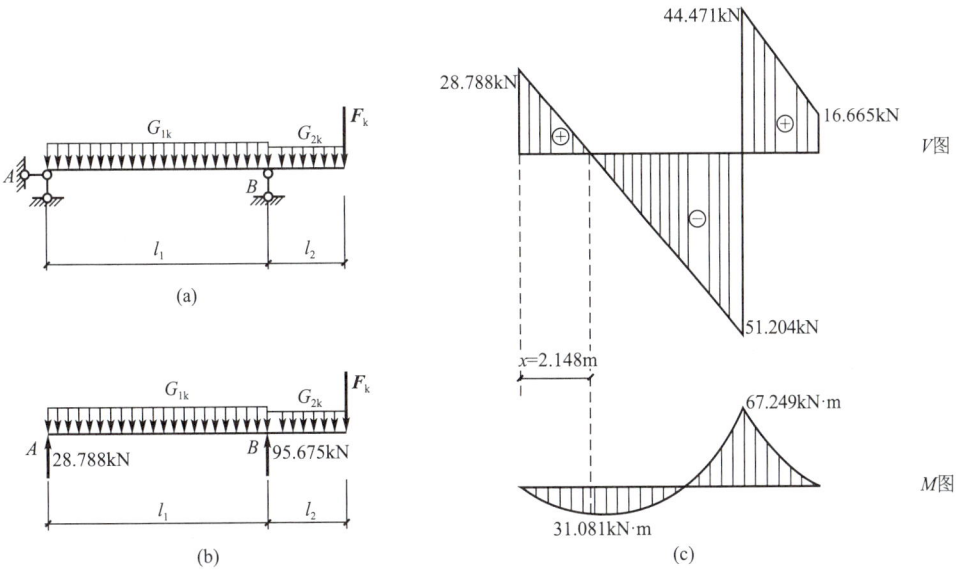

图 5.26 外伸梁 L4（1A）的内力图

（3）常见单跨静定梁在荷载作用下的内力图（表 5-2）。

表 5-2 常见单跨静定梁在荷载作用下的内力图

序号	计算简图	剪力图（V图）	弯矩图（M图）
1	均布荷载 q，简支梁，跨度 l	$\frac{1}{2}ql$，$\frac{1}{2}ql$	$\frac{1}{8}ql^2$
2	集中荷载 F 于跨中 C，简支梁，$\frac{l}{2}+\frac{l}{2}$	$\frac{1}{2}F$，$\frac{1}{2}F$	$\frac{1}{4}Fl$
3	悬臂梁，均布荷载 q，跨度 l	ql	$\frac{1}{2}ql^2$
4	悬臂梁，自由端集中荷载 F，跨度 l	F	Fl
5	外伸梁，AB 段均布荷载 q，外伸端 C 集中荷载 F，l_1 和 l_2	$\frac{1}{2}ql_1-F\frac{l_2}{l_1}$，$F$，$\frac{1}{2}ql_1+F(1+\frac{l_2}{l_1})$	Fl_2

3）用叠加法绘制内力图

> **应用案例 5-15**

图 5.27（a）所示为悬臂梁的计算简图，利用叠加法绘制梁的内力图。

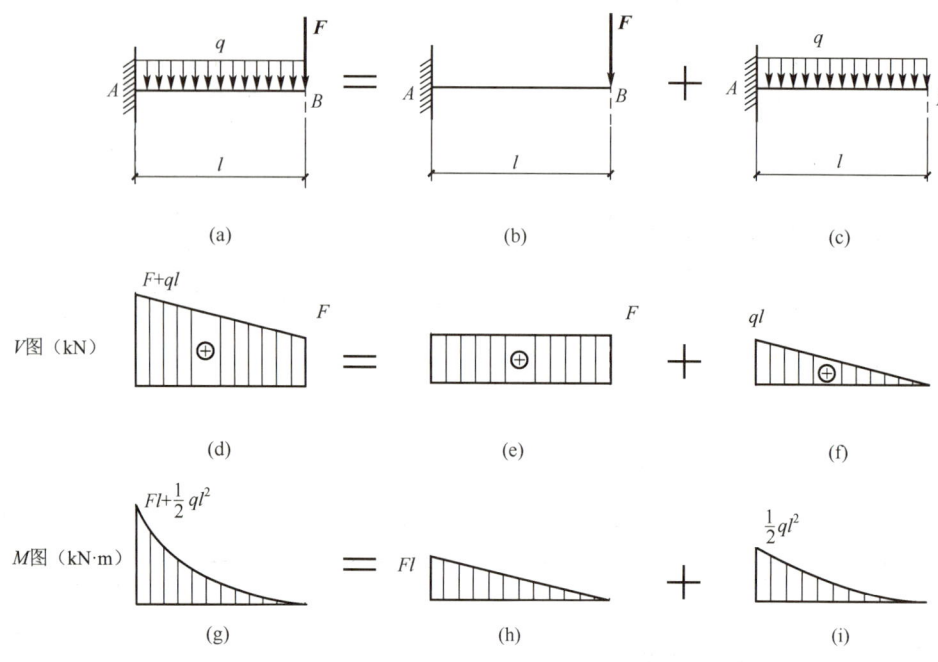

图 5.27 叠加法绘制内力图

解：（1）该悬臂梁承受均布荷载 q 和集中力 F，按照叠加法的思想，现将悬臂梁的计算简图 5.27（a）分解为如图 5.27（b）、（c）所示的两个悬臂梁。

（2）利用规律法分别绘制图 5.27（b）、（c）所示两个悬臂梁的内力图，如图 5.27（e）、（f）、（h）、（i）所示。

（3）将图 5.27（e）与图 5.27（f）叠加形成图 5.27（d），即悬臂梁的剪力图；将图 5.27（h）与图 5.27（i）叠加形成图 5.27（g），即悬臂梁的弯矩图。

5.3 超静定结构内力计算

超静定结构是指从几何组成性质的角度来看，属于几何不变且有多余约束的结构，其支座反力和内力不能用平衡条件来确定。建筑工程中常见的超静定结构形式有刚架、排架、桁架及连续梁等。

超静定结构的内力计算与静定结构相比较为麻烦，其计算方法较多，其中最基本的是力法和位移法两种。此外，随着计算机在结构计算中的广泛应用，在实际工程设计中通常采用结构计算软件进行结构内力计算。本节将直接给出本书中通过结构计算软件得到的砖混结构中多跨连续梁在竖向均布荷载作用下的内力图、现浇框架结构中多跨连续板在竖向均布荷载作用下的内力图、框架结构中一榀框架在风荷载和竖向荷载作用下的内力图。

5.3.1 多跨连续梁（板）内力计算

✅ 应用案例 5-16

图 5.28（a）所示为某砖混结构楼层平面图中多跨连续梁 L5（7）的计算简图，$q = 6.06\text{kN/m}$，L5 共 7 跨，跨度为 3.3m，其内力图如图 5.28（b）、（c）所示。

图 5.28　梁 L5（7）的内力图

✅ 应用案例 5-17

图 5.29（a）所示为①～⑥轴线的多跨连续板的计算简图，共 15 跨，板跨均为 3.0m，由于板跨相等，近似采用 5 跨连续板代替，$q = 7.048\text{kN/m}$，其内力图如图 5.29（b）、（c）所示。

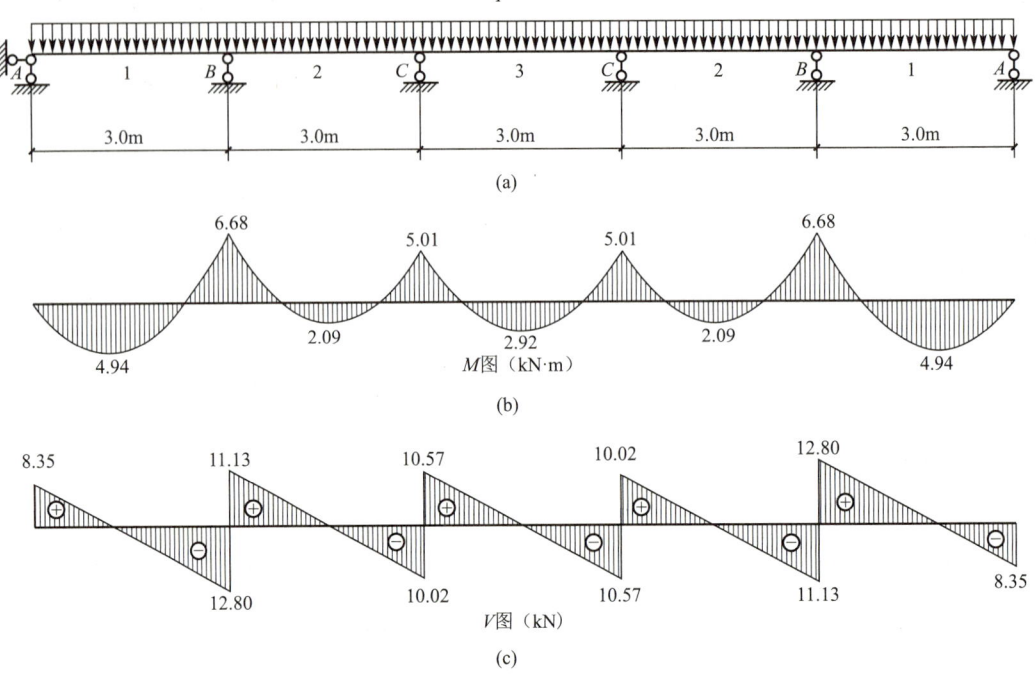

图 5.29 多跨连续板的内力图

> **特别提示**
>
> 工程中多跨连续梁或多跨连续板在竖向荷载作用下，其内力图形状与图 5.28 及图 5.29 相似，仅数值不同。不难看出：每跨跨中正弯矩最大，中间支座处负弯矩最大，且左右截面弯矩相等；支座处剪力最大，且左右截面剪力方向相反、数值不同，跨中剪力较小。因此，对于多跨连续梁或多跨连续板来讲，其每跨跨中弯矩最大处及支座左右边缘截面为结构计算的控制截面。

5.3.2 框架结构内力计算

应用案例 5-18

图 5.30（a）所示为框架结构楼层平面图中③轴线的横向两层三跨框架的计算简图，框架在风荷载作用下的简图如图 5.30（b）所示，其内力图如图 5.30（c）、（d）、（e）所示；框架在竖向荷载作用下的简图如图 5.30（f）所示，其内力图如图 5.30（g）、（h）、（i）所示。

(a) 计算简图

(b) 风荷载作用

(c) 风荷载作用下的N图（kN）

图 5.30　框架结构在风荷载及竖向荷载作用下的内力图

(d) 风荷载作用下的V图（kN）

(e) 风荷载作用下的M图（kN·m）

(f) 竖向荷载作用

图 5.30　框架结构在风荷载及竖向荷载作用下的内力图（续）

(g) 竖向荷载作用下的N图（kN）

(h) 竖向荷载作用下的V图（kN）

(i) 竖向荷载作用下的M图（kN·m）

图 5.30 框架结构在风荷载及竖向荷载作用下的内力图（续）

> **特别提示**
>
> 工程中的结构要承受竖向荷载和水平荷载。总的来看，在外荷载作用下，框架结构中的梁的内力以弯矩和剪力为主，柱子的内力有轴力、弯矩和剪力。以钢筋混凝土框架结构为例，梁中的纵向钢筋抵抗弯矩，而箍筋抵抗剪力；柱子中的纵向钢筋抵抗轴力和弯矩，而箍筋抵抗剪力。

5.4 荷载效应组合

5.4.1 荷载效应及结构抗力

1. 荷载效应

荷载效应是指由施加在结构或结构构件上的荷载产生的内力（拉力、压力、弯矩、剪力、扭矩）与变形（伸长、压缩、挠度、侧移、转角、裂缝），用 S 表示。因为结构或结构构件上的荷载大小、位置是随机变化的，即为随机变量，所以荷载效应一般也是随机变量。

> **特别提示**
>
> 5.2 节及 5.3 节中求解得到的结构或结构构件的内力均为荷载效应，如梁在竖向均布荷载作用下产生的弯矩 M 和剪力 V；框架结构在竖向荷载和风荷载作用下引起柱子与梁上的轴力 N、弯矩 M 和剪力 V。

> **学中做**
>
> 悬臂梁在端部集中荷载作用下，其弯矩的荷载效应 $S=$ _____。

2. 荷载效应组合

当结构上同时作用两种及两种以上可变荷载时，要考虑荷载效应（内力）的组合。荷载效应组合的选择是指在所有可能同时出现的各种荷载组合中，确定对结构或结构构件产生的总效应，取其最不利值的方法。

3. 结构抗力

结构抗力是指整个结构或结构构件承受荷载效应（即内力和变形）的能力，如构件的承载能力、刚度等，用 R 表示。

影响结构抗力的主要因素有材料性能（强度、变形模量等）、几何参数（构件尺寸）及计算模式的精确性（如抗力计算所采用的基本假设和计算公式够不够精确等）等。因此，结构抗力也是一个随机变量。

> **特别提示**
>
> 实例中二层钢筋混凝土框架结构平面布置图中的简支梁 L1，截面尺寸为 250mm× 500mm，C25 混凝土，配有纵向受力钢筋 3Φ20，经计算（计算方法详见模块 6），梁能够承担的弯矩 $M=136.37\text{kN}\cdot\text{m}$，即抗弯承载力，亦即结构抗力 $R=136.67\text{kN}\cdot\text{m}$。

5.4.2 极限状态下的实用设计表达式

结构设计的原则是结构抗力 R 不小于荷载效应 S。事实上，由于结构抗力与荷载效应都是随机变量，因此，在进行结构和结构构件设计时采用基于极限状态理论和概率论的计算设计方法，即概率极限状态设计法。考虑到应用上的简便，《建筑结构可靠性设计统一标准》提出了设计表达式。

1. 承载能力极限状态设计表达式

对持久设计状况、短暂设计状况和偶然设计状况，其设计表达式为

$$\gamma_0 S_d \leqslant R_d \tag{5-4}$$

式中　γ_0——结构重要性系数，在持久设计状况和短暂设计状况下，对安全等级为一级的结构构件不应小于 1.1，对安全等级为二级的结构构件不应小于 1.0，对安全等级为三级的结构构件不应小于 0.9，在偶然设计状况和地震设计状况下应取 1.0；

　　　S_d——作用组合的效应设计值，对持久设计状况和短暂设计状况应按作用的基本组合计算，对偶然设计状况应按作用的偶然组合计算；

　　　R_d——结构或结构构件的抗力设计值。

> **特别提示**
>
> 在建筑工程中，只有效应小于抗力才能保证结构处于可靠状态，进而保证结构的安全性、适用性和耐久性。我们引以为傲的伟大工程——北京故宫、赵州桥等都是经过历史检验处于可靠状态的优秀工程案例。我们作为大学生要养成一丝不苟的工匠精神，确保每一道工序的质量，以追求卓越、质量第一为从事建筑行业的价值导向，实现质量强国[①]的目标。

1）荷载效应组合设计值 S_d 的计算

承载能力极限状态的荷载效应组合分为基本组合（永久荷载+可变荷载）与偶然组合（永久荷载+可变荷载+偶然荷载）两种情况。

---
① 党的二十大报告提出："坚持把发展经济的着力点放在实体经济上，推进新型工业化，加快建设制造强国、质量强国、航天强国、交通强国、网络强国、数字中国。"

（1）对持久设计状况和短暂设计状况，应采用基本组合。

① 基本组合的效应设计值按式（5-5）中最不利值确定。

$$S_{d} = S\left(\sum_{i \geqslant 1}\gamma_{G_{i}}G_{ik} + \gamma_{P}P + \gamma_{Q_{1}}\gamma_{L_{1}}Q_{1k} + \sum_{j>1}\gamma_{Q_{j}}\psi_{cj}\gamma_{L_{j}}Q_{jk}\right) \quad (5-5)$$

式中　　$S(\cdot)$——作用组合的效应函数；

　　　　G_{ik}——第 i 个永久荷载的标准值；

　　　　P——预应力作用的有关代表值；

　　　　Q_{1k}、Q_{jk}——第 1 个和第 j 个可变荷载的标准值；

　　　　γ_{G_i}——第 i 个永久荷载的分项系数，按表 4-2 采用；

　　　　γ_{P}——预应力作用的分项系数，按表 4-2 采用；

　　　　γ_{Q_1}、γ_{Q_j}——第 1 个和第 j 个可变荷载的分项系数，按表 4-2 采用；

　　　　γ_{L_1}、γ_{Lj}——第 1 个和第 j 个考虑结构设计使用年限的荷载调整系数，按表 5-3 采用；

　　　　ψ_{cj}——第 j 个可变荷载的组合值系数。

② 当作用与作用效应按线性关系考虑时，基本组合的效应设计值按式（5-6）中最不利值确定。

$$S_{d} = \sum_{i \geqslant 1}\gamma_{G_{i}}S_{G_{ik}} + \gamma_{P}S_{P} + \gamma_{Q_{1}}\gamma_{L_{1}}S_{Q_{1k}} + \sum_{j>1}\gamma_{Q_{j}}\psi_{cj}\gamma_{Lj}S_{Q_{jk}} \quad (5-6)$$

式中　　$S_{G_{ik}}$——第 i 个永久荷载标准值的效应；

　　　　S_{P}——预应力作用有关代表值的效应；

　　　　$S_{Q_{1k}}$——第 1 个可变荷载标准值的效应；

　　　　$S_{Q_{jk}}$——第 j 个可变荷载标准值的效应。

表 5-3　建筑结构考虑结构设计使用年限的荷载调整系数 γ_L

结构设计使用年限/年	5	50	100
γ_L	0.9	1.0	1.1

注：对设计使用年限为 25 年的结构构件，γ_L 应按各种材料结构设计标准的规定采用。

特别提示

（1）当对 $S_{Q_{1k}}$ 无法明显判断时，依次以各可变荷载效应为 $S_{Q_{1k}}$，选取其中最不利的荷载效应组合。

（2）对雪荷载与风荷载，应取重现期为设计使用年限。

（2）对偶然设计状况，应采用偶然组合。偶然组合是指一个偶然荷载与其他可变荷载相结合，这种偶然荷载的特点是发生概率小，持续时间短，但对结构的危害大，如罕遇自然灾害、爆炸、撞击及火灾等。偶然组合的效应设计值 S_d 参见《建筑结构可靠性设计统一标准》。

2）结构构件的抗力设计值 R_d 的计算

结构构件的抗力设计值与材料的强度、材料用量、构件截面尺寸、构件形状等有关。根据结构构件类型的不同，抗力设计值 R_d 的计算方法也不尽相同，具体计算公式将在以后的模块讲解。

2. 正常使用极限状态设计表达式

对于正常使用极限状态，应根据不同的设计要求，采用荷载的标准组合、频遇组合或准永久组合，并按式（5-7）进行设计，使变形、裂缝、振幅等计算值不超过相应的规定限值。

$$S_d \leqslant C \tag{5-7}$$

式中　C——结构或结构构件达到正常使用要求的规定限值，如变形、裂缝、振幅、加速度、应力等的限值，应按各有关规定采用。

✓ 应用案例 5-19

应用案例 5-2 求出了某砖混结构楼层平面图中简支梁 L2，由永久荷载产生的跨中截面弯矩标准值 $M_{Gk} = 43.346 \text{kN} \cdot \text{m}$，由可变荷载产生的跨中截面弯矩标准值 $M_{Qk} = 21.458 \text{kN} \cdot \text{m}$，安全等级为二级，求跨中截面弯矩设计值 M。

解：跨中截面弯距设计值

$$M = \gamma_G M_{Gk} + \gamma_Q M_{Qk} = 1.3 \times 43.346 + 1.5 \times 21.458$$
$$\approx 88.537 \, (\text{kN} \cdot \text{m})$$

模 块 小 结

（1）内力是由外力（或外界因素）引起的杆件内的各部分间的相互作用力，轴向拉压时截面上的内力是轴力，它通过截面的形心并与截面垂直。

（2）求解截面内力的基本方法是截面法。其步骤为：首先求解支座反力；其次在所求内力的截面处假想切开，选择其中一部分为脱离体，另一部分留置不顾；再次绘制脱离体的受力图，应包括原来在脱离体部分的荷载和反力，以及切开截面上的待定内力；最后根据脱离体的受力图建立静力平衡方程，求解方程得截面内力。

（3）矩形截面梁平面弯曲时的正应力及剪应力分布：弯矩引起截面一侧受压、另一侧受拉，其截面上任一点处的正应力的大小与该点到中性轴的距离成正比，沿截面高度呈线性变化；其剪应力沿截面高度呈二次抛物线变化，中性轴处剪应力最大，离中性轴越远剪应力越小，截面上下边缘处剪应力为零。

（4）结构构件在外力作用下，截面内力随截面位置的变化而变化，为了形象、直观地表达内力沿截面位置变化的规律，通常绘出内力随截面位置变化的图形，即内力图。根据内力图可以找出构件内力最大值及其所在截面的位置。绘制静定梁内力图的方法有内力方程法、规律法及叠加法。

（5）超静定结构是指从几何组成性质的角度来看，属于几何不变且有多余约束的结构，其支座反力和内力不能用平衡条件来确定。

（6）荷载效应 S 是指由施加在结构或结构构件上的荷载产生的内力与变形，如各种构件的截面拉力、压力、弯矩、剪力、扭矩等内力和伸长、压缩、挠度、转角等变形，以及产生的裂缝、滑移等后果。结构抗力 R 是指整个结构或结构构件承受荷载效应（即内力和变形）的能力，如构件的承载能力、刚度等。

（7）对于承载能力极限状态，结构构件应按荷载效应（内力）的基本组合和偶然组合（必要时）进行设计；对于正常使用极限状态，应根据不同的设计要求，采用荷载的标准组合、频遇组合或准永久组合进行设计。

习　题

一、选择题

1．截面上的内力与哪些因素没有关系？（　　）
　　A．外力　　　　　B．位置　　　　　C．形状

2．拉伸时轴力为正，方向为（　　）截面。
　　A．指向　　　　　B．背离　　　　　C．平行于

3．剪力使所在的脱离体有（　　）转动趋势时为正，反之为负。
　　A．顺时针　　　　B．逆时针

4．弯矩使所在的脱离体产生（　　）的变形为正，反之为负。
　　A．下凹　　　　　B．上凸　　　　　C．上升

5．图 5.31 所示的构件，1—1 截面的轴力为（　　）。

图 5.31　选择题 5 图

　　A．20kN 拉力　　B．-10kN 压力　　C．10kN 拉力

6．在集中力作用处，（　　）不发生突变。
　　A．剪力　　　　　B．弯矩　　　　　C．轴力

7．在集中力偶作用处，（　　）发生突变。
　　A．剪力　　　　　B．弯矩　　　　　C．剪力和弯矩

8．两根跨度相同、荷载相同的简支梁，当材料相同、截面形状及尺寸不同时，其弯矩图的关系是（　　）。
　　A．相同　　　　　B．不同　　　　　C．无法确定

9．两根材料不同、截面不同的杆，当受同样的轴向拉力作用时，它们的内力（　　）。
　　A．相同　　　　　B．不同　　　　　C．不一定

10．杆件上内力（　　）的截面称为控制截面。
　　A．最大　　　　　B．最小　　　　　C．为零

11．正应力截面的应力分量（　　）于横截面。
　　A．垂直　　　　　B．相切　　　　　C．平行

12．受弯构件矩形截面的中性轴上，其（　　）。
　　A．正应力等于零
　　B．剪应力等于零
　　C．正应力与剪应力都等于零
13．梁横截面上的应力不受哪些因素影响？（　　）
　　A．截面尺寸和形状
　　B．荷载
　　C．材料
14．下面单位换算正确的是（　　）。
　　A．1MPa=1N/mm^2　　B．1Pa=1N/mm^2　　C．1Pa=1kN/mm^2
15．安全等级为一级的结构构件，其结构重要性系数不小于（　　）。
　　A．1.2　　　　　　　B．1.1　　　　　　　C．1.0

二、判断题

1．求解内力的基本方法是截面法。　　　　　　　　　　　　　　（　　）
2．截面法就是用一个真正的截面切构件为两部分。　　　　　　　（　　）
3．截面上的剪力使脱离体发生顺时针转动的趋势时为负剪力。　　（　　）
4．作用线与杆轴重合的力为轴力。　　　　　　　　　　　　　　（　　）
5．轴向拉压杆件横截面的正应力的正负由截面上的轴力确定，当轴力为正时，正应力为拉应力。　　　　　　　　　　　　　　　　　　　　　　　　　　（　　）
6．画轴力图时，正轴力画在 x 轴上方。　　　　　　　　　　　（　　）
7．在无荷载区段，剪力图无变化，弯矩图为平直线。　　　　　　（　　）
8．画内力图时，正剪力画在 x 轴上方，负剪力画在 x 轴下方。（　　）
9．负弯矩也必须画在梁的受拉一侧。　　　　　　　　　　　　　（　　）
10．平面弯曲是工程中的一种基本变形。　　　　　　　　　　　（　　）
11．平面弯曲时，中性轴上下两个区域内的正应力一定符号相反。（　　）

三、作图题

1．画出图 5.32 所示杆件的轴力图，不用写步骤。

图 5.32　杆件受力图

2．绘制梁的内力图。

（1）图 5.33 所示梁 L3，计算跨度 l_0=2100mm，已知梁上均布荷载 q=13.775kN/m，绘制梁 L3 的内力图。

（2）图 5.34 所示梁 XTL2，l_0=2100mm，荷载 q=27.634kN/m，F=12kN，绘制梁 XTL2 的内力图。

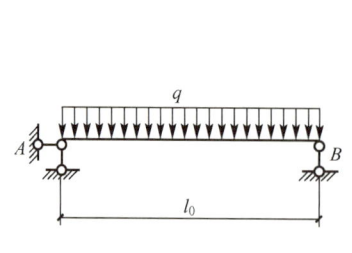

图 5.33 梁 L3 的计算简图　　图 5.34 梁 XTL2 的计算简图

（3）图 5.35 所示梁 L7（1A），l_1=6000mm，l_2=2200mm；荷载 q_1=28.57kN/m，q_2=27.634kN/m，F=12kN，绘制梁 L7（1A）的内力图。

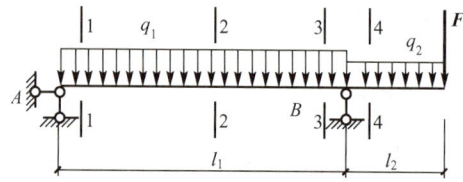

图 5.35 梁 L7（1A）的计算简图

四、计算题

1. 图 5.36 所示梁 L1，计算跨度 l_0=6000mm，已知梁上均布荷载 q=25.238kN/m，计算梁跨中截面的内力。

图 5.36 梁 L1 的计算简图

2. 图 5.34 所示梁 XTL2，l_0=2100mm，荷载 q=27.634kN/m，F=12kN，计算 1—1 截面的内力。

3. 图 5.35 所示梁 L7（1A），l_1=6000mm，l_2=2200mm；荷载 q_1=28.57kN/m，q_2=27.634kN/m，F=12kN，计算 1—1、2—2（AB 跨中）、3—3 及 4—4 截面的内力。

4. 应用案例 5-2 求出了某砖混结构楼层平面图中简支梁 L2 的支座处剪力，由永久荷载产生的剪力标准值 V_{Gk}=33.997kN，由可变荷载产生的剪力标准值 V_{Qk}=16.83kN，安全等级为二级，求支座处截面剪力设计值 V。

模块 5
在线答题

模块 6 钢筋混凝土梁、板

思维导图

引例

1. 工程与事故概况

某教学楼为 3 层混合结构,纵墙承重,外墙厚 300mm,内墙厚 240mm,灰土基础,楼盖为现浇钢筋混凝土肋形楼盖,建筑平面图如图 6.1 所示。

图 6.1 建筑平面图

该工程在 10 月浇筑第二层楼盖混凝土,11 月初浇筑第三层楼盖混凝土,主体结构于次年 1 月完成。次年 4 月做装饰工程时,发现大梁两侧的混凝土楼板上部普遍开裂,裂缝方向与大梁平行。凿开部分混凝土检查,发现板内负筋被踩下。施工人员决定加固楼板,7 月施工,板厚由 70mm 增加到 90mm。

该教学楼使用后,各层大梁普遍开裂,裂缝特征如下。

(1) 裂缝分布与数量:梁的两端裂缝多而密,跨中较少,每根梁裂缝数量一般为 10~15 条,少者 4 条,最多的 22 条,梁主筋截断处附近都产生了裂缝。

(2) 裂缝方向:多数为斜裂缝,一般倾角 50°~60°,个别为 40°,跨中为竖向裂缝,如图 6.2 所示。

图 6.2 梁 L1 配筋与裂缝示意图

(3) 裂缝位置:一般裂缝均在梁的中和轴以下,至纵向受拉钢筋边缘,个别贯通梁的全高。

(4) 裂缝宽度:梁两端的裂缝较宽,为 0.5~1.2mm,跨中附近裂缝较窄,为 0.1~0.5mm。

(5) 裂缝深度:一般小于梁宽的 1/3,个别的两面贯穿。

2. 事故原因分析

该事故原因与设计、施工均有关,但主要是施工方面的问题,具体原因如下。

（1）施工方面存在的问题。

① 浇筑混凝土时，把板中的负筋踩下，造成板与梁连接处附近出现通长裂缝。

② 出现裂缝后，采用增加板厚20mm的方法加固，使梁的荷载加大而开裂明显。

③ 混凝土水泥用量过少，每立方米混凝土仅用水泥210kg，而要求是不少于250kg。

④ 第二层楼盖混凝土浇完后 2h，就在新浇楼板上铺脚手板，大量堆放砖和砂浆，并进行上层砖墙的砌筑，施工荷载超载和早龄期混凝土受振动是事故的重要原因之一。

⑤ 混凝土强度低：浇筑第三层楼盖混凝土时，室内温度已降至0～1℃，但没有采取任何冬期施工措施。试块强度21d才达到设计值的42.5%，一个月才达到设计值的52%。因此混凝土早期受冻导致强度低下，是混凝土裂缝的重要原因之一。此外，混凝土振实差、养护不良以及浇筑前模板内杂物未清理干净等因素，也造成混凝土强度低下。

（2）设计方面存在的问题。

① 对楼板加厚产生的不利因素考虑不周。例如 L1 梁的设计荷载因加厚板而提高，自15kN/m 提高到 17.105kN/m，经验算梁内主筋少了 9.4%，是跨中产生竖向裂缝的原因之一；又如，楼板加厚导致梁内剪力显著增加，剪力设计值约为无腹筋截面的抗剪强度的1.8倍，因此梁较易产生斜裂缝。设计存在的问题，加上施工的混凝土强度低下，使这些裂缝更加严重。

② 梁箍筋间距太大。设计规范规定：梁高为500mm时，箍筋最大间距为200mm，而该工程的梁箍筋为 Φ6@300mm。因此虽然考虑箍筋后的截面抗剪强度略大于设计剪力值，但是因为箍筋间距太大，因而在箍筋之间的混凝土出现斜裂缝，这也是斜裂缝成50°～60°倾角的原因，如图 6.3 所示。

③ 纵向钢筋截断处均有斜裂缝，是由于违反了设计规范"纵向钢筋不宜在受拉区截断"的构造规定而造成的。

图 6.3　L1 梁局部配筋情况

6.1　钢筋混凝土结构的材料性能

在引例中我们了解到，事故中的教学楼楼板采用了钢筋混凝土结构，构件中用到了钢筋和混凝土两种建筑材料。

6.1.1　钢筋

钢筋混凝土结构对钢筋的性能有以下4个方面的要求。

（1）强度要高。采用强度较高的钢筋，可以节约钢材。例如，HPB300 级钢筋的强度设计值为 270N/mm^2，而 HRB400 级钢筋的强度设计值为 360N/mm^2，所以采用 HRB400 级钢筋较 HPB300 级钢筋可以节约 25%左右的钢材。

（2）延性要好。延性是钢筋变形、耗能的能力。所谓延性好，是指钢材在断裂之前有较大的变形，能给人以明显的警示，如果延性不好，就会在没有任何征兆时发生突然脆断，后果严重。

（3）焊接性良好。焊接性能指把两个或两个以上金属材料焊接到一起，接口处能满足使用目的的能力。良好的焊接性使钢筋能够按照使用需要焊接，而不破坏其强度和延性。

（4）与混凝土之间的黏结力要强。黏结力是钢筋与混凝土两种不同材料能够共同工作的基本前提之一。如果没有黏结力，杆件受力之后，两种材料就不能成为一个整体，也就谈不上制成钢筋混凝土构件了。

1. 钢筋的品种、级别

钢筋的品种繁多，能满足钢筋混凝土结构对钢筋性能要求的钢筋，分为普通钢筋和预应力钢筋两大类，还可以按力学性能、化学成分、加工工艺、轧制外形等进行分类。

按力学性能，钢筋分为不同等级，随钢筋级别的增大，钢筋强度提高，延性有所降低。

按化学成分，钢筋分为碳素钢和普通低合金钢。碳素钢的强度随含碳量的提高而增加，但延性明显降低；合金钢是在碳素钢中添加了少量合金元素，使钢筋的强度提高，延性保持良好。

按生产加工工艺，钢筋分为热轧钢筋、余热处理钢筋、细晶粒热轧钢筋、钢丝、钢绞线、冷轧钢筋等。

按轧制外形，钢筋分为光圆钢筋、变形钢筋。我国钢筋的外形有光圆、带肋、刻痕、旋扭、螺旋及绳状 6 类，如图 6.4 所示。

图 6.4　各类钢筋的轧制外形

钢筋的具体分类见表 6-1 和表 6-2。其中，热轧带肋钢筋的牌号由 HRB 和牌号的屈服强度标准值构成，"H""R""B""E"分别代表"热轧""带肋""钢筋""抗震"4 个词。例如，HRB400 表示屈服强度标准值为 400N/mm^2 的热轧带肋钢筋；HRBF500 表示屈服强度标准值为 500N/mm^2 的细晶粒热轧带肋钢筋。

模块 6 钢筋混凝土梁、板

表 6-1 普通钢筋分类

符号	按力学性能（屈服强度标准值）/（N/mm²）	按加工工艺	按轧制外形	公称直径 d/mm
Φ	HPB300（300）	热轧（H）	光圆（P）	6～14
Φ	HRB400（400）	热轧（H）	带肋（R）	6～50
Φ^F	HRBF400（400）	细晶粒热轧（F）	带肋（R）	6～50
Φ^R	RRB400（400）	余热处理（R）	带肋（R）	6～50
Φ	HRB500（500）	热轧（H）	带肋（R）	6～50
Φ^F	HRBF500（500）	细晶粒热轧（F）	带肋（R）	6～50

表 6-2 预应力钢筋分类

种类	符号	按轧制外形	公称直径 d/mm
中强度预应力钢丝	ϕ^{PM} ϕ^{HM}	光圆 螺旋肋	5、7、9
预应力螺纹钢筋	ϕ^T	螺纹	18、25、32、40、50
消除应力钢丝	ϕ^P ϕ^H	光圆 螺旋肋	5、7、9
钢绞线	ϕ^S	1×3（三股）	8.6、10.8、12.9
		1×7（七股）	9.5、12.7、15.2、17.8、21.6

> **学中做**
>
> 1. 工程中常用的 HRB400 级钢筋是_____级钢筋，其中"400"代表_____，单位为_____，强度设计值为_____。
> 2. 光圆钢筋是_____级钢筋。一般来说，钢材级别越高，其强度_____，塑性_____。

知识链接

钢筋的生产加工工艺

1. 普通钢筋混凝土用钢筋

（1）热轧钢筋。经热轧成型并自然冷却的成品钢筋，具有较高的强度，一定的塑性、韧性、冷弯和可焊性。热轧钢筋主要有光圆钢筋和带肋钢筋两类。

（2）细晶粒热轧钢筋。在热轧过程中，通过控轧和控冷工艺形成细晶粒钢筋。在不增加合金含量的基础上大幅提高钢材的强度和韧性。

（3）余热处理钢筋。热轧后进行控制冷却，并利用自身芯部余热完成回火处理的钢筋。余热处理钢筋的焊接性能与热轧钢筋相比有一定的差异，延性稍低，但强度提高，而且节约了热处理成本，是新型的钢筋热处理工艺。

2. 预应力混凝土用钢筋

（1）中强度预应力钢丝。强度级别为800～1370N/mm²的冷加工或冷加工后热处理钢丝。

（2）热处理钢筋。将热轧的带肋钢筋（中碳低合金钢）经淬火和高温回火调质处理而成。其特点是延性降低不大，但强度提高很多，综合性能比较理想，主要用于预应力混凝土。

（3）预应力螺纹钢筋。采用热轧、轧后余热处理或热处理等工艺生产的预应力混凝土用螺纹钢筋。

（4）预应力钢绞线。是由3根或7根高强度钢丝构成的绞合钢缆，并经消除应力（即稳定化）处理。

（5）消除应力钢丝。即碳素钢丝，是由高碳钢条经淬火、酸洗、拉拔制成的。

钢筋的验收与保管

钢筋运到工地时，应有出厂产品合格证或检验报告，并按品种、批号及直径分批验收。对钢筋进行全数外观检查，检查内容包括钢筋是否平直、有无损伤，表面是否有裂纹、油污及锈蚀等，弯折过的钢筋不得敲直后作受力钢筋使用，钢筋表面不应有影响钢筋强度和锚固性能的锈蚀或污染。必要时还需对钢筋进行机械性能试验、化学成分检验或其他专项检验 [图 6.5（a）]。钢筋验收合格后，还要做好保管工作。堆放场地要干燥，用方木或混凝土板等作垫件，同时必须严格分类、分级、分牌号堆放 [图 6.5（b）]，主要目的是防止钢筋生锈、腐蚀和混用。

(a) 钢筋验收

(b) 钢筋保管

图 6.5　钢筋的验收与保管

2. 钢筋的力学性能

1）钢筋的拉伸试验

钢筋的强度、延性等力学性能指标是通过钢筋的拉伸试验得到的。

图 6.6 所示是热轧低碳钢在试验机上进行拉伸试验得出的典型应力-应变曲线。从图中可以看出应力-应变曲线上有一个明显的台阶（图 6.6 中 cd 段），称为屈服台阶，说明低碳钢有良好的纯塑性变形性能。低碳钢在屈服时对应的应力 f_y 称为屈服强度，是钢筋强度设计时的主要依据。应力的最大值 f_u 称为极限抗拉强度。极限抗拉强度与屈服强度的比值 f_u/f_y 反映钢筋的强度储备，称为强屈比，热轧钢筋通常在 1.4～1.6 之间。钢筋拉断后的伸长值与原始长度的比率称为伸长率 δ，是反映钢筋延性的指标。伸长率大的钢筋，在

拉断前有足够预兆，延性较好。

图 6.7 所示是高强钢丝的应力-应变曲线，在与图 6.6 的对比中能看到有明显屈服点钢筋与无明显屈服点钢筋力学性能的差别。

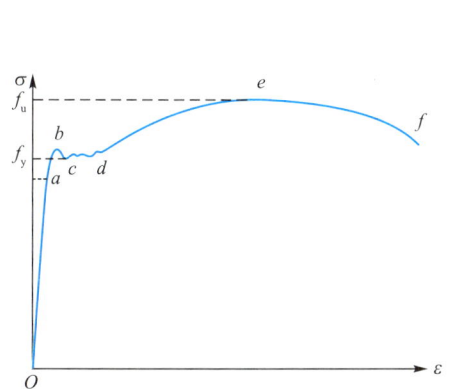

图 6.6　有明显屈服点钢筋的应力-应变曲线　　图 6.7　无明显屈服点钢筋的应力-应变曲线

高强钢丝的应力-应变曲线没有明显的屈服点，表现出强度高、延性低的特点。设计时取残余应变为 0.2%时的应力 $\sigma_{0.2}$ 作为假想屈服强度，称为条件屈服强度。实际应用时按极限抗拉强度 σ_b 的 85%取用。

2）钢筋的冷弯试验

在常温下将钢筋绕规定的直径 D 弯曲 α 角度（图 6.8）而不出现裂纹、鳞落和断裂现象，即认为钢筋的冷弯性能符合要求。D 越小，α 越大，则冷弯性能越好。通过冷弯既能够检验钢筋变形能力，又可以反映其内在质量，因此冷弯性能是比伸长率更严格的检验指标。

图 6.8　钢筋冷弯试验

特别提示

对有明显屈服点的钢筋进行质量检验时，主要测定 4 项指标：屈服强度、极限抗拉强度、伸长率和冷弯性能；对无明显屈服点的钢筋进行质量检验，须测定 3 项指标：极限抗拉强度、伸长率和冷弯性能。

3. 钢筋的强度指标

（1）钢筋强度标准值。如前述，钢筋的强度是通过试验测得的。即使同一种类的钢材，由于各种原因，其强度值也会存在一定差异。为保证结构设计的可靠性，对同一强度等级的钢筋，取具有一定保证率的强度值作为该等级的标准值，钢筋强度标准值应具有不小于95%的保证率。

（2）钢筋强度设计值。钢筋混凝土结构按承载力设计计算时，钢筋应采用强度设计值。强度设计值为强度标准值除以钢筋的材料分项系数 γ_s。400N/mm^2 及以下普通钢筋的材料分项系数为 1.10，500N/mm^2 的钢筋取 1.15，预应力钢筋的材料分项系数为 1.2。

普通钢筋、预应力钢筋强度标准值、强度设计值及弹性模量见附录 C 表 C1、表 C2。

我国是世界钢产量大国，钢材总产量居世界首位，强度等级低的钢筋在逐渐被淘汰，更高强度等级的钢筋应运而生，多地已推广 HRB600 钢筋并出台地方标准。混凝土等级也在往高强度方向发展，现已有工程应用 C130 混凝土的报道，这是我国建筑业高质量发展的成果。高强材料的推广应用说明我国在建筑材料研发与使用上已向现代化科技强国[①]迈进了坚实的一步。

6.1.2 混凝土

1. 混凝土的强度等级

混凝土是由砂、石、水泥和水按一定比例混合而成的。混凝土承受压力的能力要远远大于承受拉力的能力，故混凝土在结构中主要起承担压力的作用。因此，抗压强度就成为它所有力学性能中最为重要的性能。为了设计、施工和质量检验的方便，必须对混凝土的强度规定统一的级别，混凝土立方体抗压强度是划分混凝土强度等级的主要标准。

立方体抗压强度标准值是按照标准方法制作、养护的尺寸为 150mm×150mm×150mm 的立方体试件，在 28d 龄期用标准试验方法测得的具有95%保证率的抗压强度值，用符号 $f_{cu,k}$ 表示。依此将混凝土划分为 13 个强度等级：C20、C25、C30、C35、C40、C45、C50、C55、C60、C65、C70、C75、C80。C 代表混凝土强度等级，数字代表混凝土承受的抗压强度值，单位为 N/mm^2。其中，C50～C80 属于高强混凝土。

混凝土立方体抗压强度试验

需要指出，立方体的受力情况并不能代表实际混凝土构件中的受力情况，它只是作为一种在给定的统一试验方法下衡量混凝土强度的基本方法，因为这种试件的制作和试验方法简便，结果可靠。

2. 混凝土的强度指标

（1）混凝土轴心抗压强度 f_c。实际工程中钢筋混凝土构件的长度要比截面尺寸大得多，故取棱柱体（150mm×150mm×300mm 或 150mm×150mm×450mm）标准试件测定混凝土轴心抗压强度。

---

① 党的二十大报告提出"全面建成社会主义现代化强国"。到二〇三五年，我国发展的总体目标中包括"建成教育强国、科技强国、人才强国、文化强国、体育强国、健康中国"。

（2）混凝土轴心抗拉强度 f_t。混凝土的轴心抗拉强度比抗压强度小得多，一般只有抗压强度的 5%～10%。混凝土构件的开裂、变形以及受剪、受扭、受冲切等承载力均与混凝土抗拉强度有关。

> **特别提示**
>
> 混凝土轴心抗压强度和轴心抗拉强度都可通过对比试验由立方体抗压强度 f_{cu} 推算求得，三者之间的大小关系是：$f_{cu} > f_c > f_t$。

（3）混凝土强度标准值。混凝土强度标准值有混凝土轴心抗压强度标准值 f_{ck} 和轴心抗拉强度标准值 f_{tk}，是具有 95% 的保证率的强度值。

（4）混凝土强度设计值。混凝土强度设计值为混凝土强度标准值除以混凝土的材料分项系数 γ_c。即 $f_c = f_{ck}/\gamma_c$，$f_t = f_{tk}/\gamma_c$。混凝土的材料分项系数 $\gamma_c = 1.4$，取值是根据可靠度分析和工程经验校准法确定的。混凝土强度标准值、强度设计值及弹性模量见附录 C 表 C3。

3. 混凝土的收缩和徐变

（1）混凝土的收缩。混凝土在空气中硬化体积缩小的现象称为混凝土的收缩。混凝土的收缩对混凝土的构件会产生有害的影响，使构件产生裂缝，对预应力构件会引起预应力损失等。减少收缩的主要措施：控制水泥用量及水灰比、混凝土振捣密实、加强养护等，对纵向延伸的结构，可在一定长度上设置伸缩缝。

（2）混凝土的徐变。混凝土在长期不变荷载作用下应变随时间继续增长的现象称为混凝土的徐变。混凝土的徐变在不同结构物中有不同的作用。对普通钢筋混凝土构件，能消除混凝土内部温度应力和收缩应力，减弱混凝土的开裂现象。对预应力混凝土构件，混凝土的徐变使预应力损失大大增加，这是极其不利的。

影响混凝土徐变的因素主要有：①水泥用量越大（水灰比一定时），徐变越大；②水灰比越小，徐变越小；③构件龄期长、结构致密、强度高，则徐变小，因此混凝土过早的受荷（即过早地拆除底板）对混凝土是不利的；④骨料用量多、弹性模量高、级配好、最大粒径大，则徐变小；⑤应力水平越高，徐变越大；⑥养护温度越高、湿度越大，水泥水化作用越充分，徐变越小。

4. 混凝土的耐久性

混凝土的耐久性是指在外部和内部不利因素的长期作用下，必须保持适合于使用，而不需要进行维修加固，即保持其原有设计性能和使用功能的性质。外部不利因素指的是酸、碱、盐的腐蚀作用，冰冻破坏作用，水压渗透作用，碳化作用，干湿循环引起的风化作用，荷载应力作用和振动冲击作用等；内部不利因素主要指的是碱骨料反应和自身体积变化。通常用混凝土的抗渗性、抗冻性、抗碳化性能、抗腐蚀性能和碱骨料反应综合评价混凝土的耐久性。

提高混凝土耐久性的措施主要包括有：①选用适当品种的水泥及掺合料；②适当控制混凝土的水灰比及水泥用量；③长期处于潮湿和严寒环境中的混凝土，应掺用引气剂；④选用较好的砂、石集料；⑤掺用加气剂或减水剂；⑥改善混凝土的施工操作方法。

混凝土结构耐久性应根据设计使用年限和环境类别进行设计。混凝土结构的环境类别划分应符合附录 C 表 C4 的要求。设计使用年限为 50 年的混凝土结构，其混凝土材料宜符合附录 C 表 C5 的规定。

> **想一想**
>
> 1. 在建筑工地，为什么要对混凝土进行养护？养护的方法有哪些？
> 2. 如何减少混凝土的徐变？

课外阅读

"砼"的故事

"砼"的读音为"tóng"，其唯一含义就是"混凝土"。"砼"字的发明人叫蔡方荫，是早年的一位清华学子。1953 年他发明了这个字后，很快便在工程技术人员、学生中得到推广。因为"砼"在许多场合下可替代"混凝土"，起到"一字顶三字"的作用。写"混凝土" 3 个字，笔画共计 30 笔，改用"砼"字则只需 10 笔。在有关图纸、技术文件、资料编制中，"混凝土"这个词会频繁使用，在那个计算机还未普及、计算机辅助设计还未诞生的年代，有个替代字，会让日常反复写这个词的技术人员、管理人员、描图员等省下许多工夫，也会给听课记笔记的学生提供很大的便利。

"砼"这个新字创造得很巧妙，也很有道理：把"砼"拆成三个字，就是"人、工、石"，表示混凝土是人造石；如把它拆成两个字，是"仝石"，而"仝"是"同"的异体字，"仝石"可以理解为，混凝土与天然石料的主要性能大致相同。

6.1.3 钢筋与混凝土共同工作的原理

1. 钢筋与混凝土共同工作的原因

（1）钢筋与混凝土之间存在黏结力。钢筋和混凝土之所以能有效地结合在一起共同工作，主要原因是混凝土硬化后与钢筋之间产生了良好的黏结力。当钢筋与混凝土之间产生相对变形（滑移）时，在钢筋和混凝土的交界面上会产生沿钢筋轴线方向的相互作用力，此作用力称为黏结力。

钢筋与混凝土之间的黏结力由以下 3 个部分组成。

① 由于混凝土收缩将钢筋紧紧握裹而产生的摩阻力。
② 由于混凝土颗粒的化学作用产生的混凝土与钢筋之间的胶合力。
③ 由于钢筋表面凹凸不平与混凝土之间产生的机械咬合力。

上述 3 个部分中，以机械咬合力作用最大，占总黏结力的一半以上。变形钢筋比光圆钢筋的机械咬合力作用大。此外，钢筋表面的轻微锈蚀也可增加它与混凝土的黏结力。

（2）钢筋和混凝土的温度线膨胀系数几乎相同，在温度变化时，二者的变形量基本相等，不致破坏钢筋混凝土结构的整体性。

（3）钢筋被混凝土包裹着，从而使钢筋不会因大气的侵蚀而生锈变质，提高耐久性。

2. 影响钢筋和混凝土黏结强度的因素

（1）混凝土强度：混凝土强度等级越高，黏结强度越大。

（2）混凝土保护层厚度：混凝土保护层较薄时，其黏结力将降低，并易在保护层最薄弱处出现纵向劈裂裂缝，使黏结力提早破坏。

（3）钢筋间的净距 s：钢筋间净距越小，黏结强度降低越多。

（4）横向钢筋的数量：横向钢筋（如箍筋）可以限制混凝土内部裂缝的发展，防止保护层脱落，并保护后期黏结强度。

（5）横向约束应力：横向压应力约束了混凝土的横向变形，增大了摩阻力，因而提高了黏结强度。

（6）钢筋的表面形状：变形钢筋的黏结强度大于光圆钢筋。工程中通过将光圆钢筋端部加做弯钩来增加其黏结强度。

3. 保证钢筋与混凝土黏结力的构造措施

工程中，必须采取有效的构造措施对钢筋与混凝土的黏结力加以保证。例如，钢筋伸入支座应有足够的锚固长度；保证钢筋最小搭接长度；钢筋的间距和混凝土保护层不能太小；要优先采用小直径的变形钢筋；光圆钢筋末端应设弯钩；钢筋不宜在混凝土的拉区截断；在大直径钢筋的搭接和锚固区域内宜设置横向钢筋（如箍筋）等，以上构造措施的具体规定详见 6.2 节。

> **学中做**
>
> 光圆钢筋的黏结力比带肋钢筋_____。在实际工程中，光圆钢筋一般带_____，从而增大其_____。

6.2 钢筋混凝土梁、板的构造要求

6.2.1 一般规定

1. 钢筋级别和混凝土强度等级的选择

（1）纵向受力普通钢筋宜选用 HRB400、HRB500、HRBF400、HRBF500 级钢筋，也可采用 HPB300、RRB400、HRB600 级钢筋。其中 HRB400 级钢筋具有强度高、延性好、与混凝土结合握裹力强等优点，是目前我国钢筋混凝土结构的主力钢筋。

箍筋宜采用 HRB400、HRBF400、HPB300、HRB500、HRBF500 级钢筋。

预应力钢筋宜采用预应力钢丝、钢绞线和预应力螺纹钢筋。

（2）钢筋混凝土结构的混凝土强度等级不应低于 C25；采用强度 400N/mm² 及以上的钢筋时，混凝土强度等级不应低于 C30。承受重复荷载的钢筋混凝土构件，混凝土强度等级不应低于 C30。预应力混凝土结构的混凝土强度等级不宜低于 C40，且不应低于 C30。

2. 混凝土保护层厚度

在钢筋混凝土结构构件中，为防止钢筋锈蚀，并保证钢筋和混凝土牢固黏结在一起，钢筋外面必须有足够厚度的混凝土保护层。由最外层钢筋的外边缘到混凝土表面的距离称为混凝土保护层厚度（图 6.9）。混凝土保护层的作用如下。

混凝土保护层

图 6.9 混凝土保护层

（1）维持受力钢筋与混凝土之间的黏结力。钢筋周围混凝土的黏结力很大程度上取决于混凝土握裹层的厚度，两者是成正比的。保护层过薄或缺失时，受力钢筋的作用不能正常发挥。

（2）保护钢筋免遭锈蚀。混凝土的碱性环境使包裹在其中的钢筋不易锈蚀。一定的保护层厚度是保证结构耐久性所必需的条件。

（3）提高构件的耐火极限。混凝土保护层具有一定的隔热作用，遇到火灾时能对钢筋进行保护，使其强度不致降低过快。

混凝土结构构件中受力钢筋的保护层厚度不应小于钢筋的公称直径 d。设计使用年限为 50 年的混凝土结构，最外层钢筋的保护层厚度应符合附录 C 表 C6 的规定；设计使用年限为 100 年的混凝土结构，应按该附录 C 表 C6 的规定增加 40%；当采取有效的表面防护及定期维修等措施时，保护层厚度可适当减少，这些措施如下。

（1）构件表面有可靠的防护层。

（2）采用工厂化生产的预制构件，并能保证预制构件混凝土的质量。

（3）在混凝土中掺加阻锈剂或采用阴极保护处理等防锈措施。

（4）当对地下室墙体采取可靠的建筑防水做法或防护措施时，与土层接触一侧钢筋的保护层厚度可适当减少，但不应小于 25mm。

当梁、柱、墙中纵向受力钢筋的保护层厚度大于 50mm 时，宜对保护层采取有效的构造措施。可在保护层内配置防裂、防剥落的焊接钢筋网片，网片钢筋的保护层厚度不应小于 25mm，并采取有效的绝缘、定位措施。

3. 钢筋的锚固

钢筋的锚固是保证构件承载力至关重要的因素。图 6.10 所示的梁受拉钢筋在支座处必须要有足够的锚固长度，才能在受力钢筋中建立能发挥钢筋强度的应力。如果钢筋锚固长度不够，将会使构件提前破坏，引起承载力丧失并引发塌垮等灾难性后果。

图 6.10 钢筋在支座中的锚固长度

（1）受拉钢筋的基本锚固长度 l_{ab}。钢筋的基本锚固长度一般指受力钢筋通过混凝土与钢筋的黏结将所受的力传递给混凝土所需的长度。受拉钢筋的基本锚固长度为

$$l_{ab} = \alpha \frac{f_y}{f_t} d \tag{6-1}$$

式中 f_y——普通钢筋的抗拉强度设计值（N/mm²）；

f_t——锚固区混凝土轴心抗拉强度设计值，当混凝土强度等级高于 C60 时，按 C60 取值（N/mm²）；

d——锚固钢筋的直径（mm）；

α——锚固钢筋的外形系数，按表 6-3 取值。

表 6-3 锚固钢筋的外形系数 α

钢筋类型	光圆钢筋	带肋钢筋	螺旋肋钢丝	三股钢绞线	七股钢胶线
α	0.16	0.14	0.13	0.16	0.17

注：光圆钢筋末端应做 180°弯钩，弯后平直段长度不应小于 3d，但作受压钢筋时可不做弯钩。

（2）受拉钢筋的锚固长度 l_a。受拉钢筋的锚固长度应根据锚固条件按下列公式计算，且不应小于 200mm。

$$l_a = \xi_a l_{ab} \tag{6-2}$$

式中 ξ_a——锚固长度修正系数，按下列规定取用，当多于一项时，可按连乘计算，但不应小于 0.6；对预应力钢筋，可取 1.0。

① 当带肋钢筋的公称直径大于 25mm 时，取 1.10。

② 环氧树脂涂层带肋钢筋，取 1.25。

③ 施工过程中易受扰动的钢筋，取 1.10。

④ 当纵向受力钢筋的实际配筋面积大于其设计计算面积时，修正系数取设计计算面积与实际配筋面积的比值，但对有抗震设防要求及直接承受动力荷载的结构构件，不应考虑此项修正。

⑤ 锚固区保护层厚度为 3d 时，可取 0.80；保护层厚度为 5d 时，可取 0.70；中间按内插法取值（此处 d 为纵向受力带肋钢筋的直径）。

> **特别提示**
>
> l_{ab} 及 l_a 除了可以按照式（6-1）及式（6-2）计算，也可通过查附录 C 表 C15、表 C17 来确定。

> **学中做**
>
> 一栋二级抗震框架结构，钢筋混凝土框架梁采用 C40 混凝土，受拉钢筋为 4⌀25，受拉钢筋基本锚固长度 l_{ab}=_____，受拉钢筋的锚固长度 l_a=_____。

（3）锚固区横向构造钢筋。为防止锚固长度范围内的混凝土破碎，应配置横向构造钢筋加以约束，以维持其锚固能力。当锚固钢筋保护层厚度不大于 $5d$ 时，锚固长度范围内应配置横向构造钢筋，其直径不应小于 $d/4$。对于梁、柱一类的杆状构件，横向构造钢筋间距不应大于 $5d$，对板、墙一类的平面构件，横向构造钢筋间距不应大于 $10d$，且均不应大于 100mm（此处 d 为锚固钢筋的直径）。

（4）纵向钢筋的机械锚固。当支座构件因截面尺寸限制而无法满足规定的锚固长度要求时，采用钢筋弯钩或机械锚固是减小锚固长度的有效方式。包括弯钩或锚固端头在内的锚固长度（投影长度）可取为基本锚固长度 l_{ab} 的 60%。钢筋弯钩或机械锚固的形式和技术要求应符合表 6-4 的规定。

表 6-4　钢筋弯钩或机械锚固的形式和技术要求

锚固形式	技术要求	图例
90°弯钩	末端 90°弯钩，弯后直段长度 $12d$	
135°弯钩	末端 135°弯钩，弯后直段长度 $5d$	
焊端锚板	末端与厚度 d 的锚板穿孔塞焊	
螺栓锚头	末端旋入螺栓锚头	

（5）受压钢筋的锚固。钢筋混凝土结构中的纵向受力钢筋，当计算中充分利用钢筋的抗压强度时，受压钢筋的锚固长度不应小于相应受拉钢筋锚固长度的 70%，因此不应采用弯钩形式的机械锚固。

（6）纵向受力钢筋在简支梁支座内的锚固。钢筋混凝土简支梁和连续梁简支端的下部纵向受力钢筋，从支座边缘算起伸入梁支座内的锚固长度l_{as}应符合下列规定。

① 当剪力$V \leqslant 0.7f_tbh_0$时，$l_{as} \geqslant 5d$；当$V > 0.7f_tbh_0$时，带肋钢筋$l_{as} \geqslant 12d$，光圆钢筋$l_{as} \geqslant 15d$（此处d为钢筋的最大直径）。

② 如纵向受力钢筋伸入梁支座内的锚固长度不符合上述要求时，应采取前述纵向钢筋的机械锚固措施。

③ 支承在砌体结构上的钢筋混凝土独立梁，在纵向受力钢筋的锚固长度l_{as}范围内应配置不少于两根箍筋（图6.11），其直径不宜小于纵向受力钢筋最大直径的25%，间距不宜大于纵向受力钢筋最小直径的10倍。伸入梁支座范围内的纵向受力钢筋不应少于两根。

图6.11　纵向受力钢筋伸入简支梁支座范围内的锚固

（7）板中纵向受力钢筋的锚固。对于板，一般剪力较小，通常能满足$V \leqslant 0.7f_tbh_0$的条件，故板的简支支座和中间支座下部纵向受力钢筋伸入支座的锚固长度均取$l_{as} \geqslant 5d$。

（8）箍筋的锚固。箍筋在构件中的主要作用是抗剪，它本身是受拉钢筋，必须有良好的锚固。通常箍筋采用封闭式，锚固形式如图6.12所示。

图6.12　箍筋的锚固

工程实例

某锻工车间屋面梁为12m跨度的T形薄腹梁。在车间建成后使用不久，梁端头突然断裂，造成厂房部分倒塌，如图6.13（a）所示。倒塌构件包括屋面大梁及大型屋面板。

(a) 厂房向下倒塌　　　　　　(b) 薄腹梁钢筋锚固不足

图 6.13　受力钢筋锚固长度不合要求造成的后果

【实例点评】

经现场调查分析，该屋面大梁混凝土强度能满足设计要求，从梁端断裂处看，大梁支承端钢筋深入支座的锚固长度太短是导致事故发生的主因。该梁设计要求钢筋伸入支座锚固长度至少应为 150mm，实际上不足 50mm；图纸标明钢筋端头至梁端为 40mm，实际上却有 140～150mm，如图 6.13（b）所示。因此，梁端与柱的连接接近于素混凝土节点，这是非常不可靠的。加之本车间为锻工车间，投产后锻锤的振动力很大，这在一定程度上增加了大梁的负荷，使梁柱连接处的构造更易破坏，最终导致大梁的断裂。

4. 钢筋的连接

受钢筋供货条件的限制，实际施工中钢筋长度不够时，常需要连接。钢筋的连接可分为 3 类：绑扎搭接、机械连接及焊接连接。因为钢筋通过连接接头传力总不如整体钢筋可靠，所以钢筋连接的原则是：接头宜设置在受力较小处，同一纵向受力钢筋不宜设置两个或两个以上接头，在结构的重要构件和关键传力部位，如柱端、梁端的箍筋加密区，纵向受力钢筋不宜设置接头。同一构件中相邻纵向受力钢筋的接头宜相互错开，如图 6.14 所示。

图 6.14　同一连接区段内纵向受拉钢筋绑扎搭接接头（图示接头面积百分率为 50%）

> **特别提示**
>
> 钢筋的连接区段长度，对绑扎搭接为 1.3 倍搭接长度；对机械连接为 35d；对焊接连接为 35d 且不小于 500mm（d 为纵向受力钢筋的较小直径）。凡接头的中点位于该连接区段长度范围内，均属同一连接区段（图 6.14）。

（1）绑扎搭接。钢筋搭接要有一定的长度才能传递黏结力。纵向受拉钢筋的最小搭接长度 l_l 按下式计算。在任何情况下，纵向受拉钢筋的搭接长度不应小于 300mm。

$$l_l = \xi_l l_a \tag{6-3}$$

式中　ξ_l——纵向受拉钢筋搭接长度修正系数，按表 6-5 采用。当纵向钢筋搭接接头面积百分率为表中中间值时，修正系数可按内插法取值。

采用绑扎搭接时，受拉钢筋直径不宜大于 25mm，受压钢筋直径不宜大于 28mm。

表 6-5　纵向受拉钢筋搭接长度修正系数

纵向钢筋搭接接头面积百分率/%	≤25	50	100
ξ_l	1.2	1.4	1.6

纵向钢筋搭接接头面积百分率的意义是：同一连接区段，需要接头的钢筋截面面积与全部纵向钢筋总截面面积之比。同一连接区段内，受拉钢筋搭接接头面积百分率：对梁、板、墙类构件，不宜大于 25%；对柱类构件，不宜大于 50%。当工程中确有必要增大接头面积百分率时，对梁类构件，不宜大于 50%；对板、墙、柱等其他构件，可根据实际情况放宽。

> **学中做**
>
> 1. 简支梁下部配有 4⊕22 纵向钢筋，如果采用绑扎搭接，一次接头不宜多于_____。
> 2. 柱中配有 8⊕25 纵向钢筋，请问是否可以一次接头？接头位置一般在什么部位？

纵向受压钢筋搭接时，其最小搭接长度应根据式（6-3）的规定确定后，再乘以系数 0.7 取用。在任何情况下，受压钢筋的搭接长度不应小于 200mm。

搭接接头中钢筋的横向净距不应小于钢筋直径，且不应小于 25mm。搭接长度的末端与钢筋弯折处的距离，不得小于钢筋直径的 10 倍。搭接接头不宜位于构件最大弯矩处。在受拉区域内，光圆钢筋搭接接头的末端应做弯钩[图 6.15（a）]，变形钢筋可不做弯钩[图 6.15（b）]。

在纵向受力钢筋搭接长度范围内，应配置符合下列规定的箍筋。

① 箍筋直径不应小于搭接钢筋较大直径的 0.25 倍。

② 搭接区段的箍筋间距不应大于搭接钢筋较小直径的 5 倍，且不应大于 100mm[图 6.15（c）]。

③ 当纵向受压钢筋（如柱中纵向受压钢筋）直径大于 25mm 时，应在搭接接头两个端面外 100mm 范围内各设置两个箍筋，其间距宜为 50mm。

图 6.15　钢筋的绑扎搭接

（2）**机械连接**。钢筋机械连接是通过连接件的机械咬合作用或钢筋端面的承压作用，将一根钢筋中的力传递至另一根钢筋的连接方法。机械连接具有施工简便、接头质量可靠、节约钢材和能源等优点。常采用的连接方式有套筒挤压、直螺纹连接（图6.16）等。

图 6.16　钢筋的机械连接（直螺纹连接）

纵向受力钢筋的机械连接接头宜相互错开。同一连接区段内，纵向受拉钢筋接头面积百分率不宜大于50%，但对板、墙、柱及预制构件的拼接处，可根据实际情况放宽。纵向受压钢筋则不受此限制。

机械连接套筒的混凝土保护层厚度宜满足钢筋最小保护层厚度的要求。套筒的横向净距不宜小于25mm；套筒处箍筋的间距仍应满足相应的构造要求。

（3）**焊接连接**。钢筋焊接连接利用热加工熔融金属实现钢筋的连接。常采用的连接方式有对焊（图6.17）、点焊、电弧焊、电渣压力焊等。

图 6.17　钢筋的对焊

采用焊接连接时，同一连接区段内，纵向受拉钢筋接头面积百分率不宜大于50%，但对预制构件拼接处，可根据实际情况放宽。纵向受压钢筋不受此限。

5．抗震构造

1）材料的选择

（1）混凝土强度等级：一般结构构件不应低于C20，框支梁与框支柱及抗震等级为一级的框架梁、柱、节点核心区不应低于C30。

（2）钢筋级别：普通纵向受力钢筋宜选用符合抗震性能指标的不低于HRB400级的热轧钢筋，也可采用符合抗震性能指标的HPB300级热轧钢筋；箍筋宜选用符合抗震性能指标的不低于HRB400级的热轧钢筋，也可选用HPB300级热轧钢筋。

按一、二、三级抗震等级设计的各类框架中的纵向受力钢筋，其抗拉强度实测值与屈服强度实测值的比值不应小于1.25；同时钢筋的屈服强度实测值与强度标准值的比值不应大于1.3，且钢筋在最大拉力下的总伸长率实测值不应小于9%，这是为了保证结构在受到破坏时有足够的延性。

（3）配筋率：在施工中，当需要以强度等级较高的钢筋替代原设计中的纵向受力钢筋时，应按照钢筋受拉承载力设计值相等的原则换算，并应满足最小配筋率要求。钢筋混凝土构件中纵向受力钢筋最小配筋率见附录C表C8。

2）受拉钢筋的抗震锚固长度 l_{aE}

当结构有地震荷载作用时，构件中受力钢筋的锚固会处在更为不利的状态下。因此对有抗震设防要求的混凝土结构构件，应根据不同结构的抗震等级增大受拉钢筋的锚固长度。受拉钢筋的抗震锚固长度 l_{aE} 应按下式计算，也可查附录C表C18。

一、二级抗震等级

$$l_{aE}=1.15l_a \quad (6-4)$$

三级抗震等级

$$l_{aE}=1.05l_a \quad (6-5)$$

四级抗震等级

$$l_{aE}=l_a \quad (6-6)$$

> **特别提示**
>
> 结构抗震等级的分类见模块8表8-1。

3）纵向受拉钢筋的抗震搭接长度 l_{lE}

纵向受拉钢筋的抗震搭接长度 l_{lE} 按下式计算，也可查附录C表C20。

$$l_{lE}=\zeta l_{aE} \quad (6-7)$$

在纵向受拉钢筋抗震搭接长度范围内配置的箍筋，必须满足下列规定。

（1）箍筋直径不应小于搭接钢筋较大直径的25%。

（2）间距不应大于搭接钢筋较小直径的5倍，且不应大于100mm。

4）钢筋的连接要求

在抗震结构中，构件纵向受力钢筋的连接可采用绑扎搭接、机械连接或焊接连接。接头位置宜避开梁端、柱端箍筋加密区；无法避开时，应采用机械连接或焊接连接。位于同一连接区段内的纵向受力钢筋接头面积百分率不宜超过50%。

5）箍筋

箍筋宜采用焊接封闭箍筋、连续螺旋箍筋或连续复合螺旋箍筋。当采用非焊接封闭箍筋时，其末端应做成135°弯钩，弯钩端头平直段长度不应小于10倍箍筋直径与75mm中的较大值（图6.18），以保证箍筋对中心区混凝土的有效约束；在纵向受力钢筋搭接长度范围内的箍筋间距不应大于搭接钢筋较小直径的5倍，且不宜大于100mm。

图6.18 非焊接封闭箍筋的抗震构造

6.2.2 梁的构造要求

梁在建筑结构中扮演着重要角色，从我们的日常词汇"国家栋梁""中华脊梁"中可见"梁"的重要性。

1. 梁的截面

梁的截面形式常见的有矩形、T形、I形，考虑到施工方便和结构整体性要求，工程中也有采用预制和现浇结合的方法，形成叠合梁和叠合板，如图 6.19 所示。

图 6.19 梁的截面形式

梁截面高度 h 与梁的跨度 l 及所受荷载大小有关，一般按高跨比 h/l 估算。如简支梁的高度 $h=(1/12\sim1/8)l$；悬臂梁的高度 $h=l/6$；多跨连续梁 $h=(1/18\sim1/12)l$。

梁截面宽度 b 常用截面高宽比 h/b 确定。对于矩形截面，一般 $h/b=2.0\sim3.5$；对于 T 形截面，一般 $h/b=2.5\sim4.0$。

为了统一模板尺寸和便于施工，通常采用梁宽 $b=150\text{mm}$、180mm、$200\text{mm}\cdots$，当 $b>200\text{mm}$ 时采用 50mm 的倍数；梁高 $h=250\text{mm}$、$300\text{mm}\cdots$，当 $h\leq800\text{mm}$ 时采用 50mm 的倍数，当 $h>800\text{mm}$ 时采用 100mm 的倍数。

简支梁

悬挑梁

学中做

矩形截面悬臂梁跨度 $l=1500\text{mm}$，则选择梁高 $h=$ _____，梁宽 $b=$ _____。

矩形截面简支梁跨度 $l=6000\text{mm}$，则选择梁高 $h=$ _____，梁宽 $b=$ _____。

2. 梁的配筋

梁中的钢筋有纵向受力钢筋、箍筋、架立钢筋、纵向构造钢筋等，其构造如图 6.20 所示。

图 6.20　梁的配筋构造

1）纵向受力钢筋

纵向受力钢筋主要承受弯矩产生的拉力，其常用直径为 12～25mm。为保证钢筋与混凝土之间具有足够的黏结力和便于浇筑混凝土，梁的上部纵向受力钢筋水平方向的净距不应小于 30mm 和 1.5d，下部纵向受力钢筋水平方向的净距不应小于 25mm 和 d（d 为纵向受力钢筋的最大直径），如图 6.21 所示。当梁的下部纵向受力钢筋配置多于两层时，两层以上钢筋水平方向的中距应比下面两层的中距增大一倍，各层钢筋之间的净距应不小于 25mm 和 d。

(a) 钢筋放一排时　　　　(b) 钢筋放两排时

图 6.21　梁内纵向受力钢筋的排列

图 6.21 中，h_0 为梁的有效高度，是受拉钢筋的合力作用点到截面受压混凝土边缘的距离：$h_0 = h - a_s$，a_s 为受拉钢筋的合力作用点至截面受拉区边缘的距离。

为便于计算 h_0，通常的做法是根据混凝土保护层最小厚度及上述梁中纵向受力钢筋排列的构造规定，并假设梁中纵向受力钢筋的直径为 20mm，箍筋直径为 10mm，在一类环境下，h_0 可按表 6-6 的数值取用。

表 6-6　一类环境下梁、板的 h_0 值

单位：mm

构件类型		混凝土强度等级	
		≤C25	≥C30
板		$h_0 = h - 25$	$h_0 = h - 20$
梁	一排钢筋	$h_0 = h - 45$	$h_0 = h - 40$
	两排钢筋	$h_0 = h - 70$	$h_0 = h - 65$

特别提示

二 a 类环境类别下的梁、板，保护层厚度 c 比一类环境增加了 5mm，故其 h_0 值按表 6-6 再减 5mm 即可。

多排布筋减少了梁截面的有效高度，使梁的承载力降低。同时钢筋多排布置导致混凝土浇筑密实困难。为方便施工，可采用同类型、同直径 2 根或 3 根钢筋并在一起配置，形成并筋，如图 6.22 所示。直径 28mm 及以下的钢筋并筋不宜超过 3 根；直径为 32mm 的钢筋并筋宜为 2 根；直径 36mm 及以上的钢筋不应采用并筋。

(a) 2根并筋

(b) 3根并筋

图 6.22　梁中钢筋的并筋形式

2) 弯起钢筋

弯起钢筋由纵向钢筋在支座附近弯起形成。它的作用分 3 段：跨中水平段承受正弯矩产生的拉力；斜弯段承受剪力；弯起后的水平段可承受压力，也可承受支座处负弯矩产生的拉力。

弯起钢筋的弯起角度：当梁高 $h ≤ 800mm$ 时，采用 45°；当梁高 $h > 800mm$ 时，采用 60°。位于梁底层的角部钢筋不应弯起，顶层钢筋中的角部钢筋不应下弯。

弯起钢筋的末端应留有直段，其长度在受拉区不应小于 $20d$，在受压区不应小于 $10d$（d 为弯起钢筋直径）；对于光圆钢筋，在其末端还应设置弯钩，如图 6.23 所示。

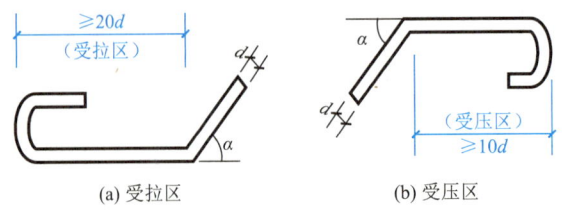

图 6.23　弯起钢筋端部构造

弯起钢筋可单独设置在支座两侧，作为受剪钢筋，这种弯起钢筋称为"鸭筋"，如图 6.24（a）所示，但锚固不可靠的"浮筋"不允许设置，如图 6.24（b）所示。

(a) 鸭筋　　　　　　　　　(b) 浮筋（不允许使用）

图 6.24　鸭筋、浮筋

3）箍筋

箍筋主要用来承担剪力，在构造上能固定受力钢筋的位置和间距，并与其他钢筋形成钢筋骨架。梁中的箍筋应按计算确定，除此之外，还应满足以下构造要求。

（1）箍筋构造：若按计算不需要配箍筋，当梁高 $h>300mm$ 时，应沿梁全长设置箍筋；当 $h=150\sim300mm$ 时，可仅在构件端部各 1/4 跨度范围内设置箍筋，但当在构件中部 1/2 跨度范围内有集中荷载作用时，则应沿梁全长设置箍筋；当 $h<150mm$ 时，可不设箍筋。

（2）直径：箍筋的最小直径不应小于表 6-7 的规定。

表 6-7　箍筋的最小直径

单位：mm

梁高 h	最小直径
$h\leqslant 800$	6
$h>800$	8
配有纵向受压钢筋的梁	$\geqslant d/4$（d 为纵向受压钢筋的最大直径）

（3）间距：梁的箍筋从支座边缘 50mm 处（图 6.25）开始设置，梁中箍筋间距 s 除应符合计算要求外，最大间距 s_{max} 宜符合表 6-8 的规定。

图 6.25　箍筋的间距

表 6-8　梁中箍筋的最大间距 s_{max}

单位：mm

梁高 h	$V > 0.7f_t bh_0$	$V \leq 0.7f_t bh_0$
150＜h≤300	150	200
300＜h≤500	200	300
500＜h≤800	250	350
h＞800	300	400

当梁中配有按计算需要的纵向受压钢筋时，箍筋的间距不应大于 15d（d 为纵向受压钢筋的最小直径），同时不应大于 400mm；当一层内的纵向受压钢筋多于 5 根且直径大于 18mm 时，箍筋的间距不应大于 10d；当梁的宽度大于 400mm 且一层内的纵向受压钢筋多于 3 根时，或当梁的宽度不大于 400mm 但一层内的纵向受压钢筋多于 4 根时，应设置复合箍筋。

（4）形式：箍筋的形式有开口 [图 6.26（a）] 和封闭 [图 6.26（b）] 两种。开口式只用于无振动荷载或开口处无受力钢筋的现浇 T 形梁的跨中部分。除上述情况外，箍筋应做成封闭式。

（5）肢数：一个箍筋垂直部分的根数称为肢数。常用的有双肢箍 [图 6.26（a）、(b)]、单肢箍 [图 6.26（c）] 和四肢箍 [图 6.26（d）] 等几种形式。当梁宽 b＜350mm 时，通常用双肢箍；梁宽 b≥350mm 或纵向受拉钢筋在一排的根数多于 5 根时，应采用四肢箍；当梁配有受压钢筋时，应使受压钢筋至少每隔一根处于箍筋的转角处；只有当梁宽 b＜150mm 或作为腰筋的拉结筋时，才允许使用单肢箍。

(a) 开口式双肢箍　　(b) 封闭式双肢箍　　(c) 单肢箍　　(d) 四肢箍

图 6.26　箍筋的形式和肢数

4）架立钢筋

为了将受力钢筋和箍筋连接成整体骨架，在施工中应保持正确的位置，在梁的上部平行于纵向受力钢筋的方向，一般应设置架立钢筋。

（1）架立钢筋的直径：当梁的跨度小于 4m 时，架立钢筋直径 d≥8mm；跨度为 4～6m 时，d≥10mm；跨度大于 6m 时，d≥12mm。

（2）架立钢筋与受力钢筋的搭接长度：当架立钢筋直径 d≥12mm 时，为 150mm；当 d＜12mm 时，为 100mm；当考虑架立钢筋受力时，则为 l_l。

5）梁端上部纵向构造钢筋

如果简支梁支座端上面有砖墙压住，阻止了梁端自由转动；或者梁端与另一梁或柱整体现浇，而未按固定端支座计算内力时，梁端将产生一定的负弯矩，这时需要设置纵向构造钢筋（图6.27）。

图 6.27　梁端上部纵向构造钢筋

纵向构造钢筋不应少于 2 根，其截面面积不少于跨中下部纵向受力钢筋面积的 1/4；由支座伸向跨内的长度不应小于 $0.2l_n$（l_n 为梁净跨）；纵向构造钢筋伸入支座的锚固长度为 l_a。

纵向构造钢筋可以利用架立钢筋［图 6.27（a）］，这时架立钢筋不宜少于 2Φ12；也可以采用另加的直钢筋［图 6.27（b）］。

6）梁侧纵向构造钢筋及拉筋

当梁的腹板高度 $h_w \geqslant 450\text{mm}$ 时，为保证受力钢筋与箍筋构成的整体骨架的稳定，防止梁侧面中部产生竖向收缩裂缝，应在梁的两个侧面沿高度配置纵向构造钢筋，如图 6.28 所示。纵向构造钢筋间距 $a \leqslant 200\text{mm}$，并用拉筋连接，拉筋形式如图 6.29 所示，建议拉筋紧靠纵向构造钢筋并勾住箍筋。

图 6.28　梁侧纵向构造钢筋

(a) 拉筋同时勾住纵向构造钢筋和箍筋　　(b) 拉筋紧靠纵向构造钢筋并勾住箍筋　　(c) 拉筋紧靠箍筋并勾住纵向构造钢筋

图 6.29　拉筋形式

知识链接

在弧形梁或其他受扭梁中，根据计算需配置受扭钢筋时，受扭钢筋沿梁截面周边布置，用符号 N 表示，位置和梁侧纵向构造钢筋（用符号 G 表示）类似。

特别提示

梁的腹板高度 h_w 的计算公式如下。
（1）矩形截面取梁的有效高度，$h_w = h_0$。
（2）T 形截面取有效高度减去翼缘高度，$h_w = h_0 - h_f'$。
（3）I 形截面取腹板净高，$h_w = h - h_f - h_f'$。

工程实例

一些高度较大的钢筋混凝土梁，由于梁侧纵向构造钢筋（俗称腰筋）配置过稀，在使用期间甚至在使用以前往往在梁的腹部发生竖向等间距裂缝。这种裂缝多发生在构件中部，中间宽、两头细，至梁的上下缘附近逐渐消失，如图 6.30 所示。

图 6.30　梁侧纵向构造钢筋不足产生的后果

【实例点评】

这种裂缝是由混凝土收缩所致的。两端固定在混凝土柱上的大梁，在凝结过程中因体积收缩而使梁沿长度方向受拉。因梁的上下缘配有较多纵向受力钢筋，该拉力由纵向受力钢筋承受，混凝土开裂得很细，肉眼难以观察到；而梁的中腹部，当腰筋配置过少、过稀时，不足以帮助混凝土承受这部分拉力，就会产生沿梁长均匀分布的竖向收缩裂缝。

7）附加横向钢筋

附加横向钢筋设置在梁中有集中力作用的位置（次梁）两侧，数量由计算确定。附加横向钢筋包括附加箍筋[图 6.31（a）]和吊筋[图 6.31（b）]，宜优先选用箍筋，也可采用吊筋加箍筋。

(a) 附加箍筋　　　　　　　　　　　(b) 吊筋

图 6.31　附加横向钢筋

知识链接

一种平法梁的表示方法如下。

```
L1（1）250×500
⌀8@200（2）
3⌀22；2⌀12
G2⌀12
```

其含义是：梁 L1，有 1 跨，截面尺寸宽 250mm，高 500mm；双肢箍筋为三级钢筋，直径 8mm，间距 200mm；下部纵向受力钢筋 3 根，为三级钢筋，直径 22mm，上部架立钢筋 2 根，为三级钢筋，直径 12mm；梁高 $h_w \geq 450$mm，梁侧配置纵向构造钢筋 2 根，为三级钢筋，直径 12mm。

6.2.3　板的构造要求

1. 截面形式与尺寸

钢筋混凝土板的常用截面有空心、槽形和矩形等形式，如图 6.32 所示。板的厚度 h 与其跨度 l 和所受荷载大小有关，一般宜满足跨厚比要求，钢筋混凝土单向板，$h/l \geq 1/30$；双向板，$h/l \geq 1/40$；无梁支承的有柱帽板，$h/l \geq 1/35$；无梁支承的无柱帽板，$h/l \geq 1/30$。当板的荷载、跨度较大时，宜适当减小。

(a) 空心板　　　　　　　(b) 槽形板　　　　　　　(c) 矩形板

图 6.32　钢筋混凝土板截面形式

现浇钢筋混凝土板的厚度不应小于附录 C 表 C7 中规定的数值。

2. 板的受力钢筋

板的受力钢筋是指承受弯矩作用时产生拉力的钢筋,沿板跨度方向放置,如图 6.33 所示。

图 6.33 板配筋图

> **特别提示**
>
> 钢筋混凝土受弯构件的受力钢筋配置在受拉区,也就是让钢筋抵抗拉力,而混凝土受压。对于简支板,受力钢筋配置在下部,分布钢筋在其内侧;对于悬臂板,受力钢筋配置在上部,分布钢筋在其内侧。在实际工程中,阳台、雨篷板等均属于悬臂构件,其钢筋的放置一定不能出错。同学们要养成良好的工作习惯,按图施工,不能马虎。

(1)直径:板的受力钢筋直径通常采用 6mm、8mm、10mm、12mm,且不应多于 3 种。

(2)间距:为了使板受力均匀和混凝土浇筑密实,板的受力钢筋的间距不应小于 70mm;当板厚 $h \leqslant 150$mm 时,不宜大于 200mm;当板厚 $h > 150$mm 时,不宜大于 $1.5h$,且不宜大于 250mm。

（3）锚固长度：简支板或连续板下部纵向受力钢筋伸入支座的锚固长度不应小于$5d$（d为受力钢筋直径），且宜伸至支座中心线。当连续板内温度、收缩应力较大时，伸入支座的长度宜适当增加。

3．板的分布钢筋

分布钢筋的作用是更好地分散板面荷载到受力钢筋上，固定受力钢筋的位置，防止由于混凝土收缩及温度变化在垂直板跨方向产生的拉应力。分布钢筋应放置在板受力钢筋的内侧，垂直于受力钢筋，如图 6.33 所示。

分布钢筋的数量：板的单位长度上分布钢筋的截面面积不宜小于板的单位宽度上受力钢筋截面面积的 15%，且不宜小于该方向板截面面积的 0.15%。同时，分布钢筋的间距不宜大于 250mm，直径不宜小于 6mm。

4．附加构造钢筋

（1）嵌固在承重砌体墙内的现浇板，由于砌体墙的约束作用，板在墙边将产生一定的负弯矩，使沿墙周边的板面上方产生裂缝。因此，对嵌固在承重砌体墙内的现浇板，在板边上部应配置垂直于板边的附加构造钢筋（图 6.34），其直径不宜小于 8mm，间距不宜大于 200mm，且单位宽度内的配筋面积不宜小于跨中相应方向板底钢筋截面面积的 1/3。构造钢筋伸入板内的长度为 $l_0/7$。其中 l_0 对单向板按受力方向考虑，双向板按短边考虑。

图 6.34 嵌固在承重砌体墙内的板上部构造钢筋

（2）与混凝土梁、墙整体浇筑但按非受力边设计的现浇板，板边上部应配置垂直于板边的附加构造钢筋，其直径不宜小于 8mm，间距不宜大于 200mm，且单位宽度内的配筋面积不宜小于受力方向板底钢筋截面面积的 1/3，并按受拉钢筋锚固在梁、柱、墙内。构造钢筋伸入板内的长度为 $l_0/4$。

（3）在柱角或墙阳角处的楼板凹角部位，钢筋伸入板内的长度应从柱边或墙边算起。

5．板在端部支座的锚固构造

板在端部支座的锚固构造如图 6.35 所示。

图 6.35　板在端部支座的锚固构造

注：括号内的锚固长度 l_a 用于梁板式转换层的板。

知识链接

现浇板的表示方法如下。

$$
\begin{array}{l}
\text{LB3 } h=100 \\
\text{B: } X \: \Phi 8@130, Y \: \Phi 8@150 \\
\text{T: } X \: \Phi 8@130, Y \: \Phi 8@150 \\
(-0.015)
\end{array}
$$

其含义是：3 号楼面板块，板厚 100mm；板上部、下部水平方向贯通筋为 HRB400，直径 8mm，间距 130mm，垂直方向贯通筋为 HRB400，直径 8mm，间距 150mm；板面标高比 4.470～11.670m 低 0.015m，为 4.455～11.655m。

工程现场的现浇板如图 6.36 所示。

图 6.36　工程现场的现浇板

6.3 钢筋混凝土梁承载力计算（选学）

钢筋混凝土梁属于典型的受弯构件，在荷载作用下产生内力与变形两大效应。其中，内力为弯矩和剪力；变形为挠度和裂缝宽度。为了保证其安全性，需进行承载能力极限状态计算，包括正截面受弯承载力计算和斜截面受剪承载力计算；为了保证其适用性，需进行正常使用极限状态验算，包括挠度和裂缝验算。

6.3.1 梁的正截面受弯承载力计算

钢筋混凝土梁的计算理论是建立在试验基础上的，通过试验可以了解钢筋混凝土梁的受力及破坏过程，确定梁在破坏时的截面应力分布，以便建立正截面受弯承载力计算公式。

1. 梁正截面破坏工程试验

根据工程试验，钢筋混凝土梁的正截面破坏形态主要与纵向受拉钢筋的配筋多少（配筋率）有关，随着配筋率的不同，梁的正截面破坏特征也在发生本质的变化。配筋率是指纵向钢筋的截面面积 A_s 与构件截面的有效面积 bh_0 的比值，用 ρ 表示，即 $\rho = \dfrac{A_s}{bh_0}$。根据纵向受力钢筋的配筋率将梁分为适筋梁、超筋梁和少筋梁。下面将简述梁的 3 种破坏形态。

1）适筋梁（拉压破坏）

纵向受力钢筋的配筋率合适的梁称为适筋梁。其破坏特征是：破坏开始时，受拉区的钢筋应力先达到屈服强度，之后钢筋应力进入屈服台阶，梁的挠度、裂缝随之增大，最终因受压区的混凝土达到其极限压应变被压碎而破坏，如图 6.37 所示。在这一阶段，梁的承载力基本保持不变，而变形可以很大，在完全破坏以前具有很好的变形能力，破坏预兆明显，人们把这种破坏称为"延性破坏"。

受弯构件正截面承载力计算的基本公式就是根据适筋梁破坏时的平衡条件建立的。

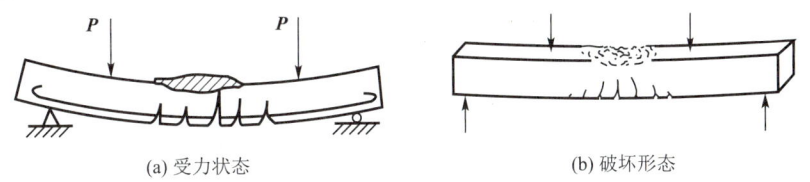

(a) 受力状态　　　　　　　　(b) 破坏形态

图 6.37　钢筋混凝土适筋梁的破坏形态

2）超筋梁（受压破坏）

纵向受力钢筋的配筋率过大的梁称为超筋梁。由于其纵向受力钢筋过多，在钢筋没有达到屈服前，受压区混凝土就被压坏，表现为裂缝开展不宽、延伸不高，是没有明显预兆的混凝土受压脆性破坏的特征，如图 6.38 所示。

适筋梁受弯试验

(a) 受力状态　　　　　　　　(b) 破坏形态

图 6.38　钢筋混凝土超筋梁的破坏形态

超筋梁受弯试验

超筋梁虽配置过多的受拉钢筋，但破坏取决于混凝土的压碎情况，且钢筋受拉强度未得到充分发挥，破坏又没有明显的预兆，因此，在工程中应避免采用。

在适筋破坏和超筋破坏之间存在一种"界限"破坏，其破坏特征是受拉钢筋屈服的同时，受压区混凝土被压碎，此时的配筋率称为最大配筋率 ρ_{max}，见表 6-9。

表 6-9　受弯构件的截面最大配筋率 ρ_{max}

单位：%

钢筋等级	混凝土强度等级			
	C20	C25	C30	C35
HPB300	2.048	2.539	3.051	3.563
HRB400 HRBF400 RRB400	1.381	1.712	2.058	2.403
HRB500 HRBF500	1.064	1.319	1.585	1.850

3）少筋梁（瞬时受拉破坏）

纵向受力钢筋的配筋率很小的梁称为少筋梁。当梁配筋较少时，受拉钢筋有可能在受压区混凝土开裂的瞬间就进入强化阶段甚至被拉断，其破坏与素混凝土梁类似，属于脆性破坏，如图 6.39 所示。少筋梁的这种受拉脆性破坏比超筋梁受压脆性破坏更为突然、不安全，而且也不经济，因此在建筑结构设计中不允许采用。

少筋梁受弯试验

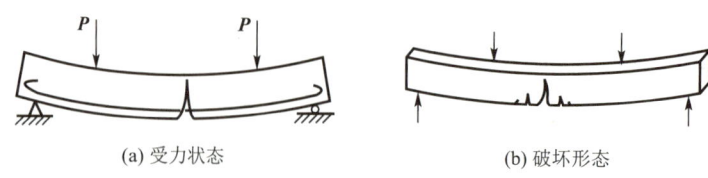

(a) 受力状态　　　　　　　　(b) 破坏形态

图 6.39　钢筋混凝土少筋梁的破坏形态

在适筋破坏和少筋破坏之间也存在一种"界限"破坏，其屈服弯矩与开裂弯矩相等，此时的配筋率称为最小配筋率 ρ_{min}，钢筋混凝土构件中纵向受力钢筋的最小配筋率见附录 C 表 C8。

2. 单筋矩形截面梁正截面受弯承载力计算

梁在弯矩作用下，一侧受拉，另一侧受压；受拉区拉力由纵向钢筋承担，受压区压力由混凝土承担或由混凝土和纵向钢筋共同承担。当只在受拉区配置纵向受拉钢筋时，其截面被称为单筋截面，如图 6.40 所示；当在受拉区和受压区均配置纵向受拉钢筋时，其截面被称为双筋截面。下面将主要介绍单筋矩形截面适筋梁正截面承载力计算的基本公式、适用条件及应用。

图 6.40 钢筋混凝土梁截面受力简图

1）基本公式

如图 6.41 所示，单筋矩形截面适筋梁在弯矩 M 作用下，其下部受拉，拉力由纵向受拉钢筋承担；上部受压，压力由混凝土承担。

图 6.41 单筋矩形截面适筋梁计算简图

在截面即将破坏时其处于平衡状态，根据力的平衡可知，所有各力在水平轴方向的合力为零，即得式（6-8）；根据所有各力对截面上任何一点的合力矩为零，当对受拉区纵向受拉钢筋的合力作用点取矩时，即得式（6-9）；当对受压区混凝土压应力的合力作用点取矩时，即得式（6-10）。

$$\sum F_x = 0, \quad \alpha_1 f_c b x = f_y A_s \tag{6-8}$$

$$\sum M_s = 0, \quad M \leq M_u = \alpha_1 f_c b x (h_0 - x/2) \tag{6-9}$$

$$\sum M_c = 0, \quad M \leq M_u = f_y A_s (h_0 - x/2) \tag{6-10}$$

式中　b——矩形截面的宽度（mm）；

　　　A_s——纵向受拉钢筋的截面面积（mm²）；

M_u——梁截面极限受弯承载力设计值（kN·m）；

M——计算截面弯矩设计值（kN·m）；

α_1——受压混凝土的简化应力图形系数，取值见表 6-10；

f_c——混凝土轴心抗压强度设计值（N/mm²）；

f_y——钢筋抗拉强度设计值（N/mm²）；

x——混凝土等效受压区高度（mm）；

h_0——截面有效高度（mm）。

表 6-10 受压混凝土的简化应力图形系数 α_1

混凝土强度等级	≤C50	C55	C60	C65	C70	C75	C80
α_1	1.0	0.99	0.98	0.97	0.96	0.95	0.94

2）基本公式的适用条件

（1）为了防止梁发生少筋破坏，要求构件的配筋率 ρ 不得低于最小配筋率 ρ_{min}，即

$$\rho \geqslant \rho_{min} \qquad (6\text{-}11)$$

（2）为了防止梁发生超筋破坏，要求构件的配筋率 ρ 不得高于最大配筋率 ρ_{max}，即

$$\rho \leqslant \rho_{max}；\text{或} \xi \leqslant \xi_b；\text{或} x \leqslant x_b' = \xi_b h_0；\text{或} \alpha_s \leqslant \alpha_{s,max} \qquad (6\text{-}12)$$

3）相对受压区高度 ξ 及界限相对受压区高度 ξ_b

由式（6-8）等号左右两侧均除以 $f_y b h_0$ 可得

$$\frac{\alpha_1 f_c}{f_y} \cdot \frac{x}{h_0} = \frac{A_s}{bh_0} = \rho \qquad (6\text{-}13)$$

定义受压区高度 x 与截面有效高度 h_0 的比值为混凝土的相对受压区高度，用 ξ 表示，即 $\xi = x/h_0$。当配筋率为最大配筋率 ρ_{max} 时，相对受压区高度也达到最大值，用 ξ_b 表示，式（6-13）可表达为

$$\rho_{max} = \frac{A_{s,max}}{bh_0} = \xi_b \frac{\alpha_1 f_c}{f_y} \qquad (6\text{-}14)$$

定义 ξ_b 为界限相对受压区高度，指梁正截面界限破坏时截面相对受压区高度，具体取值见附录 C 表 C11。故防止梁发生超筋破坏的条件也可以用 $\xi \leqslant \xi_b$ 或 $x \leqslant x_b = \xi_b h_0$ 来表示。

4）截面的抵抗矩系数 α_s 及内力臂系数 γ_s

把 $x = \xi h_0$ 代入式（6-9）中，可得

$$M_u = \alpha_1 f_c bx\left(h_0 - \frac{x}{2}\right) = \alpha_1 f_c b\xi h_0\left(h_0 - \frac{\xi h_0}{2}\right) = \alpha_1 f_c bh_0^2 \xi(1 - 0.5\xi) \qquad (6\text{-}15)$$

令 $\alpha_s = \xi(1 - 0.5\xi)$，称 α_s 为截面的抵抗矩系数；此时，$\xi = 1 - \sqrt{1 - 2\alpha_s}$。当 $\xi = \xi_b$ 时，$\alpha_s = \alpha_{s,max}$，见附录 C 表 C11，所以防止梁发生超筋破坏的条件也可以写成：$\alpha_s \leqslant \alpha_{s,max}$。

把 $x = \xi h_0$ 代入式（6-10）中，可得

$$M_u = A_s f_y \left(h_0 - \frac{x}{2}\right) = A_s f_y h_0 (1 - 0.5\xi) \qquad (6\text{-}16)$$

令 $\gamma_s = 1 - 0.5\xi$，称 γ_s 为内力臂系数，同时，$\gamma_s = 0.5(1 + \sqrt{1 - 2\alpha_s})$。

正截面承载力计算公式中涉及求解一元二次方程，所以实际工程中为方便计算通常采用查表法。相对受压区高度 ξ、截面的抵抗矩系数 α_s 及内力臂系数 γ_s 的相互换算关系也可查附录 C 表 C12。

5）应用

单筋矩形截面梁正截面承载力计算主要包括配置梁的纵向受拉钢筋和截面校核两个方面。配置梁的纵向受拉钢筋最终要确定纵向受拉钢筋的直径、根数等，不但要符合计算公式，还要符合梁中纵向钢筋的构造要求；截面校核是指在已知纵向受拉钢筋截面等信息时校核其正截面承载力是否符合要求，即安全性问题。

（1）配置梁的纵向受拉钢筋。

已知：梁截面尺寸 $b \times h$；由荷载产生的弯矩设计值 M；混凝土强度等级；钢筋级别。求所需纵向受拉钢筋截面面积 A_s。其配置纵向受拉钢筋的计算步骤如下。

① 确定截面有效高度 $h_0 = h - a_s$。

② 计算截面的抵抗矩系数 α_s，并进行超筋校核。

$$\alpha_s = \frac{M}{\alpha_1 f_c b h_0^2} \leqslant \alpha_{s,\max} \tag{6-17}$$

③ 求内力臂系数 γ_s 或相对受压区高度 ξ。

$$\gamma_s = 0.5(1 + \sqrt{1 - 2\alpha_s}) \tag{6-18}$$

或

$$\xi = 1 - \sqrt{1 - 2\alpha_s} \tag{6-19}$$

求 γ_s 或 ξ 时，可根据上式计算，也可查附录 C 表 C12 进行换算。

④ 求钢筋面积 A_s。

$$A_s = \frac{M}{\gamma_s f_y h_0} \tag{6-20}$$

或

$$A_s = \xi b h_0 \frac{\alpha_1 f_c}{f_y} = \frac{\alpha_1 f_c b x}{f_y} \tag{6-21}$$

⑤ 配置纵向受拉钢筋。

根据计算所需的钢筋面积 A_s 值，查附录 C 表 C9，确定梁中纵向受拉钢筋的直径和根数，同时应符合相应的构造要求。

⑥ 验算最小配筋率。

纵向受拉钢筋的配筋率应符合最小配筋率要求，即 $\rho \geqslant \rho_{\min}$，此时计算配筋率应取用梁高 h 而不是梁的有效高度 h_0，即 $\rho = A_s/bh$。

⑦ 画配筋草图。

上述计算步骤也可用框图（图 6.42）表示。

图 6.42 配置梁纵向受拉钢筋的计算框图

> **特别提示**
>
> 钢筋配筋计算中，理论上实际配筋面积与计算钢筋面积的误差大约在±5%范围内。

在一定范围内，配筋率 ρ 大，说明截面钢筋数量多，构件的承载力会随之增大。但过多或过少的钢筋都会使构件发生脆性破坏，是设计应避免的。配筋率 ρ 在经济配筋率范围内波动时，对总造价影响不大。板的经济配筋率为 0.3%～0.8%，单筋矩形梁的经济配筋率为 0.6%～1.5%，T 形截面梁的经济配筋率为 0.9%～1.8%。

应用案例 6-1

一钢筋混凝土矩形截面简支梁如图 6.43（a）所示，计算跨度 $l_0=6.0$m，截面尺寸 $b×h=250$mm×600mm，承受均布荷载标准值 $G_k=15$kN/m（不含自重），均布活荷载标准值 $Q_k=20$kN/m，环境类别为一类，材料选择 C30 混凝土，HRB500 级钢筋，混凝土保护层厚 20mm。试确定该梁的纵向受拉钢筋。

解：（1）确定计算参数。

图 6.43 应用案例 6-1 图

C30 混凝土：查附录 C 表 C3 得 f_c=14.3N/mm^2，f_t=1.43N/mm^2
HRB500 级钢筋：查附录 C 表 C1 得 f_y=435N/mm^2
查附录 C 表 C11 得 $\alpha_{s,max}$=0.366
查表 6-6 得 h_0=600-40=560 (mm)
查表 6-10 得 α_1=1.0

（2）确定荷载标准值。

恒荷载标准值 G_k=15+0.25×0.6×25=18.75 (kN/m)

活荷载标准值 Q_k=20kN/m

（3）确定梁跨中截面弯矩设计值。

恒荷载标准值引起的跨中弯矩标准值 $M_{Gk} = \frac{1}{8}G_k l^2 = \frac{1}{8} \times 18.75 \times 6^2 = 84.375$ (kN·m)

活荷载标准值引起的跨中弯矩标准值 $M_{Qk} = \frac{1}{8}Q_k l^2 = \frac{1}{8} \times 20 \times 6^2 = 90$ (kN·m)

一般构件 γ_0=1.0

$$M = \gamma_0(\gamma_G M_{Gk} + \gamma_Q M_{Qk}) = 1.0 \times (1.3 \times 84.375 + 1.5 \times 90) \approx 244.688 \text{ (kN·m)}$$

（4）确定计算系数 α_s 和 γ_s。

$$\alpha_s = \frac{M}{\alpha_1 f_c b h_0^2} = \frac{244.688 \times 10^6}{1.0 \times 14.3 \times 250 \times 560^2} \approx 0.218 \leqslant \alpha_{s,max} = 0.366 \text{（梁不会超筋破坏）}$$

$$\gamma_s = 0.5 \times (1+\sqrt{1-2\alpha_s}) = 0.5 \times (1+\sqrt{1-2 \times 0.218}) \approx 0.876$$

（5）确定钢筋面积 A_s。

$$A_s = \frac{M}{f_y h_0 \gamma_s} = \frac{244.688 \times 10^6}{435 \times 560 \times 0.876} \approx 1147 \text{ (mm}^2\text{)}$$

查附录 C 表 C9，选用 4⊕20，$A_{s实}$=1256mm^2

钢筋净距：$s = \dfrac{250-2 \times 20-2 \times 8-4 \times 20}{3} = 38$ (mm) >25mm，符合要求。

（6）验算最小配筋率。

查附录 C 表 C8 得

$$\rho_{\min} = \max\left(0.2\%, \ 0.45\frac{f_t}{f_y}\right) = \max\left(0.2\%, \ 0.45 \times \frac{1.43}{435}\right) = 0.2\%$$

$$\rho = \frac{A_s}{bh_0} \times 100\% = \frac{1256}{250 \times 600} \times 100\% \approx 0.837\% > 0.2\%$$

梁不会发生少筋破坏，满足要求。

（7）绘制配筋图，如图 6.43（b）所示。

（2）截面校核。

截面校核是指在已知材料强度（f_c, f_y, α_1）、截面尺寸（$b \times h$）、钢筋截面面积 A_s 的条件下，计算梁的受弯承载力设计值 M_u 或验算构件是否安全，其计算步骤可用图 6.44 表示。

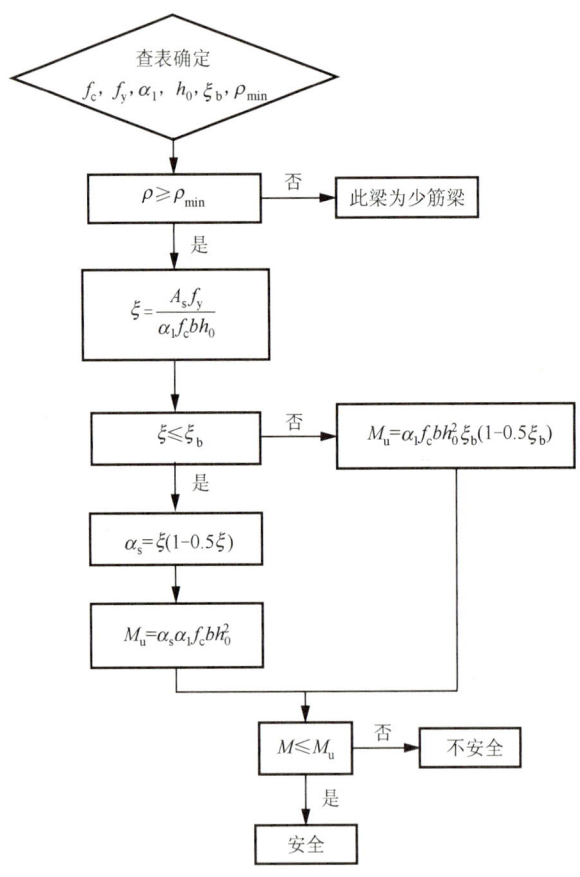

图 6.44　梁正截面承载力校核的计算框图

✓ 应用案例 6-2

某单筋矩形截面梁截面尺寸及配筋如图 6.45 所示，弯矩设计值 $M = 80\text{kN} \cdot \text{m}$，混凝土强度等级为 C35，HRB400 级钢筋，环境类别为一类。验算此梁正截面是否安全。

图 6.45 应用案例 6-2 图

解：（1）确定计算参数。

C35 混凝土，查表得 $f_c = 16.7 \text{N/mm}^2$；$f_t = 1.57 \text{N/mm}^2$

HRB400 级钢筋，查表得 $f_y = 360 \text{N/mm}^2$

4⌀16 的钢筋截面面积，查表得 $A_s = 804 \text{mm}^2$

查表得 $\xi_b = 0.518$；$h_0 = 450 - 40 = 410 \text{(mm)}$；$\alpha_1 = 1.0$

（2）验算最小配筋率。

$$\rho_{\min} = \max\left(0.2\%, 0.45\frac{f_t}{f_y}\right) = \max\left(0.2\%, 0.45 \times \frac{1.57}{360}\right) = 0.2\%$$

$$\rho = \frac{A_s}{bh_0} \times 100\% = \frac{804}{200 \times 450} \times 100\% \approx 0.893\% > 0.2\%，满足要求$$

（3）确定相对受压区高度 ξ。

$$\xi = \frac{f_y A_s}{\alpha_1 f_c b h_0} = \frac{360 \times 804}{1.0 \times 16.7 \times 200 \times 410} \approx 0.211 < \xi_b = 0.518，不超筋$$

（4）确定截面抵抗矩系数 α_s。

$$\alpha_s = \xi(1 - 0.5\xi) = 0.211 \times (1 - 0.5 \times 0.211) \approx 0.189$$

（5）确定截面极限受弯承载力设计值 M_u。

$$M_u = \alpha_s \alpha_1 f_c b h_0^2 = 0.189 \times 1.0 \times 16.7 \times 200 \times 410^2 \approx 106.115 \times 10^6 (\text{N} \cdot \text{mm})$$
$$= 106.115 \text{kN} \cdot \text{m} > M = 80 \text{kN} \cdot \text{m}（安全）$$

> **特别提示**
>
> 如欲提高截面的抗弯能力（M_u），应优先考虑加大截面高度 h，其次是提高受拉钢筋的强度等级（f_y）或加大钢筋的数量（A_s）。而加大截面宽度 b 或提高混凝土的强度等级（f_c）效果不明显，一般不予采用。

知识链接

1. 双筋截面梁

双筋截面指的是在受压区配有受压钢筋，受拉区配有受拉钢筋的截面。压力由混凝土和受压钢筋共同承担，拉力由受拉钢筋承担。

受压钢筋可以提高构件截面的延性,并可减少构件在荷载作用下的变形,但用钢量较大,因此,一般情况下采用钢筋来承担压力是不经济的,但遇到下列情况之一时,可考虑采用双筋截面。

(1)截面所承受的弯矩较大,且截面尺寸和材料品种等由于某种原因不能改变,若采用单筋会出现超筋现象。

(2)同一截面在不同荷载组合下出现正、反弯矩。

(3)构件的某些截面由于某种原因,在截面的受压区预先已经布置了一定数量的受力钢筋(如连续梁的某些支座截面)。

2. T形截面梁

矩形截面梁具有构造简单和施工方便等优点,但由于梁受拉区混凝土开裂退出工作,实际上受拉区混凝土的作用并未能得到充分发挥。如挖去部分受拉区混凝土,并将钢筋集中放置,就形成了由梁肋和位于受压区的翼缘所组成的T形截面。梁的截面由矩形变成T形,并不会降低其受弯承载力,反而能达到节省混凝土、减轻结构自重、降低造价的目的。图6.46中,T形截面的两侧伸出部分称为翼缘,其宽度为b'_f,厚度为h'_f;中间部分称为肋或腹板。

图6.46 T形截面

T形截面梁在工程中的应用非常广泛,如T形截面吊车梁、箱形截面桥梁、大型屋面板、空心板,如图6.47所示。

(a)吊车梁　　(b)桥梁　　(c)大型屋面板　　(d)空心板

图6.47 T形截面独立梁

在现浇整体式肋梁楼盖中,梁和板是在一起整浇的,也形成T形截面梁,如图6.48所示。其跨中截面往往承受弯矩,下部受拉翼缘受压,可按T形截面计算。支座截面往往承受负弯矩,翼缘受拉开裂。此时不再考虑混凝土承担拉力,因此对支座截面应按肋宽为b的矩形截面计算,形状类似于倒T形截面梁。

图 6.48　连续梁跨中与支座截面

1）T形截面的分类及判别

（1）T形截面的分类。T形截面受弯构件，按受压区的高度不同，可分为下述两种类型。

① 第一类T形截面：中和轴在翼缘内，即 $x \leqslant h'_f$ ［图 6.49（a）］。

② 第二类T形截面：中和轴在梁肋部，即 $x > h'_f$ ［图 6.49（b）］。

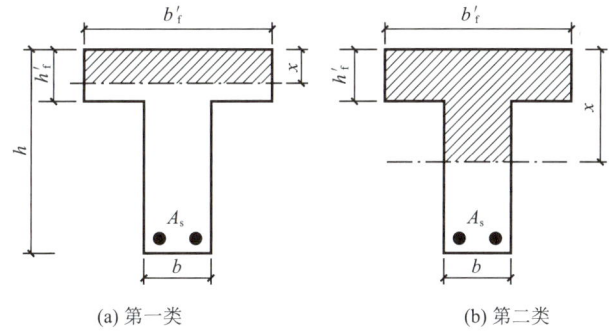

(a) 第一类　　　　　　　　(b) 第二类

图 6.49　各类T形截面中和轴的位置

（2）T形截面的判别。第一、二类T形截面的判别是以 $x = h'_f$ 时的界限状态对应的平衡状态作为依据的，如图 6.50 所示。

(a) 界限状态　　　　　　　　(b) 受力状态

图 6.50　界限状态及其平衡状态

判别条件分两种情况。

① 截面设计时：当 $M \leqslant \alpha_1 f_c b'_f h'_f \left(h_0 - \dfrac{h'_f}{2} \right)$ 时，为第一类T形截面；当 $M > \alpha_1 f_c b'_f h'_f \left(h_0 - \dfrac{h'_f}{2} \right)$ 时，为第二类T形截面。

② 截面校核时：当 $A_s f_y \leqslant \alpha_1 f_c b'_f h'_f$ 时，为第一类T形截面；当 $A_s f_y > \alpha_1 f_c b'_f h'_f$ 时，为第二类T形截面。

2）第一类 T 形截面的计算

由于第一类 T 形截面梁的中和轴在翼缘内，在计算截面的正截面承载力时，不考虑受拉区混凝土参加受力，因此，第一类 T 形截面相当于宽度 $b=b'_f$ 的矩形截面，即用 b'_f 代替 b 按矩形截面的公式计算即可，换句话说：就是仍用式（6-8）、式（6-9）、式（6-10）计算，只需将公式中的 b 换成 b'_f，第一类 T 形截面在实际工程中应用较多。

6.3.2 梁的斜截面受剪承载力计算

一般而言，梁在荷载作用下不仅会引起弯矩 M，同时还产生剪力 V。试验研究和工程实践表明，在钢筋混凝土梁某些区段常常产生斜裂缝，并可能沿斜截面发生破坏。斜截面破坏往往带有脆性破坏的性质，缺乏明显的预兆，所以，对钢筋混凝土梁除应进行正截面承载力计算外，还需对弯矩和剪力共同作用的区段进行斜截面承载力计算。

梁的斜截面承载力包括斜截面受剪承载力和斜截面受弯承载力。在实际工程中，斜截面受剪承载力通过计算配置腹筋来保证，而斜截面受弯承载力则通过构造措施来保证。

> **特别提示**
>
> 　　腹筋包括弯起钢筋和箍筋；由于弯起钢筋施工较麻烦，现在已较少采用，实际工程中多用箍筋。

1. 梁斜截面破坏工程实验

影响梁斜截面破坏形态的因素有很多，其中最主要的两项是剪跨比的大小和配置箍筋的多少。

1）剪跨比的定义

对于承受集中荷载的梁，第一个集中荷载作用点到支座边缘之距 a（剪跨跨长）与截面的有效高度 h_0 之比称为剪跨比 λ，即 $\lambda=a/h_0$，如图 6.51 所示。

图 6.51　集中加载的钢筋混凝土简支梁

广义剪跨比 $\lambda=M/Vh_0$（如果以 λ 表示剪跨比，集中荷载作用下的梁某一截面的剪跨比等于该截面的弯矩值与截面的剪力值和有效高度乘积之比）。

2）箍筋配箍率

箍筋配箍率是指箍筋截面面积与截面宽度和箍筋间距乘积的比值，计算公式为

$$\rho_{sv} = \frac{A_{sv}}{bs} = \frac{nA_{sv1}}{bs} \tag{6-22}$$

式中　A_{sv}——配置在同一截面（图 6.52）内箍筋各肢的全部截面面积（mm^2），$A_{sv} = nA_{sv1}$；

　　　n——同一截面内箍筋肢数；

　　　A_{sv1}——单肢箍筋的截面面积（mm^2）；

　　　b——矩形截面的宽度，T 形、I 形截面的腹板宽度（mm）；

　　　s——箍筋间距（mm）。

3）梁斜截面破坏的 3 种破坏形态

梁斜截面破坏随着剪跨比和配箍率的不同主要有 3 种破坏形态：剪压破坏、斜压破坏和斜拉破坏。

（1）剪压破坏（图 6.53）：这种破坏多发生在截面尺寸合适、箍筋配置适当且为中等剪跨比（$1 \leq \lambda \leq 3$）时。

图 6.52　梁箍筋配筋示意图

图 6.53　梁的剪压破坏

剪压破坏的破坏过程：随着荷载的增加，截面出现多条斜裂缝，其中一条延伸长度较大，开展宽度较宽的斜裂缝，称为"临界斜裂缝"；破坏时，与临界斜裂缝相交的箍筋首先达到屈服强度；最后，由于斜裂缝顶端剪压区的混凝土在压应力、剪应力共同作用下达到剪压复合受力时的极限强度而破坏。

为防止梁发生剪压破坏，需在梁中配置与梁轴线垂直的箍筋以承受梁内剪力的作用。此时梁的斜截面承载力计算公式是在剪压破坏的基础上建立的。

（2）斜压破坏（图 6.54）：这种破坏多发生在剪力大而弯矩小的区段，即剪跨比较小（$\lambda < 1$）时，或剪跨比适中但箍筋配置过多（配箍率 ρ_{sv} 较大）时，以及腹板宽度较窄的 T 形或 I 形截面中。

图 6.54　梁的斜压破坏

斜压破坏的破坏过程：首先在梁腹部出现若干条平行的斜裂缝，随着荷载的增加，梁腹部被这些斜裂缝分割成若干个斜向短柱，最后这些斜向短柱由于混凝土达到其抗压强度而破坏。

这种破坏的承载力主要取决于混凝土强度及截面尺寸，而破坏时箍筋的应力往往达不到屈服强度，钢筋的强度不能充分发挥，且破坏属于脆性破坏，故在设计中应避免。通常通过验算梁的最小截面尺寸来防止斜压破坏。

（3）斜拉破坏（图 6.55）：这种破坏多发生在剪跨比较大（$\lambda > 3$）时，或箍筋配置过少（配箍率 ρ_{sv} 较小）时。

斜拉破坏的破坏过程：一旦梁腹部出现斜裂缝，很快就形成临界斜裂缝，与其相交的梁腹筋随即屈服，箍筋对斜裂缝开展的限制已不起作用，导致斜裂缝迅速向梁上方受压区延伸，最终梁将沿斜裂缝裂成两部分而破坏。

斜拉破坏

图 6.55　梁的斜拉破坏

因为斜拉破坏的承载力很低，并且一裂即坏，故属于脆性破坏。为了防止发生剪跨比较大时的斜拉破坏，箍筋的配置不应小于最小配箍率，即

$$\rho_{sv,min} = \left(\frac{A_{sv}}{bs}\right)_{min} = 0.24\frac{f_t}{f_{yv}} \tag{6-23}$$

式中　f_t——混凝土的抗拉强度设计值（N/mm²）；

　　　f_{yv}——箍筋的抗拉强度设计值（N/mm²）。

2．基本公式（仅配箍筋）

对于矩形、T 形、I 形截面的一般受弯构件

$$V \leqslant V_{cs} = 0.7f_t bh_0 + f_{yv}\frac{A_{sv}}{s}h_0 \tag{6-24}$$

对以承受集中荷载作用为主的独立梁或对集中荷载作用下（包括作用有多种荷载，其中集中荷载对支座截面或节点边缘所产生的剪力值占总剪力的 75%以上的情况）的独立梁

$$V \leqslant V_{cs} = \frac{1.75}{\lambda + 1}f_t bh_0 + f_{yv}\frac{A_{sv}}{s}h_0 \tag{6-25}$$

式中　V——梁的剪力设计值（N/mm²）；

　　　V_{cs}——梁的斜截面受剪承载力设计值（N/mm²）；

　　　λ——剪跨比（当 $\lambda < 1.5$ 时，取 $\lambda = 1.5$；当 $\lambda > 3$ 时，取 $\lambda = 3$）。

由式（6-24）和式（6-25）可知，梁的斜截面受剪承载力设计值 V_{cs} 由两部分组成：$V_c = 0.7f_t bh_0$ 或 $\frac{1.75}{\lambda + 1}f_t bh_0$，表示混凝土能够承担的剪力设计值；$V_s = f_{yv}\frac{A_{sv}}{s}h_0$，表示箍筋能够承担的剪力设计值。

知识链接

剪力设计值的计算截面

对于实际工程中的梁,截面尺寸可能发生变化(变截面梁),箍筋直径、面积也可能发生变化,所以在进行斜截面承载力计算时,应如何选取危险截面呢?

一般来讲,支座边缘处的截面、箍筋截面面积或间距改变处,以及截面尺寸改变处的截面均为剪力设计值的计算截面。

3. 适用条件

1)防止斜压破坏(验算梁的最小截面尺寸)

对于矩形、T 形和 I 形截面的受弯构件,需符合下列条件。

当 $\frac{h_w}{b} \leqslant 4$ 时(即一般梁)

$$V \leqslant 0.25\beta_c f_c b h_0 \tag{6-26}$$

当 $\frac{h_w}{b} \geqslant 6$ 时(即薄腹梁)

$$V \leqslant 0.2\beta_c f_c b h_0 \tag{6-27}$$

当 $4 < \frac{h_w}{b} < 6$ 时

$$V \leqslant 0.025\left(14 - \frac{h_w}{b}\right)\beta_c f_c b h_0 \tag{6-28}$$

式中　β_c——混凝土强度影响系数,当混凝土强度等级不超过 C50 时,$\beta_c=1.0$;当混凝土强度等级为 C80 时,$\beta_c=0.8$;具体取值参照表 6-11。

表 6-11　混凝土强度影响系数 β_c

混凝土强度等级	≤C50	C55	C60	C65	C70	C75	C80
β_c	1.0	0.97	0.93	0.9	0.87	0.83	0.8

2)防止斜拉破坏(验算梁的最小配箍率)

$$\rho_{sv} \geqslant \rho_{sv,min} \tag{6-29}$$

4. 梁斜截面受剪承载力的计算步骤

梁斜截面受剪承载力的计算主要包括配置梁的箍筋和截面校核两个方面。配置梁的箍筋最终要确定箍筋的直径、肢数、间距等,其不但要符合计算公式、适用条件,还要符合梁中箍筋的构造要求;截面校核是指在已知箍筋截面等信息时校核其斜截面承载力是否符合要求,即安全性问题。

1)配置梁的箍筋——计算题

已知:梁截面尺寸 $b \times h$;由荷载产生的剪力设计值 V;混凝土强度等级;箍筋级别。要求配置箍筋。配置箍筋的计算步骤如下。

(1)验算截面尺寸,如果不满足式(6-26)[或式(6-27),或式(6-28)],说明截面尺寸过小,应重新确定截面尺寸,或增大混凝土的强度等级。

（2）是否需要按构造配置箍筋。当满足 $V \leqslant V_c = 0.7 f_t b h_0$ 时，可按构造配置箍筋，即按箍筋最小配箍率 $\rho_{sv,min}$ 配置箍筋，同时满足箍筋肢数、最小直径 d_{min} 及最大间距 s_{max} 的规定。

若不符合上述条件，则需要按计算配置箍筋。

（3）按公式计算配置箍筋。

$$\frac{nA_{sv1}}{s} = \frac{A_{sv}}{s} \geqslant \frac{V - 0.7 f_t b h_0}{f_{yv} h_0} \tag{6-30}$$

或

$$\frac{nA_{sv1}}{s} = \frac{A_{sv}}{s} \geqslant \frac{V - \dfrac{1.75}{\lambda+1} f_t b h_0}{f_{yv} h_0} \tag{6-31}$$

（4）根据构造要求，先确定箍筋肢数（n）及箍筋直径（d），代入式（6-30）或式（6-31），求出箍筋间距 s，同时满足箍筋最大间距要求。

（5）验算最小配箍率：$\rho_{sv} \geqslant \rho_{sv,min}$。

✓ 应用案例 6-3

图 6.56 所示的钢筋混凝土梁，承受均布荷载，荷载设计值 $q=50$kN/m（包括梁自重），截面尺寸 $b \times h = 250$mm$\times 500$mm，混凝土强度等级为 C30，纵向钢筋为 HRB400 级钢筋，箍筋为 HPB300 级钢筋，$\gamma_0=1.0$，构件处于室内正常环境，计算梁的箍筋。

图 6.56　应用案例 6-3 图

解：（1）确定计算参数。

C30 混凝土，查表得 $f_c = 14.3$N/mm^2，$f_t = 1.43$N/mm^2

HPB300 级钢筋，查表得 $f_{yv} = 270$N/mm^2

查表 6-8 得 $s_{max} = 200$mm；$a_s = 40$mm，$h_0 = 500 - 40 = 460$ (mm)

（2）确定剪力设计值。

$$V = \frac{1}{2} q l_n = \frac{1}{2} \times 50 \times 5 = 125 \text{ (kN)}$$

（3）验算截面尺寸。

$$\frac{h_w}{b} = \frac{460}{250} = 1.84 < 4$$

$0.25\beta_c f_c bh_0 = 0.25 \times 1.0 \times 14.3 \times 250 \times 460 = 411125 \, (\text{N}) > 125000 \text{N}$,截面尺寸满足要求

（4）验算是否需要按构造配置箍筋。

$0.7 f_t bh_0 = 0.7 \times 1.43 \times 250 \times 460 = 115115 \, (\text{N}) < 125000 \text{N}$,需要按照构造配置箍筋

（5）计算箍筋。

$$\frac{nA_{sv1}}{s} = \frac{V - 0.7 f_t bh_0}{f_{yv} h_0} = \frac{125000 - 115115}{270 \times 460} \approx 0.0796 \, (\text{mm}^2/\text{mm})$$

按构造要求取箍筋肢数 $n = 2$，直径 $d = 8\text{mm}$（$A_{sv1} = 50.3 \text{mm}^2$），则箍筋间距为 $s = \frac{2 \times 50.3}{0.0796} \approx 1263.8 \, (\text{mm})$，而 $s_{max} = 200\text{mm}$，则取箍筋为 Φ8@200。

（6）验算最小配箍率。

$$\rho_{sv} = \frac{nA_{sv1}}{bs} = \frac{2 \times 50.3}{250 \times 200} \approx 0.2\% > \rho_{sv,min} = 0.24 \frac{f_t}{f_{yv}} = 0.24 \times \frac{1.43}{270} \approx 0.13\%$$，满足要求

2）截面校核

已知：梁截面尺寸 $b \times h$、箍筋、混凝土强度等级等，求斜截面受剪承载力 V_u；或已知荷载产生的剪力设计值 V，问该梁斜截面承载力是否满足要求（即安全性的问题）。

截面校核的计算步骤如下：①根据式（6-26）[或式（6-27），或式（6-28）]，计算 V_1；②验算最小配箍率，如果满足 $\rho_{sv} \leq \rho_{sv,min}$，说明该梁不会发生斜拉破坏，否则说明该梁会发生斜拉破坏；③按式（6-24）[或式（6-25）]计算 V_{cs}；④ $V_u = \min(V_1, V_{cs})$；⑤若 $V \leq V_u$，说明该梁斜截面安全，否则不安全。

应用案例 6-4

已知某承受均布荷载的矩形截面钢筋混凝土简支梁，截面尺寸为 300mm×500mm，混凝土强度等级为 C30，纵向受拉钢筋一排，箍筋配置 Φ10@200（2）（A_{sv1}=78.5mm²），结构安全等级为二级。试计算斜截面受剪承载力。

解：（1）查表知，$f_c = 14.3 \text{N/mm}^2$，$f_t = 1.43 \text{N/mm}^2$，$f_{yv} = 360 \text{N/mm}^2$，$h_w = h_0 = 500 - 40 = 460 \, (\text{mm})$。

$$\frac{h_w}{b} = \frac{460}{300} \approx 1.533 < 4$$

$$0.25\beta_c f_c bh_0 = 0.25 \times 1.0 \times 14.3 \times 300 \times 460 \times 10^{-3} = 493.35 \, (\text{kN})$$

（2）验算最小配箍率。

$$\rho_{sv} = \frac{nA_{sv1}}{bs} = \frac{2 \times 78.5}{300 \times 200} \approx 0.262\% > \rho_{sv,min} = 0.24 \frac{f_t}{f_{yv}} = 0.24 \times \frac{1.43}{360} \approx 0.095\% \, (\text{不会发生斜拉破坏})$$

（3）计算 V_{cs}。

$$\begin{aligned} V_{cs} &= 0.7 f_t bh_0 + f_{yv} h_0 \frac{nA_{sv1}}{s} \\ &= \left(0.7 \times 1.43 \times 300 \times 460 + 360 \times 460 \times \frac{2 \times 78.5}{200}\right) \times 10^{-3} \\ &= 268.1 \, (\text{kN}) \end{aligned}$$

（4）计算 V_u。

$$V_u = \min(V_{cs}, 0.25\beta_c f_c bh_0) = 268.1 (\text{kN})$$

6.3.3 挠度及裂缝验算

1. 梁的挠度验算

对建筑结构中的屋盖、楼盖及楼梯等受弯构件，为满足使用上的要求并保证人们的感觉在可接受程度之内，需要对其挠度进行控制。对于吊车梁或门机轨道梁等构件，变形过大时会妨碍吊车或门机的正常行驶，也需要进行变形控制验算。

$$f_{max} \leqslant [f] \tag{6-32}$$

式中 f_{max}——荷载效应标准组合下，考虑荷载长期作用的影响下受弯构件的最大挠度；

       $[f]$——受弯构件的挠度限值，按附录 C 表 C13 查用。

> **特别提示**
>
> 若求出的构件挠度大于附录 C 表 C13 规定的挠度限值，则应采取措施减小挠度。减小挠度的实质就是提高构件的抗弯刚度，最有效的措施就是增大构件的截面高度，其次是增加钢筋的截面面积，其他措施如提高混凝土强度等级、选用合理的截面形状等，效果都不显著。此外，采用预应力混凝土构件也是提高受弯构件刚度的有效措施。

2. 梁的裂缝验算

由于混凝土的抗拉强度很低，在荷载不大时，混凝土构件受拉区就已经开裂。引起裂缝的原因是多方面的，最主要的当然是由于荷载产生的内力所引起的裂缝，此外，由于基础的不均匀沉降，混凝土收缩和温度作用而产生的变形受到钢筋或其他构件约束，以及因钢筋锈蚀而体积膨胀，都会在混凝土中产生拉应力，当拉应力超过混凝土的抗拉强度时即开裂。由此看来，截面受拉应力的钢筋混凝土构件在正常使用阶段出现裂缝是难免的，对于一般的工业与民用建筑来说，也允许其带有裂缝工作。

但构件裂缝宽度过大不但影响美观，而且会给人以不安全感；在有腐蚀性的液体或气体的环境中，裂缝的发展可使构件中的钢筋过早并迅速腐蚀，甚至脆断，从而严重影响结构的安全性和耐久性。因此，对结构构件除必须进行承载力计算外，根据使用要求还需对某些构件进行变形和裂缝宽度的控制。

在进行结构构件设计时，应根据使用要求选用不同的裂缝控制等级。裂缝控制等级划分为 3 级。

（1）一级：严格要求不出现裂缝的构件，即按荷载效应标准组合进行计算时，构件受拉区边缘的混凝土不应产生拉应力。

（2）二级：一般要求不出现裂缝的构件，即按荷载效应标准组合进行计算时，构件受拉区边缘混凝土的拉应力不应大于混凝土轴心抗拉强度标准值；而按荷载效应准永久组合进行计算时，构件受拉区边缘的混凝土不宜产生拉应力，当有可靠经验时可适当放松。

（3）三级：允许出现裂缝的构件，但以荷载效应标准组合并考虑长期作用影响求得的最大裂缝宽度ω_{max}，不应超过规范规定的最大裂缝宽度限值ω_{lim}。

$$\omega_{max} \leqslant [\omega_{lim}] \tag{6-33}$$

式中　ω_{max}——构件最大裂缝宽度（mm）；

　　　$[\omega_{lim}]$——最大裂缝宽度限值（mm），按附录C表C14查用。

上述一、二级裂缝控制属于构件的抗裂能力控制。对于钢筋混凝土构件来说，混凝土在使用阶段一般都是带裂缝工作的，故按三级标准来控制裂缝宽度。

> **特别提示**
>
> 减小裂缝宽度采取的措施中，优先选用变形钢筋，其次选用直径较细的钢筋，最后考虑增加钢筋的用量，其他措施如改变截面形状和尺寸、提高混凝土强度等级等虽能减小裂缝宽度，但效果甚微，一般不宜采用。

6.4　钢筋混凝土板承载力计算（选学）

1. 钢筋混凝土板的计算规则

混凝土板按下列原则进行计算：①两对边支承的板应按单向板计算。②4边支承的板应按下列规定计算：当长边与短边长度之比不大于2.0时，应按双向板计算；当长边与短边长度之比大于2.0，但小于3.0时，宜按双向板计算；当长边与短边长度之比不小于3.0时，宜按沿短边方向受力的单向板计算，并应沿长边方向布置分布钢筋。

2. 钢筋混凝土单向板承载力计算

钢筋混凝土单向板与钢筋混凝土梁同属于受弯构件，其设计过程与梁基本一致，由于板内剪力较小，通常能够满足抗剪要求，所以一般无须进行斜截面受剪承载力计算，只需进行正截面受弯承载力计算即可。

钢筋混凝土单向板的正截面受弯承载力计算与6.3.1节中介绍的钢筋混凝土单筋矩形截面梁的正截面受弯承载力计算方法一致。需要注意的是在计算中取1m板宽为计算单元，即$b=1000$mm。其他不再赘述。

应用案例6-5

已知一单跨简支板，配筋如图6.57所示，计算跨度为$l=2.20$m，均布活荷载标准值$Q_k=6.0$kN/m²，混凝土强度等级为C30，采用HRB400级钢筋，环境类别为一类。板厚取为80mm，求纵向受拉钢筋截面面积A_s。

图 6.57 应用案例 6-5 图

解：（1）确定计算参数。

由环境类别为一类，C30 混凝土，查表得 f_c=14.3N/mm^2，f_t=1.43N/mm^2

HRB400 级钢筋，查表得 f_y=360N/mm^2

查表得 $\alpha_{s,max}$=0.384；h_0=80−20=60（mm）；α_1=1.0。

（2）确定板的跨中截面弯矩设计值。

取板宽 b=1000mm 的板带为计算单元，板厚 80mm，则板自重

$$G_k = 25 \times 0.08 = 2.0 \,(\text{kN} \cdot \text{m})$$

$$M_{Gk} = \frac{1}{8}G_k l^2 = \frac{1}{8} \times 2.0 \times 2.2^2 = 1.21 \,(\text{kN} \cdot \text{m})$$

$$M_{Qk} = \frac{1}{8}Q_k l^2 = \frac{1}{8} \times 6.0 \times 2.2^2 = 3.63 \,(\text{kN} \cdot \text{m})$$

一般构件 γ_0=1.0，则

$$M = \gamma_0(\gamma_G M_{Gk} + \gamma_Q M_{Qk}) = 1.0 \times (1.3 \times 1.21 + 1.5 \times 3.63) = 7.018 \,(\text{kN} \cdot \text{m})$$

（3）确定截面计算系数 α_s 和 γ_s。

$$\alpha_s = \frac{M}{\alpha_1 f_c b h_0^2} = \frac{7.018 \times 10^6}{1.0 \times 14.3 \times 1000 \times 60^2} \approx 0.136 \leqslant \alpha_{s,max} = 0.384，满足要求$$

$$\gamma_s = 0.5 \times (1 + \sqrt{1-2\alpha_s}) = 0.5 \times (1 + \sqrt{1-2 \times 0.136}) \approx 0.927$$

（4）确定板的钢筋面积 A_s。

$$A_s = \frac{M}{f_y h_0 \gamma_s} = \frac{7.018 \times 10^6}{360 \times 60 \times 0.927} \approx 350.49 \,(\text{mm}^2)$$

（5）选择钢筋。

查附录 C 表 C10，选用 ⊥8@130，$A_s = 387 \text{mm}^2$。

（6）验算最小配筋率。

$$\rho_{min} = \max\left(0.2\%, \; 0.45\frac{f_t}{f_y}\right) = \max\left(0.2\%, \; 0.45 \times \frac{1.43}{360}\right) = 0.2\%$$

$$\rho = \frac{A_s}{bh_0} \times 100\% = \frac{387}{1000 \times 80} \times 100\% = 0.484\% > 0.2\%$$

（7）绘制配筋图，如图 6.57 所示。

知识链接

双 向 板

双向板在两个方向的配筋都应按计算确定。考虑短跨方向的弯矩比长跨方向的大，因此应将短跨方向的跨中受拉钢筋放在长跨方向的外侧，以得到较大的截面有效高度。截面有效高度 h_0 通常分别取值如下：短跨方向 $h_0=h-20$（mm），长跨方向 $h_0=h-30$（mm）。

双向板受力钢筋沿纵横两个方向设置，此时应将短向的钢筋设置在外层，长向的钢筋设置在内层。

6.5 预应力混凝土构件

预应力混凝土

6.5.1 预应力混凝土构件的基本概念

普通钢筋混凝土结构或构件，由于混凝土的抗拉强度及极限拉应变都很低（其抗拉强度只有抗压强度的 1/18～1/10，极限拉应变为 $0.1×10^{-3}$～$0.15×10^{-3}$，而钢筋达到屈服强度时的拉应变却要大得多，为 $0.5×10^{-3}$～$1.5×10^{-3}$），在荷载作用下，混凝土一般均带裂缝工作。对使用上不允许开裂的构件，相应的受拉钢筋的应力只能达到 20～30N/mm^2，不能充分利用其强度；而对于使用上允许开裂的构件，当受拉钢筋应力达到 250N/mm^2 时，裂缝宽度已达 0.2～0.3mm，构件耐久性有所降低。

由于混凝土的抗拉性能很差，钢筋混凝土结构或构件存在两个无法解决的问题：一是在使用荷载作用下，钢筋混凝土受拉、受弯等构件通常是带裂缝工作的，裂缝的存在不仅使构件刚度大为降低，而且不能应用于不允许开裂的结构中；二是从保证结构耐久性出发，必须限制裂缝宽度，为了要满足变形和裂缝控制的要求，则需增大构件的截面尺寸和用钢量，这将导致自重过大，使钢筋混凝土结构用于大跨度或承受动力荷载的结构成为不可能或很不经济。从理论上讲，提高材料强度可以提高构件的承载力，从而达到节省材料和减轻构件自重的目的。但在钢筋混凝土构件中，提高钢筋强度却难以收到预期的效果。这是因为，对配置高强钢筋的钢筋混凝土构件而言，承载力可能已不是控制条件，起控制作用的因素可能是裂缝宽度或构件的挠度。当钢筋应力达到 500～1000N/mm^2 时，裂缝宽度将很大，无法满足使用要求。因此，钢筋混凝土结构中采用高强钢筋不能充分发挥其作用。而提高混凝土强度等级对提高构件的抗裂性能和控制裂缝宽度的作用也极其有限。

为了避免钢筋混凝土结构的裂缝过早出现，充分利用高强钢筋及高强混凝土，可以设法在结构构件承受外荷载作用之前，预先对受拉区混凝土施加压力，以此产生的预压应力来减小或抵消外荷载引起的混凝土拉应力，这种在混凝土构件受荷载以前预先对构件使用时的混凝土受拉区施加压力的构件称为预应力混凝土构件。

关于预应力的基本概念人们早已应用于生活实践，如图 6.58 所示。如木桶在制作过程中，预先用竹箍把木板箍紧，目的是使木板间产生环向预压应力，装水或装汤后，由水产生环向拉力，在拉力小于预压应力时，水桶就不会漏水。

(a) 用竹箍箍木桶　　　(b) 用双手取书

图 6.58　日常生活中的预应力应用案例

6.5.2　施加预应力的方法

根据张拉钢筋与浇筑混凝土的先后关系，施加预应力的方法可分为先张法和后张法两类。

1．先张法

先张拉预应力钢筋，然后浇筑混凝土的施工方法称为先张法。先张法的张拉台座设备如图 6.59 所示。

图 6.59　先张法的张拉台座设备

先张法的主要工艺过程（图 6.60）：穿钢筋→张拉钢筋→浇筑混凝土并进行养护→切断钢筋。预应力钢筋回缩时挤压混凝土，从而使构件产生预压应力。由于预压应力的传递主要靠钢筋和混凝土间的黏结力，因此，必须待混凝土强度达到规定值（强度设计值的 75% 以上）时，方可切断预应力钢筋。

图 6.60　先张法工艺过程示意图

先张法的优点主要是生产工艺简单、工序少、效率高、质量易于保证，同时由于省去了锚具和减少了预埋件，构件成本较低。先张法主要适用于工厂化大量生产，尤其适用于长线法生产中小型构件。

2. 后张法

先浇筑混凝土，待混凝土硬化后，在构件上直接张拉预应力钢筋，这种施工方法称为后张法。后张法的张拉设备如图 6.61 所示。

图 6.61　后张法的张拉设备

后张法的主要工艺过程（图 6.62）：浇筑混凝土构件（在构件中预留孔道）并进行养护→穿预应力钢筋→张拉钢筋并用锚具锚固→往孔道内压力灌浆。钢筋的回弹力通过锚具作用到构件，从而使混凝土产生预压应力。后张法的预压应力主要通过锚具传递。张拉钢筋时，混凝土的强度必须达到设计值的 75% 以上。

后张法的优点是预应力钢筋直接在构件上张拉，不需要张拉台座，所以后张法构件既可以在预制厂生产，也可在施工现场生产。大型构件在现场生产可以避免长途搬运，故我国大型预应力混凝土构件主要采用后张法施工。

后张法的主要缺点是生产周期较长；需要利用锚具锚固钢筋，钢材消耗较多，成本较高；工序多，操作较复杂，造价一般高于先张法。

图 6.62　后张法工艺过程示意图

> **特别提示**
>
> 在后张法中，锚具是建立预压应力和保证结构安全的关键，要求锚具尺寸准确、强度高、变形小，还应做到取材容易、加工简单、成本低、使用方便等。

6.5.3 预应力混凝土构件的特点

与钢筋混凝土构件相比,预应力混凝土构件具有以下特点。

(1) 构件的抗裂性能较好。

(2) 构件的刚度较大。由于预应力混凝土能延迟裂缝的出现和开展,并且受弯构件要产生反拱,因而可以减小受弯构件在荷载作用下的挠度。

(3) 构件的耐久性较好。由于预应力混凝土能使构件在使用过程中不出现裂缝或减小裂缝宽度,因而可以减少大气或侵蚀性介质对钢筋的侵蚀,从而延长构件的使用期限。

(4) 由于预应力混凝土构件必须采用高强度材料,因此可以减小构件截面尺寸、节省材料、减轻自重,既可以达到经济的目的,又可以扩大钢筋混凝土结构的使用范围,如可以用于大跨度结构,以代替某些钢结构。

(5) 工序较多,施工较复杂,且需要张拉台座设备和锚具等设施。

预应力混凝土构件的以上特点,使其在工程结构中得到了广泛的应用。在工业与民用建筑中,屋面板、楼板、檩条、吊车梁、柱、墙板、基础等构配件,都可采用预应力混凝土制作。

> **特别提示**
>
> 预应力混凝土不能提高构件的承载能力。也就是说,当截面尺寸和材料相同时,预应力混凝土受弯构件与普通钢筋混凝土受弯构件的承载能力相同,与受拉区钢筋是否施加预应力无关。

6.5.4 预应力混凝土构件材料

1. 预应力钢筋

1) 性能要求

(1) 强度高。混凝土预压应力的大小取决于预应力钢筋张拉应力的大小。预应力混凝土从制作到使用的各个阶段,预应力钢筋一直处于高强受拉应力状态,若钢筋强度低,导致混凝土预压效果不明显,或者在使用阶段钢筋不能承担受荷任务突然脆断,需要采用较高的张拉应力时,这就要求预应力钢筋具有较高的抗拉强度。

(2) 较好的塑性、可焊性。强度高的钢筋塑性性能一般较低,为了保证结构在破坏之前有较大的变形,必须有足够的塑性性能。另外,钢筋常需要焊接或"镦粗",这就需要经过加工后的钢筋不影响其原来的物理力学性能,即有一定的可焊性。

(3) 良好的黏结性。由于先张法通过黏结力传递预压应力，因此纵向受力钢筋宜选用直径较细的钢筋，高强钢丝表面要进行"刻痕"或"压波"处理。

(4) 低松弛。预应力钢筋在长度不变的前提下，其应力随着时间的延长慢慢降低，不同的钢筋松弛不同，所以应选用低松弛的钢筋。

2) 预应力钢筋的种类（附录 C 表 C2）

(1) 预应力钢丝。预应力混凝土所用钢丝分为中强度预应力钢丝和消除应力钢丝两种。消除应力钢丝是用高碳镇静钢轧制成的盘圆，经过加温、淬火（铅浴）、酸洗、冷拔、回火矫直等处理工序来消除应力而成的碳素钢丝，可提高抗拉强度。

(2) 钢绞线。其以一根直径较粗的钢丝作为钢绞线的芯，并用边丝围绕其进行螺旋状绞捻而成。钢绞线的极限抗拉强度标准值可达 1960N/mm^2，在后张法预应力混凝土中采用较多。其优点是强度高、低松弛、伸直性好、比较柔软、盘弯方便、黏结性好。

(3) 预应力螺纹钢筋。预应力螺纹钢筋也称精轧螺纹钢筋，是由热轧、轧后余热处理或热处理等工艺生产的用于预应力混凝土的螺纹钢筋。它具有连接、锚固简便，黏结力强等优点，而且节约钢筋，能减少构件面积和质量。

2. 混凝土

预应力混凝土构件所用的混凝土需满足下列要求。

(1) 高强度。预应力混凝土必须采用强度高的混凝土，强度高的混凝土对采用先张法的构件可提高钢筋和混凝土之间的黏结力，对采用后张法的构件可提高锚固端的局部受压承载力；另外采用高强度的混凝土可以有效减小构件截面尺寸，减轻构件自重。

(2) 收缩小、徐变小。混凝土收缩徐变的结果使得混凝土得到的有效预压应力减小，即预应力损失，所以在结构设计中应采取措施减少混凝土的收缩和徐变。

(3) 快硬、早强。可及早施加预应力，提高张拉设备的周转率，加快施工速度。

6.5.5 预应力混凝土构件的一般构造要求

1. 钢筋的净距及保护层要求（表 6-12）

表 6-12 预应力钢筋净距

单位：mm

钢筋种类	预应力螺纹钢筋	预应力钢丝	钢绞线	
			1×3	1×7
要求	≥2.5d_{eq}（d_{eq} 为预应力钢筋公称直径或并筋等效直径） ≥1.25d（d 为混凝土粗骨料最大粒径）			
钢筋净距	—	≥15	≥20	≥25
备注	(1) 预应力钢筋保护层厚度同普通梁； (2) 预应力钢筋并筋的等效直径 d_{eq}：双并筋，d_{eq}=1.4d；三并筋，d_{eq}=1.7d（d 为单根钢筋直径）			

2. 先张法（有黏结力预应力混凝土）孔道净距（表 6-13）

表 6-13 孔道净距

孔道间水平净距	孔道至构件边净距
≥50mm ≥1.25d（d 为混凝土粗骨料最大粒径）	≥30mm 且≥孔径/2

在现浇混凝土梁中，预留孔道在竖直方向的净距不应小于孔道外径，水平方向的净距不宜小于 1.5 倍孔道外径，从孔道外壁至构件边缘的净距，梁底不宜小于 50mm，梁侧不宜小于 40mm。

预留孔道的内径宜比预应力束外径及需穿过孔道的连接器外径大 6～15mm。

当有可靠经验并能保证混凝土浇筑质量时，预留孔道可水平并列贴紧布置，但并排的数量不应超过 2 束。

3. 先张法端部加强措施

由于先张法是构件端部钢筋弹性回弹与混凝土产生相对滑动趋势（产生相对滑动趋势的长度称为传递长度），通过端部黏结力的积累阻止其回弹，为了尽快阻止其回弹，端部要采取加强措施。

（1）对单根预应力钢筋，其端部宜设置螺旋筋［图 6.63（a）］。当有可靠经验时，亦可利用支座垫板上的插筋代替螺旋筋，但不少于 4 根，长度不小于 120mm［图 6.63（b）］。

（2）对多根预应力钢筋，在其端部 10d 且不小于 100mm 长度范围内，应设置 3～5 片与预应力钢筋垂直的钢筋网片［图 6.63（c）］。

（3）采用钢丝配筋的薄板，在端部 100mm 范围内应适当加密横向钢筋［图 6.63（d）］。

图 6.63 先张法端部加强构造图

4. 后张法端部加强措施

（1）为了提高锚具下局部混凝土的抗压强度，防止局部混凝土压碎，应在端部预埋钢垫板（厚度不小于 10mm），并应在垫板下设置附加横向钢筋网片［图 6.64（a）］或螺旋筋［图 6.64（b）］等措施。

图 6.64　后张法端部加强构造图

（2）在局部受压间接钢筋配置区以外，在构件端部长度 $l \leqslant 3e$（e 为截面重心线上部或下部预应力钢筋的合力点至邻近边缘的距离）且 $\leqslant 1.2h$（h 为构件端部截面高度）、高度为 $2e$ 的附加防劈裂配筋区范围（图 6.65）内，应均匀配置附加箍筋或网片。

1—局部受压间接钢筋配置区；2—附加防劈裂配筋区；3—附加防端面裂缝配筋区。

图 6.65　防止沿孔道劈裂的配筋范围

5．其他构造措施

（1）当构件在端部有局部凹进时，应增设折线构造钢筋（图 6.66）或其他有效的构造钢筋。

图 6.66　构件端部凹进处构造钢筋

（2）长期外露的金属锚具应采取涂刷或砂浆封闭等防锈措施。

（3）管道压浆要密实，水泥砂浆不宜小于 M20，水灰比为 0.4～0.45，为减少收缩，可掺入 0.1%水泥用量的铝粉。

（4）凡制作时需要预先起拱的构件，预留孔道宜随构件同时起拱。

（5）曲线预应力钢丝束、钢绞线束的曲率半径不宜小于4m；对折线配筋的构件，在预应力钢筋弯折处的曲率半径可适当减小。

（6）在预拉区和预压区中，应设置纵向非预应力构造钢筋，在预应力钢筋的弯折处，应加密箍筋或沿弯折处内侧设置钢筋网片。

> **特别提示**
>
> 合理而有效的构造措施是保证设计意图的实现、方便施工和保证施工质量的重要条件。

模 块 小 结

本模块对钢筋混凝土梁、板构件的设计过程和内容进行了较为详细的阐述，包括混凝土结构所使用材料的力学性能、分类，简支板、简支梁和外伸梁的设计计算，以及钢筋混凝土构件的基本构造要求，还述及预应力混凝土构件的概念及其有关构造要求。

混凝土结构对钢筋性能的要求是：强度高，延性好，焊接性良好及与混凝土的黏结可靠。屈服强度、极限抗拉强度、伸长率和冷弯性能是衡量钢筋强度和延性的重要指标。钢筋混凝土结构中常用的钢筋HRB400有明显的屈服点，强度高、延性好，是目前我国钢筋混凝土结构的主力钢筋。对钢筋进行冷加工能提高强度，但延性有所降低。

混凝土的强度有立方体强度、轴心抗压强度和轴心抗拉强度。混凝土的徐变是在应力不变的情况下随时间而增长的变形。混凝土徐变会使钢筋混凝土构件的变形增加，也会造成预应力损失。混凝土的收缩是混凝土在空气中硬化体积缩小的现象。混凝土的收缩会产生裂缝，也会造成预应力损失。在设计和施工中应采取合理的措施，力求减少徐变和收缩。

设计钢筋混凝土结构时，应考虑承载能力极限状态和正常使用极限状态。

建筑结构的设计内容包括数值计算和构造措施两部分。混凝土结构设计的一般步骤是：选择材料、初定构件尺寸、确定构件计算简图、荷载计算、内力分析、截面设计、变形验算（必要时）、确定构造措施、按计算结果和构造要求绘制结构施工图。

对于钢筋混凝土梁、板的构造要求，应在理解的基础上学会应用。学习时可结合《混凝土结构设计规范（2015年版）》相关条文。

针对普通钢筋混凝土容易开裂的缺点，设法在混凝土构件承受使用荷载前，预先对受拉区的混凝土施加压力，施压后的混凝土构件就是预应力混凝土构件。预应力能够提高构件的抗裂性能和刚度。施加预应力的方法有先张法和后张法。

习 题

一、填空题

1. 混凝土结构中保护层厚度是指_____。
2. 在任何情况下，纵向受拉钢筋绑扎搭接的搭接长度均不应小于_____mm。
3. 板中分布钢筋应位于受力钢筋的_____，且应与受力钢筋_____。
4. 在主梁与次梁交接处设置的附加横向钢筋，包括_____和_____两种形式。
5. 钢筋和混凝土能够共同工作的主要原因是_____。
6. 钢筋混凝土结构的混凝土强度等级不应低于_____，预应力混凝土结构的混凝土强度等级不应低于_____。
7. 当梁的腹板高度不小于_____mm时，在梁的两侧应设置纵向构造钢筋和相应的拉筋。
8. 我国相关规范提倡用_____级钢筋作为钢筋混凝土结构的主力钢筋。
9. 钢筋混凝土梁以_____破坏形态为依据，建立正截面抗弯承载力计算公式。
10. 腹筋包括_____、_____。在钢筋混凝土梁中，宜优先采用_____作为受剪钢筋。
11. 斜截面抗剪计算的上限值是_____，这是为了保证梁不发生_____。
12. 箍筋的_____与_____应满足相应的构造要求。
13. 预应力混凝土构件按施工方法可分为_____和_____。
14. 预应力混凝土构件中钢筋宜采用_____。

二、选择题

1. 在混凝土各强度指标中，其设计值大小关系为（　　）。
   A．$f_t > f_c > f_{cu}$　　B．$f_{cu} > f_c > f_t$　　C．$f_{cu} > f_t > f_c$　　D．$f_c > f_{cu} > f_t$
2. 钢材的伸长率 δ 用来反映材料的（　　）。
   A．承载能力　　B．弹性变形能力　　C．延性性能　　D．抗冲击荷载能力
3. 关于混凝土徐变，以下论述正确的是（　　）。
   A．水灰比越大徐变越小　　　　　　B．水泥用量越大徐变越小
   C．骨料越坚硬徐变越小　　　　　　D．养护环境湿度越大徐变越大
4. 梁中下部纵向受力钢筋的净距不应小于（　　）。
   A．25mm 和 1.5d　　B．30mm 和 2d　　C．30mm 和 1.5d　　D．25mm 和 d
5. 以下不属于减少混凝土收缩措施的项目是（　　）。
   A．控制水泥用量　　　　　　　　　B．提高混凝土强度等级
   C．提高混凝土的密实性　　　　　　D．控制水灰比

6. 对构件施加预应力的主要目的是（　　）。
   A．提高构件承载力
   B．在构件使用阶段减少或避免裂缝出现，发挥高强度材料作用
   C．对构件进行性能检验
   D．提高构件延性

7. 下列措施中不能提高混凝土耐久性的一项是（　　）。
   A．掺用加气剂或减水剂
   B．选用较好的砂、石集料
   C．适当控制混凝土的水灰比及水泥用量
   D．增加混凝土密实性

8. 对于梁类、板类及墙类构件，位于同一连接区段内的受拉钢筋搭接接头面积百分率不宜大于（　　）。
   A．25%　　　　B．50%　　　　C．75%　　　　D．100%

9. 在任何情况下，纵向受拉钢筋的搭接长度不应小于（　　）。
   A．200mm　　　B．300mm　　　C．400mm　　　D．500mm

10. 有抗震要求的箍筋末端应做成135°弯钩，弯钩端头平直段长度不应小于（　　）。
    A．箍筋直径的5倍，且不小于100mm
    B．箍筋直径的10倍，且不小于70mm
    C．箍筋直径的10倍，且不小于50mm
    D．箍筋直径的10倍，且不小于100mm

11. 钢筋混凝土适筋梁的破坏形态属于（　　）。
    A．延性破坏　　　　　　　　B．脆性破坏
    C．A、B形式均有　　　　　　D．界限破坏

12. 钢筋混凝土单筋矩形截面梁中的架立钢筋，计算时（　　）。
    A．考虑其承担剪力　　　　　B．考虑其协助混凝土承担压力
    C．不考虑其承担压力　　　　D．考虑其承担拉力

13. 板中纵向受力钢筋根据（　　）配置。
    A．构造　　　　　　　　　　B．正截面承载力计算
    C．斜截面承载力　　　　　　D．A+B

14. 箍筋对斜裂缝的出现（　　）。
    A．影响不大　　　　　　　　B．不如纵向钢筋大
    C．无影响　　　　　　　　　D．影响很大

15. 抗剪公式适用的上限值，是为了保证（　　）。
    A．构件不发生斜压破坏　　　B．构件不发生剪压破坏
    C．构件不发生斜拉破坏　　　D．A+B+C

三、判断题
1. 先张法是在浇筑混凝土之前张拉预应力钢筋。（　　）
2. 梁中箍筋的主要作用是承受弯矩。（　　）

3．板中受力钢筋沿板跨度方向布置，且放置在构件下部。（   ）
4．经过冷加工的钢筋可以提高强度，但塑性降低。（   ）
5．架立钢筋主要作用是承担支座产生的负弯矩。（   ）
6．少筋梁正截面受弯破坏时，破坏弯矩小于同截面适筋梁的开裂弯矩。（   ）
7．配置了受拉钢筋的钢筋混凝土梁的极限承载力不可能小于同样截面、相同混凝土强度的素混凝土梁的承载力。（   ）
8．受弯构件正截面的3种破坏形态均属脆性破坏。（   ）
9．梁的抗剪计算公式的适用范围（即上、下限）是为了限制梁不出现斜压破坏和斜拉破坏。（   ）
10．对于某一构件而言，混凝土强度等级越高，构件的混凝土最小保护层越厚。（   ）

四、计算题

1．钢筋混凝土矩形截面梁，截面尺寸 $b×h=200mm×500mm$，弯矩设计值 $M=120kN·m$，混凝土强度等级为C25，试计算下列情况下纵向受拉钢筋面积 A_s：①当选用HPB300级钢筋时；②当选用HRB400级钢筋时；③弯矩 M 改为180kN·m，选用HRB400级钢筋。最后，对3种计算结果进行对比分析。

2．矩形截面梁截面尺寸 $b×h=250mm×500mm$，混凝土为C30，钢筋为HRB400级，受拉钢筋为 4⏀18（$A_s=1017mm^2$），构件处于正常工作环境，弯矩设计值 $M=100kN·m$，构件安全等级为Ⅱ级。验算该梁的正截面承载力。

3．一钢筋混凝土简支梁，截面尺寸 $b×h=250mm×700mm$，配置钢筋 2⏀25，混凝土强度等级为C35。试求：①这根梁能承担的最大弯矩设计值 M；②如果钢筋用量增加一倍，即 4⏀25，则这根梁能负担的弯矩是否也增加一倍？

4．一根承受均布荷载的钢筋混凝土矩形截面梁，其截面尺寸 $b×h=200mm×450mm$（$h_0=405mm$），某截面处的设计剪力 $V=86.5kN$，该梁混凝土强度等级为C30，箍筋为HRB400级，试确定该截面处的箍筋数量。

5．一钢筋混凝土简支矩形截面梁，两端搁置在厚度为370mm的砖墙上，已知梁的跨度（支座中到中）为8m，截面尺寸 $b×h=200mm×600mm$，承受的均布荷载设计值 $q=18kN/m$（包括梁的自重），混凝土强度等级为C40，纵向受力钢筋为HRB400级，箍筋为HRB400级。试确定梁的纵向钢筋及箍筋。

模块6 在线答题

模块 7　钢筋混凝土柱

思维导图

模块 7 钢筋混凝土柱

引例

1. 工程与事故概况

某公司职工宿舍楼，该工程为 4 层 3 跨框架建筑物，长 60m、宽 27.5m、高 16.5m（底层高 4.5m，其余各层 4.0m），建筑面积 6600m^2（图 7.1）。工程于 10 月开工建设，最初按一层作为食堂使用的考虑建造，使用 8 个月后又于次年 6—11 月在原一层食堂上加建 3 层宿舍。两次建设均严重违反建设程序，无报建、无招投标、无证设计、无勘察、无证施工、无质监。此楼投入使用第一年的雨季后，西排柱下沉 130mm，西北墙同时下沉，墙体开裂、窗户变形。使用后第二年 3 月 8 日，底层地面出现裂缝，且多在柱子周围，建设单位请承包单位查看后认为没有问题，未做任何处理。3 月 25 日裂缝急剧发展，当日下午 4 时再次请承包单位查看，仍未做处理。当晚 7 时 30 分该楼整体倒塌，110 人被埋，死亡 31 人。

倒塌现场的情况如下。

（1）主梁全部断裂为两三段，次梁有的已经碎裂；从残迹看，构件尺寸、钢筋搭接长度均不符合要求。

（2）柱子多数断裂成两三截，有的粉碎，箍筋、拉结筋也均不符合要求。

（3）柱底单独基础发生锥形冲切破坏，柱的底端冲破底板伸入地基土层内有 400mm 之多。

（4）梁、柱筋的锚固长度严重不足，梁的主筋伸入柱内只有 70～80mm。

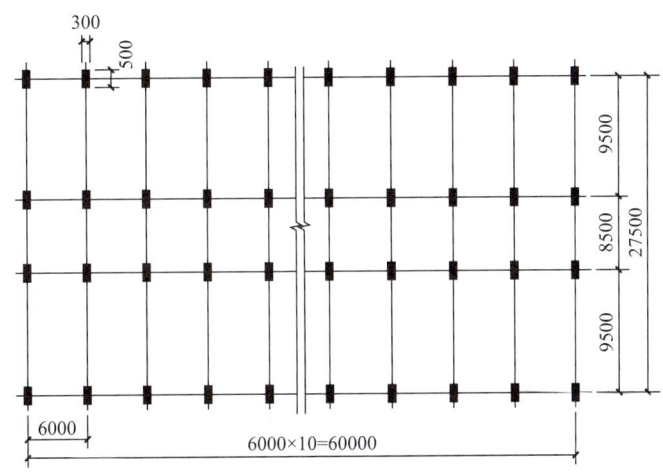

图 7.1 某宿舍楼柱网平面图

2. 事故原因分析

（1）实际基础底面土压力为天然地基承载力设计值的 2.3～3.6 倍，造成土体剪切破坏，柱基沉降差大大超过地基变形的允许值，因而在倒塌前已造成建筑物严重倾斜、柱列沉降量过大、沉降速率过快、墙体构件开裂、地面柱子周围出现裂缝等现象。在此情况下，单独柱基受力状态变得十分复杂，一部分柱基受力必然加大，而基础底板厚度又过小，造成柱下基础底板锥形冲切破坏，柱子沉入地基土 400mm 之多。这是一般框架结构事故中罕见的现象。

（2）上部结构配筋过少。底层中柱纵、横向实际配筋只达到估算需要量的 21.9%和 13.1%；底层边柱实际配筋只达到估算需要量的 32.3%和 20.4%；一、二、三层梁的边支座和中间支座处实际配筋也只有估算需要量的 20.8% 和 58.9%。

（3）上部结构的构造做法不符合要求。梁伸入柱的主筋锚固长度太短；柱的箍筋设置过少等。

（4）施工质量低劣。柱基混凝土取芯两处强度分别只有 7.4MPa 和 12.2MPa；在倒塌现场，带灰黄色的低强度等级的混凝土遍地可见；采用大量改制钢材，多数钢筋力学性能不符合规范要求；钢筋的绑扎也不符合要求。

（5）管理失控。本工程施工两年，除了几张做单层工程时的草图，没有任何技术资料；原材料水泥、钢筋没有合格证，也无试验报告单；混凝土未做试配，也没留试块。技术上处于没有管理、随心所欲的完全失控状态。后期出现种种质量事故的征兆，不加处理，则进一步加速了建筑物的整体倒塌。

7.1　钢筋混凝土柱构造要求

钢筋混凝土柱

钢筋混凝土柱为典型的受压构件。受压构件按纵向外力与构件截面形心相互位置的不同，可分为轴心受压构件与偏心受压构件（单向偏心受压构件和双向偏心受压构件），如图 7.2 所示。当纵向外力 N 的作用线与构件截面形心轴线重合时为轴心受压构件，当纵向外力 N 的作用线与构件截面形心轴线不重合时为偏心受压构件。偏心受压构件又可分为大偏心受压构件和小偏心受压构件。

(a) 轴心受压构件　　(b) 单向偏心受压构件　　(c) 单向偏心受压构件　　(d) 双向偏心受压构件

图 7.2　轴心受压构件和偏心受压构件

> **特别提示**
>
> 框架柱属偏心受压构件，一般采用对称配筋，在中间轴线上的框架柱按单向偏心受压构件考虑，边柱按双向偏心受压构件考虑。

7.1.1　材料强度

一般柱中采用 C25 及以上等级的混凝土，对于高层建筑的底层柱可采用更高强度等级的混凝土。钢筋可采用 HRB400、HRB500、HRBF400、HRBF500 级别的钢筋。

7.1.2　截面形式和尺寸

为使钢筋混凝土柱制作方便，通常采用正方形或矩形截面。其中，从受力合理的角度考虑，轴心受压构件和在两个方向偏心距大小接近的双向偏心受压构件宜采用正方形，而单向偏心受压构件和主要在一个方向偏心的双向偏心受压构件则宜采用矩形（较大弯矩方向通常为长边）。对于装配式单层厂房的预制柱，当截面尺寸较大时，为减轻自重，也会采用工字形截面。

构件截面尺寸应能满足承载力、刚度、配筋率、建筑使用和经济等方面的要求，不能过小，也不宜过大，可根据每层构件的高度、两端支承情况和荷载的大小选用。对于现浇的钢筋混凝土柱，由于混凝土自上而下浇筑，为避免造成浇筑混凝土困难，截面最小尺寸不宜小于 250mm×250mm。此外，考虑到模板的规格，柱截面尺寸宜取整数：在 800mm 以下时，取 50mm 的倍数；在 800mm 以上时，取 100mm 的倍数。

7.1.3　纵向钢筋

1. 纵向钢筋的作用

对于轴心受压构件和偏心距较小、截面上不存在拉力的偏心受压构件，纵向钢筋主要用来帮助混凝土承压，以减小截面尺寸，同时也可增加构件的延性及抵抗偶然因素所产生的拉力。对偏心距较大、部分截面上产生拉力的偏心受压构件，截面受拉区的纵向钢筋则是用来承受拉力的。

2. 纵向钢筋的配筋率

纵向钢筋的截面面积不能太小，也不宜过大。除满足计算要求外，还需满足最小配筋率要求。全部纵向钢筋的配筋率不宜大于 5%，其最小配筋率见附录 C 表 C8。从经济和施工方便（不使钢筋太密集）角度考虑，受压钢筋的配筋率一般不超过 3%，通常为 0.5%~2%。

> **特别提示**
>
> （1）柱中全部纵向钢筋和一侧纵向钢筋的配筋率均应按柱的全截面面积计算。
> （2）当钢筋沿柱截面周边布置时，一侧纵向钢筋是指沿受力方向两个对边中的一边布置的纵向钢筋。

3. 纵向钢筋的直径

纵向钢筋的直径不宜小于 12mm。纵向钢筋宜采用直径较大的钢筋，以增大钢筋骨架的刚度，减少施工时可能产生的纵向弯曲和受压时的局部屈曲。

4. 纵向钢筋的布置和间距

矩形截面纵向钢筋根数不得少于 4 根，以便与箍筋形成刚性骨架。轴心受压构件中纵向钢筋应沿截面四周均匀配置，偏心受压构件中纵向钢筋应布置在与偏心压力作用平面垂直的两侧。圆形截面纵向钢筋根数不宜少于 8 根，且不应少于 6 根，应沿柱截面四周均匀配置。

纵向钢筋的净距不应小于 50mm。偏心受压构件垂直于弯矩作用平面的侧面和轴心受压构件各边的纵向钢筋，其间距不宜大于 300mm（图 7.3）。对于水平浇筑的预制柱，其净距应可按梁的有关规定取用。

实例中 KZ3 为 500mm×500mm 的矩形截面柱，所配纵向钢筋为 12⌀22；KZ5 为直径 500mm 的圆形截面柱，所配纵向钢筋为 12⌀20，均符合构造要求。

图 7.3　纵向钢筋的布置

7.1.4　箍筋

1．箍筋的作用

在柱中配置箍筋的目的是约束受压钢筋，防止其受压后外凸；密排式钢筋可约束内部混凝土，提高其强度；箍筋与纵向钢筋构成骨架；一些剪力较大的偏心受压构件也需要利用箍筋来抗剪。

2．箍筋的形式

柱中的周边箍筋应做成封闭式。对于截面形状复杂的柱，不可采用具有内折角的箍筋（图 7.4）。其原因是内折角处受拉箍筋的合力向外，可能使该处混凝土保护层崩裂。

图 7.4　复杂截面柱的箍筋形式

当柱截面短边尺寸大于 400mm，且各边纵向钢筋多于 3 根时，或当柱截面短边尺寸不大于 400mm，但各边纵向钢筋多于 4 根时，应设置复合箍筋。其布置要求是使纵向钢筋至少每隔一根位于箍筋转角处（图 7.5、图 7.6）。

图 7.5 矩形复合箍筋形式

(a) 螺旋箍筋端部构造　　　(b) 螺旋箍筋搭接构造

图 7.6 螺旋箍筋构造

3．箍筋的直径和间距

箍筋直径不应小于 $d/4$ 且不应小于 6mm（d 为纵向钢筋的最大直径）。箍筋间距不应大于 400mm 及柱截面短边尺寸，且不应大于 $15d$（d 为纵向钢筋的最小直径）；当柱中全部纵向钢筋的配筋率大于 3%时，箍筋直径不应小于 8mm，间距不应大于 $10d$ 且不应大于 200mm（d 为纵向钢筋的最小直径）；箍筋末端应做成 135°弯钩，且弯钩末端平直段长度不应小于 $10d$（d 为箍筋的直径）。

柱内纵向钢筋搭接长度范围内的箍筋间距应加密，其直径不应小于搭接钢筋较大直径的 25%，箍筋间距不应大于 $5d$ 且不应大于 100mm（d 为纵向钢筋的最小直径）。当受压钢筋直径 $d>25$mm 时，尚应在搭接接头两个端面外 100mm 范围内各设置两根箍筋。

7.2　钢筋混凝土柱设计实例

钢筋混凝土柱设计的具体步骤为：选择材料、确定构件形状和尺寸、确定计算简图、荷载及内力计算、截面设计，以及确定构造措施、按计算结果和构造要求绘制结构施工图。

下面通过一根柱的设计实例来说明钢筋混凝土柱的设计方法和步骤，并通过该实例阐释有关受压构件的计算公式、图表及构造措施的具体应用。

实例中所示教学楼为二层全现浇钢筋混凝土框架结构，层高 3.6m，平面尺寸为 45m×17.4m，建筑平、立面图见实例的建施-1、建施-2、建施-3。建筑抗震设防烈度为 7 度，抗震设防类别为乙类，采取二级抗震构造措施。

图 7.7 为该框架结构的柱平法施工图（局部），现针对 KZ3 柱的设计计算过程进行说明。

图 7.7 框架结构的柱平法施工图（局部）

> **特别提示**
>
> （1）平法是目前我国混凝土结构施工图的主要设计表示方法。
> （2）柱平法施工图是在柱平面布置图上采用列表注写方式或截面注写方式表达柱构件的截面形状、几何尺寸、配筋等设计内容。

1. 选择材料

合理选用材料是结构设计的基础。此处根据本工程实际情况，选择 HRB400 级钢筋和 C30 混凝土。其强度指标可由附录 C 表 C1 查得 $f_y=360\text{N/mm}^2$，由附录 C 表 C3 查得 $f_c=14.3\text{N/mm}^2$，供设计时使用。

> **特别提示**
>
> 计算现浇钢筋混凝土轴心受压构件及偏心受压构件时，如截面的长边或直径小于300mm，则附录C表C3中混凝土的强度设计值应乘以系数0.8；当构件质量（如混凝土成型、截面和轴线尺寸等）确有保证时，可不受此限制。

2. 确定构件形状和尺寸

钢筋混凝土柱截面一般采用正方形或矩形截面，有特殊要求时也采用圆形或多边形截面，装配式厂房柱则常用工字形截面。为了避免构件长细比过大，承载力降低过多，柱截面尺寸一般不宜小于250mm×250mm，应控制在 $l_0/b \leq 30$、$l_0/h \leq 25$、$l_0/d \leq 25$（l_0 为柱的计算长度，b 为柱的短边，h 为柱的长边，d 为圆形截面柱的直径）。当柱截面的边长在800mm以下时，一般以50mm为模数；当边长在800mm以上时，以100mm为模数。

3. 确定计算简图

除装配式框架外，一般可将框架结构的梁、柱节点视为刚性节点，柱固结于基础顶面。

4. 荷载及内力计算

结构承受的荷载包括竖向荷载、风荷载和地震作用，竖向荷载包括结构自重及楼（屋）面活荷载。多层建筑中的柱的内力以轴力为主。

实例中框架结构为超静定结构，ⓒ轴的KZ3近似按轴心受压构件进行计算，其内力是由建筑结构计算软件计算得出的，柱底轴向力设计值 $N=1180$ kN。

5. 截面设计

1) 轴心受压构件

钢筋混凝土轴心受压构件的正截面承载力由混凝土承载力和钢筋承载力两部分组成，其计算步骤如下。

（1）求稳定系数 φ。由于实际工作中初始偏心距的存在，且受压构件多为细长构件，破坏前将发生纵向弯曲，所以需要考虑纵向弯曲对构件截面承载力的影响。在轴心受压构件承载力的计算中，采用了稳定系数 φ 来表示承载力的降低程度。稳定系数主要和构件的长细比有关，长细比越大，φ 值越小（表7-1）。构件的计算长度 l_0 与构件两端支承情况有关，一般多层房屋中梁、柱为刚接的框架结构，各层柱的计算长度 l_0 可按表7-2确定。

本例为现浇框架，其底层柱 $l_0=1.0H=1\times4.6=4.6$ (m)。

表7-1 钢筋混凝土轴心受压构件的稳定系数 φ

l_0/b	≤8	10	12	14	16	18	20	22	24	26	28
l_0/d	≤7	8.5	10.5	12	14	15.5	17	19	21	22.5	24
l_0/i	≤28	35	42	48	55	62	69	76	83	90	97
φ	1.0	0.98	0.95	0.92	0.87	0.81	0.75	0.70	0.65	0.60	0.56
l_0/b	30	32	34	36	38	40	42	44	46	48	50
l_0/d	26	28	29.5	31	33	34.5	36.5	38	40	41.5	43
l_0/i	104	111	118	125	132	139	146	153	160	167	174
φ	0.52	0.48	0.44	0.40	0.36	0.32	0.29	0.26	0.23	0.21	0.19

注：表中 l_0 为构件计算长度；b 为矩形截面的短边尺寸；d 为圆形截面的直径；i 为截面最小回转半径。

> **特别提示**
>
> 当应用表 7-1 查 φ 值时,若 l_0/b 为表格中没有列出的数值,可利用线性插值法来确定 φ 值。

表 7-2 框架结构各层柱的计算长度

框架类型	柱的类别	l_0
现浇框架	底层柱	$1.0H$
	其余各层柱	$1.25H$
装配式框架	底层柱	$1.25H$
	其余各层柱	$1.5H$

> **特别提示**
>
> 对底层柱,H 为基础顶面到一层楼盖顶面之间的距离;对其余各层柱,H 为上、下两层楼盖顶面之间的距离。

(2) 求纵向钢筋截面面积 A'_s。

$$N \leq 0.9\varphi(f'_y A'_s + f_c A) \quad (7\text{-}1)$$

式中　N——轴向压力设计值(N);

　　　φ——钢筋混凝土轴心受压构件的稳定系数,按表 7-1 采用;

　　　f_c——混凝土轴心抗压强度设计值(N/mm²);

　　　f'_y——钢筋抗压强度设计值(N/mm²);

　　　A——构件截面面积(mm²);

　　　A'_s——全部纵向钢筋的截面面积(mm²),当 $A'_s > 0.03A$ 或纵向钢筋配筋率大于 3% 时,式中 A 改用 $A_c = A - A'_s$ 代替。

(3) 配置纵向钢筋。根据计算所需的 A'_s 确定柱中纵向钢筋的直径和根数。选择钢筋根数时应考虑钢筋之间有足够的净距,以保证钢筋和混凝土之间的黏结力。

(4) 选择箍筋。柱中箍筋的作用是防止纵向钢筋向外压屈,提高柱的受剪承载力,与纵向钢筋形成骨架,且对核心部分的混凝土起到约束作用。

(5) 验算配筋率。

$$\rho' = \frac{A'_s}{bh} \quad (7\text{-}2)$$

柱中全部纵向钢筋的配筋率不宜大于 5%,最小配筋率满足附录 C 表 C8 的要求。

(6) 画截面配筋图。

应用案例 7-1

某现浇多层钢筋混凝土框架结构，底层中柱按轴心受压构件计算，柱高 H=6.4m，柱截面尺寸 $b×h$=400mm×400mm，承受轴向压力设计值 N=2450kN，采用 C30 级混凝土（f_c=14.3N/mm^2），纵向钢筋 HRB500 级（f_y' = 410N/mm^2），箍筋 HPB300 级，求纵向钢筋截面面积，并配置纵向钢筋和箍筋。

解：（1）求稳定系数。

柱计算长度：$l_0 = 1.0H = 1.0 \times 6.4 = 6.4 \,(\text{m})$

$$\frac{l_0}{b} = \frac{6400}{400} = 16$$

查表 7-1，得 $\varphi = 0.87$。

（2）求纵向钢筋截面面积 A_s'。

由式（7-1）得

$$A_s' = \frac{\dfrac{N}{0.9\varphi} - f_c A}{f_y'} = \frac{\dfrac{2450 \times 10^3}{0.9 \times 0.87} - 14.3 \times 400^2}{410} \approx 2051 \,(\text{mm}^2)$$

（3）配筋。

选用纵向钢筋 8⚈20（$A_s' = 2513 \text{mm}^2$）。

箍筋直径 $d \begin{cases} \geqslant \dfrac{d}{4} = \dfrac{20}{4} = 5 \,(\text{mm}) \\ \geqslant 6\text{mm} \end{cases}$ 取 d=8mm

间距 $s \begin{cases} \leqslant 400\text{mm} \\ \leqslant b = 400\text{mm} \\ \leqslant 15d = 15 \times 20 = 300 \,(\text{mm}) \end{cases}$ 取 s=200mm

所以，箍筋选用 Φ8@200。

（4）验算。

$$\rho = \frac{A_s'}{bh} = \frac{2513}{400 \times 400} \approx 0.0157 = 1.57\%$$

$\rho > 0.5\%$，满足最小配筋率的要求。

$\rho < 3\%$，不必用 $A - A_s'$ 代替 A。

（5）画截面配筋图（图 7.8）。

图 7.8 截面配筋图

> **想一想**
>
> 本题除了可选用 8⚈20 钢筋，能否选用截面面积符合要求的其他数量的钢筋？

2）偏心受压构件

偏心受压构件受轴向压力 N 和弯矩 M 共同作用，或轴向压力 N 的作用线与重心线不重合，截面出现部分受压和部分受拉或全截面不均匀受压的情况。

偏心受压构件的工程破坏试验表明,偏心受压构件的破坏形态与轴向压力偏心距 e_0 的大小和构件的配筋情况有关,分为大偏心受压破坏和小偏心受压破坏两种,其破坏形态和特征分别见图 7.9 和表 7-3。大、小偏心受压破坏之间,有一个界限破坏。

(a) 大偏心受压破坏 (b) 小偏心受压破坏

图 7.9 偏心受压构件的破坏形态

表 7-3 偏心受压构件的破坏特征

破坏类型	条件	特征	破坏性质	判别标准
大偏心受压破坏（受拉破坏）	偏心距 e_0 较大,且受拉钢筋 A_s 配置较少	离 N 较远一侧的截面受拉,另一侧截面受压;首先在受拉区出现横向裂缝,裂缝处拉力全部由钢筋承担。荷载继续加大,受拉钢筋首先达到屈服,并形成一条明显的主裂缝,随后主裂缝明显加宽并向受压一侧延伸,受压区高度迅速减小。最后,受压区边缘出现纵向裂缝,受压区混凝土被压碎而导致构件破坏［图 7.9（a）］	有明显预兆,属于延性破坏	$\xi=\dfrac{x}{h_0}\leqslant\xi_b$
小偏心受压破坏（受压破坏）	偏心距 e_0 较小,或偏心距 e_0 虽然较大但配置的受拉钢筋过多	整个截面全部受压或大部分受压,随着荷载 N 逐渐增加,靠近 N 一侧的混凝土达到极限应变 ε_{cu} 被压碎,受压钢筋 A'_s 的应力也达到 f'_y,远离 N 一侧的钢筋 A_s 可能受压,也可能受拉,但因本身截面应力太小或配筋过多,达不到屈服强度［图 7.9（b）］	无明显预兆,属于脆性破坏	$\xi=\dfrac{x}{h_0}>\xi_b$

注:x——混凝土受压区高度;h_0——截面有效高度;ξ——相对受压区高度;ξ_b——界限相对受压区高度;A_s——离 N 较远一侧钢筋截面面积;A'_s——离 N 较近一侧钢筋截面面积。

特别提示

两种偏心受压破坏的界限条件是在破坏时纵向钢筋达到其屈服强度,同时混凝土达到极限压应变被压碎,称为界限破坏,此时其相对受压区高度称为界限相对受压区高度 ξ_b。

知识链接

1. 螺旋箍筋柱

螺旋箍筋柱中，由于螺旋筋或焊接环筋的套箍作用可约束核心混凝土（螺旋筋或焊接环筋所包围的混凝土）的横向变形，使得核心混凝土处于三向受压状态，从而间接地提高混凝土的纵向抗压强度。当混凝土纵向压缩产生横向膨胀时，将受到密排螺旋筋或焊接环筋的约束，在箍筋中产生拉力而在混凝土中产生侧向压力。当构件的压应变超过无约束混凝土的极限应变后，尽管箍筋以外的表层混凝土会开裂甚至剥落而退出工作，但核心混凝土尚能继续承受更大的压力，直至箍筋屈服。显然，混凝土抗压强度的提高程度与箍筋的约束力的大小有关。为了使箍筋对混凝土有足够大的约束力，箍筋应为圆形，当为圆环时应焊接。由于螺旋筋或焊接环筋间接地起到了纵向受压钢筋的作用，故又称其为间接钢筋。

需要说明的是，螺旋箍筋柱虽可提高构件承载力，但施工复杂、用钢量较大，一般仅用于轴力很大、截面尺寸又受限制，采用普通箍筋柱会使纵向钢筋配筋率过高，而混凝土强度等级又不宜再提高的情况。

2. 偏心受压构件斜截面受剪承载力计算

当偏心受压构件仅考虑竖向荷载作用时，剪力值相对较小，但对于承受较大水平力作用下的框架柱，可能作用有较大的剪力值，必须考虑其斜截面受剪承载力。

3. 柱中钢筋配置如图 7.10 所示。

(a) 柱钢筋构造示意　　　　　(b) 截面配筋图

图 7.10　柱中的钢筋配置

课外阅读

中国古代建筑有"墙倒屋不塌"之说。中国古代建筑虽然不是钢筋混凝土结构而是木结构，但这一原理是一样的，即不管建筑发生了什么样的损坏，其柱不被破坏，则房屋不会倒塌。中国古代建筑的梁柱结构如图 7.11 所示。

图7.11 中国古代建筑的梁柱结构

中国古代建筑受材料的制约和功能的需要,每一个单体建筑在平面上都要设置柱来承托上部构架,因此在古代建筑木构架中,木柱作为承重构件十分重要。木柱下垫的石墩是木柱的基础,主要用来承载与传递上部荷载,并防止地面湿气腐蚀木柱。为了不影响木柱在结构中的承重作用,一般不在木柱上做雕刻处理。

模块小结

(1)轴心受压构件的承载力由混凝土和纵向钢筋两部分抗压能力的组成,同时要考虑纵向弯曲对构件截面承载力的影响。其计算公式为

$$N \leqslant 0.9\varphi(f'_y A'_s + f_c A)$$

(2)高强度钢筋在受压构件中不能发挥作用,因此在受压构件中不宜采用高强度钢筋。
(3)偏心受压构件按其破坏特征不同,分为大偏心受压构件和小偏心受压构件。
$\xi = \dfrac{x}{h_0} \leqslant \xi_b$ 为大偏心受压破坏; $\xi = \dfrac{x}{h_0} > \xi_b$ 为小偏心受压破坏。

习 题

一、填空题

1. 钢筋混凝土轴心受压构件的承载力由_____和_____两部分的抗压能力组成。
2. 钢筋混凝土柱中箍筋的作用之一是约束纵向钢筋,防止纵向钢筋受压后_____。
3. 钢筋混凝土柱中纵向钢筋净距不应小于_____mm。

二、选择题

1. 纵向弯曲会使受压构件承载力降低,其降低程度随构件的(　　)增大而增大。
   A. 混凝土强度　　B. 钢筋强度　　C. 长细比　　D. 配筋率

2．受压构件全部纵向钢筋的配筋率不宜大于（　　）。
   A．4%　　　　　B．5%　　　　　C．6%　　　　　D．4.5%

3．某矩形截面轴心受压柱，截面尺寸为400mm×400mm，经承载力计算纵向钢筋截面面积A_s=760mm²，对于实配钢筋以下哪项是正确的？（　　）
   A．3Φ18　　　B．4Φ16　　　C．2Φ22　　　D．5Φ14

4．以下关于钢筋混凝土柱构造要求的叙述中，哪项是不正确的？（　　）
   A．纵向钢筋配置越多越好　　　　B．纵向钢筋沿周边布置
   C．箍筋应形成封闭　　　　　　　D．纵向钢筋净距不小于50mm

5．小偏心受压破坏的主要特征是（　　）。
   A．混凝土首先被压碎　　　　　　B．钢筋首先被拉屈服
   C．混凝土被压碎时钢筋同时被拉屈服　　D．钢筋先被拉屈服然后混凝土被压碎

三、判断题

1．大偏心受压破坏的截面特征是：受压钢筋首先屈服，最终受压边缘的混凝土也因压应变达到极限值而破坏。（　　）

2．一般柱中箍筋的加密区位于柱的中间部位。（　　）

四、计算题

某钢筋混凝土轴心受压柱，截面尺寸为350mm×350mm，计算长度l_0=3.85m，混凝土强度等级为C30，纵向钢筋为HRB500级，承受轴心压力设计值N=1800kN。试根据计算和构造选配纵向钢筋。

模块7
在线答题

模块 8　钢筋混凝土框架结构构造

思维导图

模块 8　钢筋混凝土框架结构构造

引例

实例中教学楼为两层全现浇钢筋混凝土框架结构,层高 3.6m,平面尺寸为 45m×17.4m。建筑抗震设防烈度为 7 度。

思考:该框架结构梁、柱及节点处应如何处理?

框架结构只有通过连接才能形成整体。现浇框架的连接构造要求主要是梁与柱、柱与柱之间的配筋构造要求。这些要求的满足与否直接影响着节点的受力性能,关系到整个框架是否安全可靠、经济合理,施工是否方便,所以连接构造要求必须引起重视。

震害调查表明,钢筋混凝土框架的震害主要发生在梁端、柱端和框架节点处。框架梁由于梁端处的弯矩、剪力均较大,并且是反复受力,破坏常发生在梁端。梁端破坏可能会由纵向钢筋配置不足、钢筋端部锚固不好、箍筋配置不足而引起。框架柱由于柱端弯矩大,破坏一般发生在柱端。柱端破坏可能由柱内纵向钢筋或箍筋配置不足、对混凝土约束差而引起。框架节点破坏多由节点内未设箍筋或箍筋不足,以及核心区钢筋过密影响混凝土浇筑质量而引起。

8.1　框架结构抗震等级

《建筑抗震设计规范(2016 年版)》根据建筑抗震设防烈度、结构类型和房屋高度等因素,将其抗震要求以抗震等级表示,抗震等级分为四级,现浇钢筋混凝土框架结构的抗震等级划分见表 8-1。一级抗震要求最高,四级抗震要求最低,对于不同抗震等级的建筑采取不同的计算方法和构造要求,以利于设计的经济合理。

表 8-1　现浇钢筋混凝土框架结构的抗震等级划分

结构类型		抗震设防烈度						
		6		7		8		9
框架结构	高度/m	≤24	>24	≤24	>24	≤24	>24	≤24
	框架	四	三	三	二	二	一	一
	大跨度框架	三		二		一		一

注:(1)建筑场地为I类时,除 6 度外应允许按表内降低一度所对应的抗震等级采取抗震构造措施,但相应的计算要求不应降低。
　　(2)接近或等于高度分界时,应允许结合房屋不规则程度及场地、地基条件确定抗震等级。
　　(3)大跨度框架指跨度不小于 18m 的框架。

> **特别提示**
>
> 查表知实例中现浇框架结构抗震等级为三级,但该项目为教学楼,属重点设防类建筑,应按高于本地区抗震设防烈度一度的要求加强其抗震措施,即该框架结构采取二级抗震构造措施。

8.2 框架梁构造要求

框架梁钢筋示意图如图 8.1 所示。

图 8.1 框架梁钢筋示意图

1. 截面尺寸
梁的截面宽度不宜小于 200mm，截面高宽比不宜大于 4，净跨与截面高度之比不宜小于 4。

2. 纵向钢筋
（1）梁端纵向受拉钢筋的配筋率不宜大于 2.5%，纵向受拉钢筋的配筋率不应小于表 8-2 的规定。

表 8-2 框架梁纵向受拉钢筋的最小配筋率

单位：%

抗震等级	梁中位置	
	支座	跨中
一级	0.40 和 $80f_t/f_y$ 的较大值	0.30 和 $65f_t/f_y$ 的较大值
二级	0.30 和 $65f_t/f_y$ 的较大值	0.25 和 $55f_t/f_y$ 的较大值
三、四级	0.25 和 $55f_t/f_y$ 的较大值	0.20 和 $45f_t/f_y$ 的较大值

（2）梁端截面的底面和顶面纵向钢筋配筋量的比值，除按计算确定外，一级不应小于 0.5，二、三级不应小于 0.3。

（3）沿梁全长顶面和底面的配筋，一、二级不应少于 2Φ14，且分别不应小于梁两端顶面和底面纵向钢筋中较大截面面积的 1/4，三、四级不应少于 2Φ12。

（4）一、二、三级框架梁内贯通中柱的每根纵向钢筋的直径，对矩形截面柱，不宜大于柱在该方向截面尺寸的 1/20；对圆形截面柱，不宜大于纵向钢筋所在位置柱截面弦长的 1/20。

3. 箍筋
梁端箍筋应加密，箍筋加密区的范围和构造要求应按表 8-3 采用，当梁端纵向受拉钢筋配筋率大于 2%时，表中箍筋最小直径数值应增大 2mm。梁端加密区的肢距，一级不宜大于 200mm 和 20d（d 为箍筋直径较大者），二、三级不宜大于 250mm 和 20d，四级不宜大于 300mm。

表 8-3　梁端箍筋加密区的长度、箍筋的最大间距和最小直径

抗震等级	加密区长度/mm（采用较大值）	箍筋最大间距/mm（采用最小值）	箍筋最小直径/mm
一	2h_b，500	h_b/4，6d，100	10
二	1.5h_b，500	h_b/4，8d，100	8
三	1.5h_b，500	h_b/4，8d，150	8
四	1.5h_b，500	h_b/4，8d，150	6

注：（1）d 为纵向钢筋直径，h_b 为梁截面高度。
（2）一、二级抗震等级框架梁，当箍筋直径大于 12mm、肢数不少于 4 肢且肢距不大于 150mm 时，箍筋加密区最大间距应允许适当放松，但不得大于 150mm。

4．抗震框架梁和屋面框架梁钢筋构造（图 8.2）

图 8.2　抗震框架梁和屋面框架梁钢筋构造

图 8.2 抗震框架梁和屋面框架梁钢筋构造（续）

图 8.2　抗震框架梁和屋面框架梁钢筋构造（续）

实例解读 5

以实例中 KL3 为例，该框架梁有 3 跨，两端跨截面尺寸为 250mm×600mm，中跨为 250mm×400mm，符合抗震框架梁截面尺寸不宜小于 200mm，高宽比不宜大于 4 的要求。

该梁上部纵向钢筋，A 支座 2Φ22+2Φ20，B 支座 2Φ22+2Φ20，C 支座 2Φ22+4Φ20(4/2)，D 支座 4Φ22，通长钢筋为③号钢筋 2Φ22。梁下部第一跨纵向钢筋 3Φ22，第二跨纵向钢筋 3Φ18，第三跨纵向钢筋 2Φ25+2Φ22。符合二级框架应配置不少于 2Φ14 通长钢筋的要求。

KL3 支座上部钢筋为两排，第二排钢筋应在伸出支座后 $l_n/4$ 处切断，即 $l_n/4=6700/4=1675(mm)$，取 1700mm；第一排钢筋应在伸出支座后 $l_n/3$ 处切断，即 $l_n/3=6700/3≈2233(mm)$，取 2250mm。l_n 为左跨 2500mm 和右跨 6700mm 两者中的较大值。

该梁左端跨箍筋为 Φ8@100/200(2)，中跨为 Φ8@100、右端跨为 Φ8@100/200(2)。根据表 8-3 的规定，抗震等级为二级时，箍筋最小直径为 8mm，最大间距为 $h_b/4$、$8d$、100mm 中的最小值。$h_b/4=600/4=150(mm)$；$8d=8×22=176(mm)$；100mm；因此，采用 Φ8@100 符合要求。加密区长度应取 $1.5h_b=1.5×600=900(mm)$ 和 500mm 中的较大值，即 900mm。

该梁两端跨截面尺寸为 250mm×600mm，截面腹板高度大于 450mm，在梁 AB 跨沿高度配置纵向构造钢筋 4Φ12，CD 跨沿高度配置纵向构造钢筋 4Φ14（抗扭钢筋），用于防止在梁的侧面产生垂直于梁轴线的收缩裂缝，同时也可增强钢筋骨架的刚度，并用拉筋 Φ8@400 连接纵向构造钢筋。

KL3 配筋图如图 8.3 所示。

图 8.3 KL3 配筋图

8.3 框架柱构造要求

1. 截面尺寸

框架柱截面的宽度和高度：矩形截面柱，抗震等级为四级或不超过 2 层时，其截面尺寸不宜小于 300mm，一、二、三级且超过 2 层时，不宜小于 400mm，柱截面长边与短边的边长比不宜大于 3；圆形截面柱直径，抗震等级为四级或不超过 2 层时，不宜小于 350mm，一、二、三级且超过 2 层时，不宜小于 450mm。柱的剪跨比宜大于 2。

框架柱

2. 纵向钢筋

（1）柱截面纵向钢筋的最小总配筋率应按表 8-4 采用，同时每一侧配筋率不应小于 0.2%；对Ⅳ类场地上较高的高层建筑，最小总配筋率应增加 0.1%。

表 8-4 柱截面纵向钢筋的最小总配筋率

单位：%

类别	抗震等级			
	一	二	三	四
中柱和边柱	0.9（1.0）	0.7（0.8）	0.6（0.7）	0.5（0.6）
角柱、框支柱	1.1	0.9	0.8	0.7

注：(1) 表中括号内的数值用于框架结构的柱。
(2) 钢筋强度标准值小于 400N/mm² 时，表中数值应增加 0.1；钢筋强度标准值为 400N/mm² 时，表中数值应增加 0.05。
(3) 混凝土强度等级高于 C60 时，上述数值应相应增加 0.1。

（2）柱中纵向钢筋宜对称配置。

（3）截面尺寸大于 400mm 的柱，纵向钢筋间距不宜大于 200mm。

（4）柱总配筋率不应大于 5%。

（5）一级且剪跨比小于 2 的柱，每侧纵向钢筋配筋率不宜大于 1.2%。

（6）边柱、角柱在地震作用组合下产生小偏心受拉时，柱内纵向钢筋总截面面积应比计算值增加 25%。

（7）柱纵向钢筋的绑扎接头应避开柱端的箍筋加密区。

3. 箍筋

抗震框架柱的上下端箍筋应加密。一般情况下，柱箍筋加密区的箍筋间距和直径应按表 8-5 采用；一级框架柱的箍筋直径大于 12mm 且箍筋肢距不大于 150mm，二级框架柱的箍筋直径不小于 10mm 且箍筋肢距不大于 200mm 时，除柱根外最大间距应允许采用 150mm；三级框架柱的截面尺寸不大于 400mm 时，箍筋最小直径应允许采用 6mm；四级框架柱剪跨比不大于 2 时，箍筋直径不应小于 8mm；框支柱和剪跨比不大于 2 的框架柱，箍筋间距不应大于 100mm。

表 8-5 柱箍筋加密区箍筋最大间距和最小直径

抗震等级	箍筋最大间距/mm（采用较小值）	箍筋最小直径/mm
一	6d，100	10
二	8d，100	8
三、四	8d，150（柱根 100）	8

注：d 为柱纵向钢筋最小直径，柱根指框架底层柱的嵌固部位。

柱箍筋加密区箍筋肢距，一级不宜大于 200mm，二、三级不宜大于 250mm，四级不宜大于 300mm。至少每隔一根纵向钢筋在两个方向有箍筋或拉筋约束；采用拉筋复合箍时，拉筋宜紧靠纵向钢筋并勾住箍筋。

4. 抗震框架柱纵向钢筋连接构造（图 8.4）

图 8.4 抗震框架柱纵向钢筋连接构造

(b) 机械连接

图 8.4 抗震框架柱钢筋连接构造（续）

(c) 焊接连接

图 8.4 抗震框架柱钢筋连接构造（续）

楼层部位（中间层）抗震框架柱变截面纵向钢筋连接构造见表 8-6。

表 8-6　楼层部位（中间层）抗震框架柱变截面纵向钢筋连接构造

形式		构造图	示意图	构造要点
$\Delta/h_b > 1/6$（h_b 为与柱交接梁的高度）	中柱			上部钢筋锚入楼层面以下 $1.2l_{aE}$，下部钢筋锚入梁柱交接核心区直段长度不小于 $0.5l_{abE}$ 并直弯 $12d$（l_{aE} 为抗震锚固长度，l_{abE} 为基本锚固长度，见附录 C 表 C18 和表 C16）
$\Delta/h_b > 1/6$（h_b 为与柱交接梁的高度）	边柱			
$\Delta/h_b \leq 1/6$（h_b 为与柱交接梁的高度）	中柱			下部钢筋自然弯折以实现和上部钢筋连接
$\Delta/h_b \leq 1/6$（h_b 为与柱交接梁的高度）	边柱			

框架柱的箍筋加密区长度，柱端应取柱截面长边尺寸（或圆形截面直径）、柱净高的 1/6 和 500mm 中的最大值；一、二级抗震等级的角柱全高加密箍筋。底层柱根箍筋加密区长度应取不小于该层柱净高的 1/3；当有刚性地面时，除柱端箍筋加密区外尚应在刚性地面上下各 500mm 的高度范围内加密箍筋。

实例解读 6

实例中 KZ3 截面尺寸为 500mm×500mm，柱中纵向钢筋 12⌀22，箍筋 ⌀10@100/200，柱高度自基顶到标高 7.200。

该框架柱采用对称配筋，沿柱边均匀布置有 12⌀22 钢筋，纵向钢筋间距不大于 200mm。纵向钢筋采用搭接连接，搭接位置在楼层梁顶标高以上 1000mm 范围内，且该范围箍筋加密间距为 100mm。顶层柱纵向钢筋伸至柱顶并向外弯折锚固于梁内。

8.4 框架节点构造要求

1. 框架节点核心区箍筋的构造要求

框架节点核心区内应设置箍筋，直径和间距按加密区设置（图8.5）。

图8.5 抗震框架柱箍筋加密区范围

注：（1）基础内箍间距应≤500mm且不少于两道矩形封闭箍筋。
（2）柱箍筋加密区为楼层上、下和梁柱节点核心区（梁高），$S=\max$（$H_n/6$、h_c、500）（若采用纵向钢筋搭接，搭接区亦应加密，加密间距应≤100mm和$5d$）。
（3）底层柱下端箍筋加密区范围≤$H_n/3$。

2. 框架梁纵向钢筋的连接构造要求

在中间层边节点处，上部钢筋和下部钢筋均应进行锚固；顶层及中间层中间节点处，梁上部钢筋应贯穿，下部钢筋可进行锚固也可在节点处搭接；顶层边节点处，梁上部钢筋与柱外侧纵向钢筋进行搭接，下部钢筋应进行锚固，详见图 8.2。

3. 框架柱纵向钢筋的连接构造要求

中间层边节点及中间节点处，柱纵向钢筋宜贯穿，如出现特殊情况可锚固；顶层中间节点处，柱纵向钢筋应锚固；顶层边节点处，柱外侧纵向钢筋与梁上部纵向钢筋应搭接，柱内侧纵向钢筋应锚固，详见表 8-7 及表 8-8。

表 8-7 顶层中柱纵向钢筋连接构造

形式	构造图	示意图	构造要点
弯锚（从梁底算起，柱纵向钢筋伸入支座长度 l_{aE}）	12d，伸至柱顶，且 $\geq 0.5 l_{abE}$		—
	12d，伸至柱顶，且 $\geq 0.5 l_{abE}$		当柱顶有不小于100mm厚的现浇板时使用
直锚（直锚长度 $\geq l_{aE}$）	伸至柱顶，且 $\geq l_{aE}$		—
锚板（柱纵向钢筋端头加锚头）	伸至柱顶，且 $\geq 0.5 l_{abE}$		锚板可以是贴焊锚筋、焊钢板或带螺栓锚头，具体做法见 22G101—1

注：l_{aE}、l_{abE} 见附录 C 表 C18、表 C16。

表 8-8 顶层边柱、角柱纵向钢筋连接构造

形式	构造图	示意图	构造要点
柱纵向钢筋伸入梁内			（1）柱外侧纵向钢筋伸至柱顶并弯折入梁，弯折段长度（自梁底开始计算）$\geq 1.5 l_{abE}$，水平弯锚段长度$\geq 15d$（分两批截断时，第二批截断点距离第一次切断点$\geq 20d$）； （2）柱内侧纵向钢筋做法同表 8-7 中纵向钢筋； （3）梁上部钢筋应锚入柱内并向下弯折至梁底，且下弯折段长度$\geq 15d$； （4）在柱宽范围的柱箍筋内侧设置间距不小于 150mm，不少于 3Φ10 的角部附加钢筋
梁纵向钢筋伸入柱内			（1）柱外侧纵向钢筋伸至柱顶截断； （2）柱内侧纵向钢筋做法见表 8-7 中纵向钢筋； （3）梁上部钢筋应锚入柱内并向下弯折，且下弯折段长度$\geq 1.7 l_{abE}$（分两批截断时，第二批截断点距离第一批切断点$\geq 20d$）； （4）在柱宽范围的柱箍筋内侧设置间距不小于 150mm，不少于 3Φ10 的角部附加钢筋

注：l_{abE} 见附录 C 表 C16。

实例解读 7

实例中 KZ3，顶层中间节点柱内纵向钢筋 3⊕25 和 4⊕25 伸入柱顶向外弯入框架梁内进行锚固，锚固长度不小于 12d。顶层端节点柱内侧钢筋的锚固要求同顶层中间节点的纵向钢筋，外侧纵向钢筋与梁上部纵向钢筋在节点内绑扎搭接。

模块小结

现浇框架结构的连接构造要求主要是梁与柱、柱与柱之间的配筋构造要求。框架节点构造是保证框架结构整体空间性能的重要措施。

习 题

一、填空题

1. 框架的抗震等级分为_____级。
2. 考虑抗震要求，框架柱截面的宽度和高度不宜小于_____mm。

二、判断题

1. 框架梁下部纵向钢筋一般在跨中进行连接。（   ）
2. 框架柱纵向钢筋的接头可采用绑扎搭接、机械连接或焊接连接等方式，宜优先采用绑扎搭接。（   ）

模块8 在线答题

模块 9 钢筋混凝土楼盖、楼梯及雨篷

思维导图

引例

钢筋混凝土梁板结构是建筑工程中应用最为广泛的一种结构形式。楼盖是建筑结构中的重要组成部分,在混合结构房屋中,楼盖的造价占房屋总造价的30%～40%,因此,楼盖结构造型和布置的合理性,以及结构计算和构造的正确性,对建筑物的安全使用和技术经济指标有着非常重要的意义。实例中的楼盖为钢筋混凝土现浇楼盖,柱距9m,梁间距3m,如图9.1所示。

思考:楼盖为什么这样布置? 梁、板内的钢筋如何放置?

图 9.1 钢筋混凝土现浇楼盖

9.1 钢筋混凝土楼盖的分类

钢筋混凝土楼盖按施工方法可分为现浇式、装配式和装配整体式3种形式。

现浇式楼盖整体性好、刚度大、防水性好和抗震性强,并能适应房间的平面形状、设备管道、荷载或施工条件比较特殊的情况。其缺点是费工、费模板、工期长、施工受季节的限制。现浇式楼盖按楼板受力和支承条件的不同,又分为肋梁楼盖、井式楼盖、密肋楼盖和无梁楼盖,如图9.2所示。

装配式楼盖的楼板采用混凝土预制构件,便于工业化生产,使装配式楼盖在多层民用建筑和多层工业厂房中得到了广泛应用。但是,这种楼盖由于整体性、防水性和抗震性较差,不便于开设孔洞,故对于高层建筑、有抗震设防要求以及使用上要求防水和开设孔洞的楼面,均不宜采用。

装配整体式楼盖整体性较装配式楼盖好,又较现浇式的节省模板和支承。但这种楼盖需要进行混凝土的二次浇筑,有时还需增加焊接工作量,故对施工进度和造价都带来一些不利影响。因此,这种楼盖仅适用于荷载较大的多层工业厂房、高层民用建筑及有抗震设防要求的建筑。

在具体的实际工程中究竟采用何种楼盖形式，应根据房屋的性质、用途、平面尺寸、荷载大小、采光以及技术经济等因素进行综合考虑。本模块主要介绍现浇肋梁楼盖的结构布置与构造要求。

图 9.2　楼盖的结构形式

9.2　现浇单向板肋梁楼盖

实际工程中的楼盖多采用现浇楼盖，并且视建筑、结构的不同要求来选择现浇楼盖的形式。现浇楼盖中以肋梁楼盖最为常见。

肋梁楼盖由板、次梁和主梁组成。其中板被梁划分成许多区格，每一区格的板一般是四边支承在梁或墙上。当板为单向板时，称为单向板肋梁楼盖；当板为双向板时，称为双向板肋梁楼盖。

9.2.1　结构平面布置

肋梁楼盖的结构平面布置主要涉及其梁、板的布置。

1. 砖混结构中的肋梁楼盖

在砖混结构中，肋梁楼盖中板的支座为梁或墙体，两端直接支承在墙体上的梁称为主梁，支承在主梁上的梁被称为次梁，主、次梁布置应符合下面的原则。

（1）当房间规则且墙间距较小（开间或进深较小）时，可直接铺设现浇板；当房间规则但墙间距较大（开间或进深较大）时，应先根据建筑和结构的要求设置主、次梁，将平面划分成较小区格，然后铺设现浇板；当房间不规则时，也应先设置主、次梁，将平面划分规则后再铺设现浇板。

（2）如果肋梁楼盖选择单向板肋梁楼盖，那么次梁的间距决定了板的跨度，主梁的间距决定了次梁的跨度，柱距则决定了主梁的跨度。在进行结构平面布置时，应综合考虑建筑功能、造价及施工条件等，合理确定梁的平面布置。根据工程实践，单向板、次梁和主梁的常用跨度为：板的跨度一般为 1.7~2.7m，荷载较大时取较小值，一般不宜超过 3m；次梁的跨度一般为 4~7m；主梁的跨度一般为 5~8m。

2. 框架结构的肋梁楼盖

框架结构中，先沿定位轴线设置框架梁，然后根据柱网尺寸、建筑功能、框架梁间距沿纵向或横向布置次梁（非框架梁），布置次梁时要注意板的跨度，尽量使板、次梁和主梁在常用跨度范围内。

> **特别提示**
>
> 框架-剪力墙结构、剪力墙结构等结构的楼盖布置可参考框架结构。

9.2.2 现浇单向板肋梁楼盖计算

现浇肋梁楼盖中的板、次梁和主梁大多是多跨连续板和多跨连续梁，下面介绍单向板肋梁楼盖的计算。

1. 计算简图

在现浇单向板肋梁楼盖中，板、次梁和主梁的计算模型一般为多跨连续板或多跨连续梁。其中，板一般可视为以次梁和边墙（或梁）为铰支承的多跨连续板；次梁一般可视为以主梁和边墙（或梁）为铰支承的多跨连续梁；对于支承在混凝土柱上的主梁，其计算模型应根据梁柱线刚度比而定，当主梁与柱的线刚度比大于或等于 3 时，主梁可视为以柱和边墙（或梁）为铰支承的多跨连续梁，否则应按梁、柱刚接的框架模型（框架梁）计算主梁。

1）受荷范围

当楼面承受均布荷载时，板所承受的荷载即为板带（$b=1m$）自重（包括面层及顶棚抹灰等）及板带上的均布活荷载。在确定板传递给次梁的荷载和次梁传递给主梁的荷载时，一般均忽略结构的连续性而按简支进行计算。所以对于次梁，取相邻跨中线所分割出来的面积作为它的受荷面积，次梁所承受的荷载为次梁自重及其受荷面积上板传来的荷载。对于主梁，则承受主梁自重及由次梁传来的集中荷载，但由于主梁自重与次梁传来的荷载相比往往较小，故为了简化计算，一般可将主梁均布自重简化为若干集中荷载，加上次梁传来的集中荷载合并计算。楼面受荷范围如图 9.3 所示。

图9.3 楼面受荷范围

2）跨数与计算跨度

当连续板、梁的某跨受到荷载作用时，它的相邻各跨也会受到影响，并产生变形和内力，但这种影响距该跨越远就越小，当超过两跨时，影响已很小。因此，对于多跨连续板、梁（跨度相等或相差不超过10%），若跨数超过5跨，可按5跨来计算。此时，除连续板、梁两边的第一和第二跨外，其余的中间跨度和中间支座的内力值均按5跨连续板、梁的中间跨度和中间支座采用，如图9.4所示。如果跨数未超过5跨，则计算时应按实际跨数考虑。

图9.4 连续梁、板的计算简图

2. 计算等跨连续梁、板的内力

钢筋混凝土连续梁、板的内力计算方法有弹性方法和塑性方法。

按弹性方法计算连续梁、板的内力时，将钢筋混凝土梁、板视为理想弹性体，以结构力学的一般方法来进行结构的内力计算。用弹性方法计算的结果支座配筋量大，施工困难。

按塑性方法来计算梁的内力时，是考虑钢筋混凝土材料实际上是一种弹塑性材料，在钢筋屈服后其塑性有较为明显的体现，此时连续梁的内力与荷载不再是线性关系，而是非线性的，连续梁的内力发生了重分布。考虑塑性内力重分布，可调整支座配筋，方便施工，同时可发挥结构的潜力，有强度储备可利用，能提高结构的极限承载力，具有经济效益。

> **特别提示**
>
> 从钢筋屈服到混凝土被压碎，构件截面不断绕中和轴转动，类似于一个铰，并且由于此铰是在截面发生明显的塑性形变后形成的，故称其为塑性铰。
>
> （1）塑性铰的存在条件是截面上的弯矩达到塑性极限弯矩，并由此产生转动；当该截面上的弯矩小于塑性极限弯矩时，则不允许转动。因此，塑性铰可以传递一定的弯矩。
>
> （2）塑性铰的转动方向必须与塑性弯矩的方向一致，不允许向与塑性极限弯矩相反的方向转动，否则会出现卸载使塑性铰消失，所以塑性铰为单向铰。

3．板的配筋

1）受力钢筋的配筋方式

由于板通常在跨中承受正弯矩而在支座处承受负弯矩，因此在板跨中需配底部受力钢筋，而在支座处往往配板面负筋，从而有两种配筋方式。

（1）分离式配筋：跨中受力钢筋宜全部伸入支座锚固，而在支座处另配负筋，其范围应能覆盖负弯矩区域并满足锚固要求，如图 9.5 所示。由于施工方便，分离式配筋已成为工程中主要采用的配筋方式，如图 9.1 所示实例中连续单向板的配筋。

图 9.5 板中受力钢筋的布置

（2）弯起式配筋：将一部分跨中受力钢筋在适当的位置（反弯点附近）弯起，并伸过支座后作负筋使用，由于施工比较麻烦，目前已很少应用。

2）支座负筋的截断

对承受均布荷载的等跨连续单向板或双向板，受力钢筋的弯起和截断的位置一般可按图 9.5 直接确定。

支座处的负筋，可在距支座边不小于 a 的距离处截断，其取值如下。

当 $q/g \leqslant 3$ 时，$a = l_n/4$

当 $q/g > 3$ 时，$a = l_n/3$

式中　　g、q——恒荷载及活荷载设计值；

l_n——板的净跨。

3）板的钢筋构造

肋梁楼盖中，板的钢筋构造应符合图 9.6 的要求。

图 9.6　楼面板和屋面板钢筋构造

注：(1) 当相邻等跨或不等跨的上部贯通筋配置不同时，应将配置较大者越过其标注的跨数终点或起点伸出至相邻跨的跨中连接区域连接。

(2) 除本图所示搭接连接外，板纵向钢筋可采用机械连接或焊接连接。接头位置：上部钢筋见本图所示连接区，下部钢筋宜在距支座 1/4 净跨内。

(3) 图中板的中间支座均按梁绘制，当支座为混凝土剪力墙、砌体墙或圈梁时，其构造相同。

(4) 纵向钢筋在端支座应伸至支座（梁、圈梁或剪力墙）外侧纵向钢筋内侧后弯折，当直段长度 $\geqslant l_a$ 时可不弯折。

(5) 图中括号内的锚固长度 l_{aE} 用于梁板式转换层的板。

4．非框架梁计算中的注意事项

（1）次梁的内力计算一般按塑性方法计算，主梁的内力计算一般按弹性方法计算。

（2）梁按正截面受弯承载力确定纵向受拉钢筋时，通常跨中按 T 形截面计算，支座因翼缘位于受拉区，按矩形截面计算。

图 9.7　主梁支座处截面的有效高度

（3）主梁支座截面的有效高度 h_0：在主梁支座处，由于板、次梁和主梁截面的上部纵向钢筋相互交叉重叠，如图 9.7 所示，且主梁负筋位于板和次梁的负筋之下，因此主梁支座截面的有效高度减小。在计算主梁支座截面纵筋时，截面有效高度 h_0 可按如下方法取值。

当负筋为一排布置时，$h_0 = h-(50\sim60)\text{mm}$

当负筋为两排布置时，$h_0 = h-(70\sim80)\text{mm}$

（4）主梁附加横向钢筋：主梁和次梁相交处在主梁高度范围内受到次梁传来的集中荷载的作用，其腹部可能出现斜裂缝，如图9.8所示。因此，应在集中荷载影响区 s 范围内加设附加横向钢筋（箍筋、吊筋）以防止斜裂缝出现而引起局部破坏。位于梁下部或梁截面高度范围内的集中荷载，应全部由附加横向钢筋承担，并应布置在长度为 $s=2h_1+3b$ 的范围内。附加横向钢筋宜优先采用箍筋［图9.9（a）］。当采用吊筋［图9.9（b）］时，其弯起段应伸至梁上边缘，且末端水平段长度在受拉区不应小于 $20d$，在受压区不应小于 $10d$（d 为吊筋的直径）。

图9.8 次梁和主梁相交处的裂缝情况

图9.9 承受集中荷载处附加横向钢筋的布置

附加箍筋和吊筋的总截面面积按式（9-1）计算。

$$F \leqslant 2f_y A_{sb} \sin\alpha + mnf_{yv} A_{sv1} \tag{9-1}$$

式中 F——由次梁传递的集中力设计值；

f_y——附加吊筋的抗拉强度设计值；

f_{yv}——附加箍筋的抗拉强度设计值；

A_{sb}——附加吊筋的截面面积；

A_{sv1}——附加单肢箍筋的截面面积；

n——在同一截面内附加箍筋的根数；

m——附加箍筋的排数；

α——附加吊筋与梁轴线间的夹角，一般为45°，当梁高 $h>800\text{mm}$ 时，采用60°。

（5）非框架梁钢筋构造如图9.10所示。

图 9.10 非框架梁钢筋构造

9.3 现浇双向板肋梁楼盖

工程实例

1. 工程与事故概况

某教学楼屋顶为井字梁楼盖，平面尺寸为 10.8m×14.4m，梁断面尺寸为 25cm×70cm，受力钢筋为 3Φ22。浇灌完混凝土拆模后，发现离支座 2.5m 的部位出现了大量的裂缝，如图 9.11 所示。

图 9.11 井字梁楼盖裂缝

2. 原因分析

事故发生后，经过调查分析得知，事故是钢筋绑扎不当造成的。从设计图上看，受力钢筋为 3Φ22。施工中，由于 Φ22 钢筋没有长于 10m 的料，在离支座两端 2.5m 处，将受力钢筋在同一截面切断，并搭接焊上 1Φ18、2Φ22 的钢筋，致使该焊接截面同时有 6Φ18～Φ22 的钢筋，钢筋间基本没有空隙。浇灌混凝土时无法保证钢筋周围的混凝土保护层，钢筋与混凝土间失去黏着力，钢筋的搭接失去作用，致使拆模后该梁在搭接部位严重开裂。

9.3.1 双向板的受力分析和试验研究

板在荷载作用下，沿两个正交方向受力且都不可忽略，则称其为双向板。双向板可以为四边支承、三边支承或两邻边支承板，但在肋梁楼盖中，其每一区格板的四边一般都有梁或墙支承，是四边支承板，板上的荷载主要通过板的受弯作用传到四边支承的构件上。

四边简支的钢筋混凝土双向板（方板和矩形板）在均布荷载作用下的试验表明：在裂缝出现之前，板基本上处于弹性工作阶段。双向板在弹性工作阶段，板的四角有翘起的趋势，若周边没有可靠固定，将产生如图 9.12 所示的犹如碗形的变形，板传给支座的压力沿边长不是均匀分布的，而是在每边的中心处达到最大值。在双向板肋梁楼盖中，板顶面实际会受墙或支承梁约束，破坏时就会出现如图 9.13 所示的板底面及板顶面裂缝。

(a) 板底面裂缝分布　　　　　　　(b) 板顶面裂缝分布

图 9.12　双向板的变形　　　　图 9.13　双向板肋梁楼盖中的裂缝分布

9.3.2　双向板的截面设计与构造要求

双向板在两个方向的配筋都应按计算确定。考虑短跨方向的弯矩比长跨方向的大，因此应将短跨方向的跨中受拉钢筋放在长跨方向的外侧，以得到较大的截面有效高度。截面有效高度 h_0 通常分别取值为：短跨方向，$h_0=h-20mm$；长跨方向，$h_0=h-30mm$。

双向板的构造要求如下。

（1）双向板的厚度。双向板厚度一般不宜小于 80mm，也不大于 160mm。为了保证板的刚度，板的厚度 h 还应符合：简支板，$h>l_x/45$；连续板，$h>l_x/50$，l_x 是较小跨度。

（2）钢筋的配置。受力钢筋沿纵横两个方向设置，此时应将弯矩较大方向的钢筋设置在外层，另一方向的钢筋设置在内层。

受力钢筋的直径、间距、截断点的位置等均可参照单向板配筋的有关规定。

应用案例 9-1

图 9.14 中现浇板为双跨双向板，③号筋 ⏀10@150 为底部 X 方向受力钢筋，④号筋 ⏀10@250 为底部 Y 方向受力钢筋，②号筋 ⏀10@150 为 X 方向中间支座负筋，①号筋 ⏀10@150 为两个方向边支座构造负筋。

(a) 配筋布置　　　　　　　　　　(b) 楼盖示意

图 9.14　双向板楼盖

9.4 装配式混凝土楼盖

装配式混凝土楼盖主要由搁置在承重墙或梁上的预制混凝土铺板组成,故又称为装配式铺板楼盖。设计装配式混凝土楼盖时,一方面应注意合理地进行楼盖结构布置和预制构件选型,另一方面要处理好预制构件间的连接以及预制构件和墙(柱)的连接。

常用的预制铺板有实心板、空心板、槽形板、T 形板等,其中以空心板的应用最为广泛,我国各地区或省一般对其有自编的标准图,其他铺板大多数也编有标准图。随着建筑业的发展,预制的大型楼板(平板式或双向肋形板)也日益增多。

1. 实心板

实心板[图 9.15(a)]上下表面平整、制作简单,但材料用量较多,适用于荷载及跨度较小的走道板、管沟盖板、楼梯平台板等。

常用板长 $l=1.8\sim2.4$m,板厚 $h\geq l/30$,常用厚度为 $50\sim100$mm,板宽 $B=500\sim1000$mm。

图 9.15 预制铺板的截面形式

2. 空心板

空心板自重比实心板轻,可取截面高度较实心板大,故其刚度较大,隔声、隔热效果亦较好,用其做顶棚或楼面均较槽形板易于处理,因而在装配式混凝土楼盖中应用甚为广泛。空心板的缺点是板面不能任意开洞,自重也较槽形板大。

空心板截面的孔形有圆形、方形、矩形或长圆形[图 9.15(b)],视截面尺寸及抽芯设备而定,孔数视板宽而定。扩大和增加孔洞对节约混凝土、减轻自重和隔声有利,但若孔洞过大,其板面按需计算配筋时反而不经济,此外,大孔洞板在抽芯时易造成尚未结硬的混凝土坍落。为避免空心板端部压坏,在板端应塞混凝土堵头。

空心板截面高度可取为跨度的 $1/25\sim1/20$(普通钢筋混凝土)或 $1/35\sim1/30$(预应力混凝土),其取值宜符合砖的模数,通常有 120mm、180mm、240mm 几种。空心板的宽度主要根据当地制作、运输和吊装设备的具体条件而定,常用 500mm、600mm、900mm、1200mm 等。

3. 槽形板

槽形板有肋向下（正槽板）和肋向上（倒槽板）两种［图 9.15（c）］。正槽板可以较充分地利用板面混凝土抗压，但不能直接形成平整的顶棚，倒槽板则反之。槽形板较空心板轻，但隔声、隔热性能较差。

槽形板由于开洞较自由、承载能力较大，故在工业建筑中采用较多。此外，也可用在对顶棚要求不高的民用建筑屋盖和楼面结构中。

4. T 形板

T 形板有单 T 板和双 T 板两种［图 9.15（d）］。这类板受力性能良好、布置灵活，能跨越较大的空间，且开洞也较自由，但整体刚度不如其他类型的板。双 T 板比单 T 板有更好的整体刚度，但自重较大，对吊装能力要求较高。T 形板适用于板跨在 12m 以内的楼面和屋盖结构。T 形板的翼缘宽度为 1500～2100mm，截面高度为 300～500mm，视其跨度大小而定。

应用案例 9-2

图 9.16 是楼面预应力空心板布置示例。在ⓒ～Ⓓ轴间铺设 10YKB3352，表明板的跨度是 3300mm，房间进深 6000mm，减去Ⓓ轴、ⓒ轴墙厚各 240mm、壁柱各 130mm，净尺寸还有 5260mm，故选择 10 块 500mm 宽的空心板，总尺寸 5000mm＜5260mm。

图 9.16 楼面预应力空心板布置

> **想一想**
>
> 如何对Ⓐ～Ⓑ轴、Ⓑ～ⓒ轴的预应力空心板进行选取？

9.5 钢筋混凝土楼梯

9.5.1 楼梯的类型

楼梯是多层、高层房屋的竖向通道，由梯段和休息平台组成。为了满足承重和防火要求，通常采用钢筋混凝土楼梯，在地震作用时楼梯还是重要的抗侧力构件和人员疏散通道。楼梯的形式，按照平面布置形式可分为单跑式、双跑式、三跑式楼梯；按施工方法可分为整体式和装配式楼梯；按结构形式可分为梁式、板式、螺旋式、剪刀式楼梯，如图 9.17 所示。

图 9.17 各种形式楼梯示意图

楼梯结构形式的选择，应考虑楼梯的使用要求、材料供应、施工方法等因素，本着安全、适用、经济、美观的原则确定。一般当楼梯使用荷载不大，且水平投影长度小于 3m 时，采用板式楼梯；当使用荷载较大，且水平投影长度大于 3m 时，采用梁式楼梯较为经济。

楼梯的结构设计包括以下内容。

楼梯的组成

(1) 根据建筑要求和施工条件，确定楼梯的结构形式和结构布置。

(2) 确定荷载，楼梯荷载包括恒荷载（自重）和活荷载。楼梯活荷载可根据建筑类别，查附录 B 表 B2 确定其标准值。

(3) 进行楼梯各部件的内力计算和截面设计。

(4) 绘制施工图，特别应注意处理好连接部位的配筋构造。

9.5.2 板式楼梯

板式楼梯由梯段板、平台板和平台梁组成［图 9.17（b）］。板式楼梯的优点是下表面平整，施工支模较方便，外观比较轻巧；其缺点是梯段板较厚，为梯段板斜长的 1/30～1/25，混凝土用量和钢材用量都较多。

1. 梯段板

为保证梯段板具有一定的刚度，梯段板的厚度常取 80～120mm。

梯段板是斜放的齿形板，支承在平台梁及楼层梁上（底层下端支承在地垄墙上），一般取 1m 宽板带作为计算单元，在进行内力计算时，可简化为两端简支的斜板进行计算。当斜板支承在平台梁和砖墙上时，嵌固作用差，可按 $\frac{1}{8}(g+q)l_0^2$ 近似计算跨中弯矩；当考虑平台梁及楼层梁对斜板的部分嵌固作用时，跨中弯矩可按 $\frac{1}{10}(g+q)l_0^2$ 近似计算。

梯段板的受力钢筋沿斜向布置，支座处板的上部应设置负筋。配筋常用分离式，分布钢筋与受力钢筋相垂直，且每个踏步范围内必须有一根，其直径≥8mm，如图 9.18 所示。

图 9.18 AT 型板式楼梯梯段板的配筋

2. 平台板

平台板的厚度 $h=l_0/35$（l_0 为平台板的计算跨度），常取为 60~100mm；平台板一般均取 1m 宽板带作为计算单元。

平台板与平台梁或过梁相交处，考虑到支座处有负弯矩作用，应配置承受负弯矩的钢筋，如图 9.19 所示。当平台板的跨度远比梯段板的水平跨度小时，平台板中可能出现负弯矩的情况，此时板中负筋应通跨布置。

图 9.19　平台板支承与配筋

> **特别提示**
>
> 图集 22G101—2 中对部分类型的板式楼梯梯段板的上部纵向钢筋实现了贯通设置，并在有条件时可直接伸入平台板内锚固，从支座内边算起总锚固长度不小于 l_a。

3. 平台梁

板式楼梯的平台梁，承受本身自重、平台板传来的均布荷载和梯段板的均布荷载，当上下梯段板等长，又忽略上下梯段板之间的空隙时，可按荷载满布于全跨的简支梁计算。考虑平台梁两侧荷载不一致将引起扭矩，宜适当增加梁内的箍筋用量。

工程实例

某砖混结构二层住宅中使用了现浇钢筋混凝土板式楼梯，图 9.20 所示为其楼梯各部位的钢筋施工现场。

图 9.20　板式楼梯的工程实例

> **特别提示**
>
> 当楼梯下净高不够时,可将楼层梁向内移动,这样板式楼梯的梯段板就成为折线形。对此设计中应注意两个问题:①梯段板中的水平段,其板厚应与梯段板相同,不能处理成和平台板同厚;②折角处的下部纵向受拉钢筋不允许沿板底弯折[图 9.21(a)],以免产生向外的合力,将该处的混凝土崩脱,应将此处纵向受拉钢筋断开,各自延伸至上面再行锚固,若板的弯折位置靠近楼层梁,板内可能出现负弯矩,则板上面还应配置承担负弯矩的短钢筋[图 9.21(b)]。
>
>
>
> 图 9.21 板内折角时的配筋

9.5.3 梁式楼梯

梁式楼梯由踏步板、斜梁、平台板和平台梁组成[图 9.17(a)]。

1. 踏步板

踏步板[图 9.22(a)]按两端简支在斜梁上的单向板考虑,计算时一般取一个踏步作为计算单元,踏步板为梯形截面,板的计算高度可近似取平均高度 $h=(h_1+h_2)/2$,板厚一般不小于 30~40mm,每一踏步一般需配置不少于 2Φ6 的受力钢筋,沿斜向布置间距不大于 300mm 的 Φ6 分布钢筋[图 9.22(b)]。

图 9.22 踏步板的配筋

2. 斜梁

斜梁的内力计算特点与梯段板相同。踏步板可能位于斜梁截面高度的上部,也可能位于下部,计算时可近似取为矩形截面。斜梁的配筋如图 9.23 所示。

(a) 配筋示意 (b) 配筋布置

图 9.23 斜梁的配筋

3. 平台梁

平台梁主要承受斜梁传来的集中荷载（由上下楼梯斜梁传来）和平台板传来的均布荷载，一般按简支梁计算。

9.6 钢筋混凝土雨篷

工程实例

某百货大楼一层橱窗上设置有挑出 1200mm 的通长现浇钢筋混凝土雨篷，如图 9.24(a) 所示。待到达混凝土设计强度拆模时，突然发生从雨篷根部折断的质量事故，折断的雨篷呈门帘状，如图 9.24（b）所示。

事故是由受力钢筋放错了位置（离模板只有 20mm）所致。原本受力钢筋按设计布置，钢筋工绑扎好后就离开了。浇筑混凝土前，一些"好心人"看到雨篷钢筋浮搁在过梁箍筋上，受力钢筋又放在雨篷顶部（传统的概念总以为受力钢筋就放在构件底面），就将受力钢筋临时改放到过梁的箍筋里面，并贴着模板。浇筑混凝土时，现场人员没有对受力钢筋位置进行检查，于是发生了上述事故。

(a) 设计图 (b) 事故图

图 9.24 悬臂板的错误配筋

【实例点评】

雨篷、外阳台、挑檐是建筑工程中常见的悬挑构件，它们除设计与一般梁板结构相似外，还存在倾覆翻倒的危险，因此应进行抗倾覆验算。

雨篷一般由雨篷板和雨篷梁两部分组成，如图 9.25 所示。雨篷梁既是雨篷板的支承，又兼有过梁的作用。

1．构造要求

（1）一般雨篷板的挑出长度为 0.6～1.2m 或更大，视建筑要求而定。

（2）现浇雨篷板多数做成变厚度的，一般取根部板厚为 1/12 挑出长度，但不小于 70mm，板端不小于 50mm。

（3）雨篷板周围往往设置凸檐以便能有组织地排泄雨水。

（4）雨篷梁的宽度一般取与墙厚相同，梁的高度应按承载能力要求确定。

（5）雨篷梁两端伸进砌体的长度应考虑雨篷抗倾覆的因素确定。

2．计算内容

（1）雨篷板的正截面承载力计算。

（2）雨篷梁在弯矩、剪力、扭矩共同作用下的承载力计算。

（3）雨篷抗倾覆验算。

图 9.25　雨篷

雨篷

模 块 小 结

（1）楼盖结构包括现浇式楼盖、装配式楼盖、装配整体式楼盖，现浇式楼盖又分为单向板肋梁楼盖、双向板肋梁楼盖、井式楼盖、密肋楼盖、无梁楼盖，应根据不同的建筑要求和使用条件选择合适的结构类型。

（2）楼盖、楼梯等梁板结构设计的步骤是：①结构选型、结构布置及构件截面尺寸确定；②结构计算［包括确定计算简图（计算跨度和确定支承简图）、计算荷载、内力分析、内力组合及截面配筋计算等］；③绘制结构施工图（包括结构布置及配筋图）。上述步骤除了适用于梁板结构，也适用于其他结构设计。

（3）在现浇肋梁楼盖中，当板长边与短边之比大于 3 时，弹性弯曲变形和内力主要发生在短跨方向，而长跨方向的内力很小，不必另行计算，为单向板，按构造要求配置钢筋即可。当板的长边与短边之比小于或等于 2 时，板在荷载作用下，沿两个方向正交受力且都不可忽略，为双向板，需分别计算确定长边与短边方向的内力及配筋。

（4）钢筋混凝土楼梯分为梁式楼梯和板式楼梯等。梁式楼梯和板式楼梯的主要区别在于楼梯梯段是采用梁承重还是板承重。前者受力较合理，用材较省，但施工较烦琐且欠美观，宜用于梯段较长的楼梯；后者反之。

习 题

一、填空题

1. 现浇式楼盖按楼板受力和支承条件的不同，分为_____、_____、_____和_____。
2. 单向板肋梁楼盖中主梁沿横向布置的优点是_____。
3. 按结构形式的不同，最常见的现浇楼梯可分为_____和_____。
4. 雨篷的破坏形式有_____、_____和_____。
5. 梁式楼梯由_____、_____、_____和_____组成。

二、选择题

1. 若板区格的长边为 l_2，短边为 l_1，则当（　　）时称为双向板。
   A．$l_2/l_1 \geqslant 1$　　B．$l_2/l_1 \geqslant 2$　　C．$l_2/l_1 < 2$　　D．$l_2/l_1 \leqslant 2$
2. 钢筋混凝土连续梁的中间支座处，当配置好足够的箍筋后，若配置的弯起钢筋不能满足要求，则应增设（　　）来抵抗剪力。
   A．纵向钢筋　　B．鸭筋　　C．浮筋　　D．架立钢筋
3. 板式楼梯的组成不包括（　　）。
   A．梯段板　　B．斜梁　　C．平台板　　D．平台梁
4. 连续板中，对于支撑支座负弯矩的钢筋，若 $q/g \leqslant 3$，可在距支座（　　）处截断。
   A．$l_n/5$　　B．$l_n/4$　　C．$l_n/3$　　D．$l_n/2$
5. 次梁伸入墙体的支承长度一般不应小于（　　）。
   A．120mm　　B．240mm　　C．370mm　　D．没要求
6. 连续板内的分布钢筋应布置在受力钢筋的（　　）。
   A．上侧　　B．下侧　　C．外侧　　D．内侧
7. 为避免板式楼梯的斜板在支座处产生裂缝，应在板上面配置一定量的钢筋，其长度为（　　）。
   A．$l_n/5$　　B．$l_n/4$　　C．$l_n/3$　　D．$l_n/2$

8．下列雨篷板配筋图正确的一项是（　　）。

A.

B.

C.

D.

三、简答题

1．钢筋混凝土楼盖结构有哪几种主要类型？分别说出它们的优缺点和适用范围。

2．单向板和双向板的受力特点如何？

3．现浇单向板肋梁楼盖中的板、次梁和主梁，当按塑性理论计算时，其计算简图如何确定？

4．现浇单向板肋梁楼盖中板、次梁和主梁的配筋计算和构造要点有哪些？

5．现浇钢筋混凝土楼梯按受力分为哪两种形式？比较其受力特点的异同。

6．雨篷的受力特点是什么？

模块9
在线答题

模块 10　多高层建筑结构

思维导图

引例

我国台湾地区的台北 101 大楼楼高 508m、101 层，安设有世界最大且最重的风阻尼器。101 层塔楼的结构体系以井字形的巨型构架为主，巨型构架在每 8 层楼处设置 1~2 层楼高的巨型桁架梁，并与巨型外柱及核心斜撑构架组成近似 11 层楼高的巨型结构。柱位规划可简单归纳为内柱与外柱，服务核心内共有 16 支箱形内柱，箱形内柱由 4 片钢板经电焊组合而成，中低层部分以内灌混凝土增加劲度和强度；外柱则随着楼层高度而有不同的配置，在 26 层以下均为与帷幕平行的斜柱，其两侧各配置 2 支巨柱及 2 支次巨柱，其中巨柱及次巨柱皆为内灌混凝土的长方形钢柱，另外每层配置 4 支双斜角柱，角柱为内灌混凝土的方形钢柱。

大家知道的知名的多高层建筑有哪些？它们有什么建筑特色？各采用什么样的结构体系？

10.1 多高层建筑结构的类型

10.1.1 多高层建筑的界限

随着社会生产力和现代科学技术的发展，在一定条件下出现了高层建筑。从 20 世纪 90 年代到 21 世纪初，我国高层建筑有了很大的发展，一批现代高层建筑以全新的面貌呈现在人们面前。由于高层建筑具有占地面积小、节约市政工程费用、节省拆迁费、改变城市面貌等优点，为了改善城市居民的居住条件，在大城市和某些中等城市中，高层建筑发展十分迅速，主要用于住宅、旅馆及办公楼等建筑。

关于多层与高层建筑的界限，各国有不同的标准。我国对高层建筑的规定如下：《民用建筑设计统一标准》（GB 50352—2019）和《建筑设计防火规范（2018 年版）》（GB 50016—2014）均以建筑高度大于 27m 的住宅建筑和建筑高度大于 24m 的非单层公共建筑且高度不大于 100m 的为高层建筑（建筑高度大于 100m 的为超高层建筑）。目前，多层建筑多采用混合结构和钢筋混凝土结构，高层建筑常采用钢筋混凝土结构、钢结构、钢-混凝土混合结构。

超级工程——上海中心大厦

多高层建筑是商业化、工业化和城市化的结果。位于马来西亚吉隆坡市中心区的佩重纳斯大厦，俗称"石油双塔"，楼高 452m，共 88 层，在第 40 层和 41 层之间有一座天桥，方便楼与楼之间来往，这幢外形独特的银色尖塔式建筑号称世界最高的双峰塔；位于美国伊利诺伊州芝加哥的威利斯大厦楼高 442m，共 110 层，一度是世界上最高的办公楼；位于我国上海浦东陆家嘴金融贸易区的金茂大厦，工程占地面积 24000m^2，建筑总面积约 290000m^2，由塔楼、裙房和地下室 3 部分组成，其中地下室 3 层（最深 19.6m），塔楼地上 88 层，总高度为 420.5m；位于我国台湾地区的台北 101 大楼楼高 508m，101 层，以上所述各高层建筑如图 10.1 所示。

（a）马来西亚佩重纳斯大厦

（b）美国威利斯大厦

（c）中国上海金茂大厦

（d）中国台北101大楼

图 10.1　世界著名高层建筑

10.1.2　多高层建筑的结构类型及发展趋势

在多高层建筑结构中，风荷载和水平地震作用所产生的侧向力对其起主要控制作用，因此多高层建筑结构设计的关键问题就是如何设置合理形式的抗侧力构件及有效的抗侧力结构体系，使结构具有相应的刚度来抵抗侧向力。多高层建筑结构中基本的抗侧力单元是框架、剪力墙、井筒、框筒及支承。

多高层建筑常见的结构类型如模块1所述，有混合结构、框架结构、剪力墙结构、框架-剪力墙结构、筒体结构等。

随着高层建筑的迅速发展，层数越来越高，结构体系越来越新颖，建筑造型越来越丰富多样，因此有限的结构体系已经不能适应新的要求。为了满足当今高层建筑的要求，设计者必须在材料和结构体系上不断地创新。

1. 建筑结构轻型化

目前我国高层建筑采用的普通钢筋混凝土材料总的来讲自重偏大，因此减轻建筑物的自重是非常有必要的。减轻自重有利于减小构件截面、节约建筑材料、减少基础投资、改善结构抗震性能等。除了可以通过选用合理的楼盖形式、尽量减轻墙体的重量等措施，还可以对承重构件采用轻质高强的结构材料，如钢材、轻骨料混凝土及高强混凝土等。

2. 柱网、开间扩大化

为了使高层建筑能充分利用建筑空间、降低造价，应从建筑和结构两个方面着手扩大空间利用率：不但从建筑上布置大柱网，而且从结构功能出发，尽量满足大空间的要求。当然，柱网、开间的尺寸并不是越大越好，而是以满足建筑使用功能为度，并同时以满足结构承载力与侧移控制为原则。

3. 结构转换层

集吃、住、办公、娱乐、购物、停车等为一体的多功能综合性高层建筑，已经成为现代高层建筑的一大趋势。其结构特点是下层部分是大柱网，而较小柱网多设于中、上层部分。不同的使用功能要求不同的空间划分布置，相应地，不同的结构形式之间通过合理的转换过渡，沿竖向组合在一起，就成为多功能综合性高层建筑结构体系的关键技术。这对高层建筑结构设计提出了新的问题——需要设置一种称为"转换层"的结构形式，来完成上下不同柱网、不同开间、不同结构形式的转换。结构转换层广泛应用于剪力墙及框架-剪力墙等结构体系中。

4. 结构体系巨型化

当前无论国内还是国外，高层建筑的高度都在大幅度增长，其趋势是越来越高。面对这种情况，传统的3种结构体系（框架、剪力墙、框架-剪力墙结构体系）已经难以满足要求，需要能适应超高层建筑且更加经济有效的抗风、抗震结构体系。近年来，为适应发展需要，一些超高层建筑工程实践中已成功应用了一些新型的结构体系，如巨型框架结构体系、巨型支撑结构体系等，根据其主要特点，可归结为"结构体系巨型化"。

5. 型钢混凝土结构的应用

型钢混凝土结构又称钢骨混凝土结构。它是指梁、柱、墙等杆件和构件以型钢为骨架，外包钢筋混凝土所形成的组合结构。在这种结构体系中，钢筋混凝土与型钢形成整体共同受力；而包裹在型钢外面的钢筋混凝土不仅在刚度和强度上发挥作用，还可以取代型钢外涂的防锈和防火材料，使材料更耐久，如图10.2所示。随着我国钢产量迅速增加，高层建筑层数增多，高度加大，功能需求更为复杂，型钢混凝土结构以其截面小、质量轻、抗震性能好的优势，已从局部应用发展到在多个楼层应用，甚至整座建筑的主要结构均采用型钢混凝土结构。对于型钢混凝土结构，可供选择的结构体系更加广泛。凡是适用于全钢结构和混凝土与钢的混合结构的各种结构体系，均可采用型钢混凝土结构。

图 10.2　型钢混凝土梁断面图

10.2　多高层建筑结构体系的总体布置原则

在确定高层建筑结构体系时应遵守以下布置原则。

（1）应具有明确的计算简图和合理的水平地震作用传递途径。

（2）应具有多道抗震防线，避免因部分结构或构件破坏而导致整个结构体系丧失抗震能力。

（3）应具有必要的强度和刚度、良好的变形能力和能量吸收能力，结构体系的抗震能力表现为强度、刚度和延性恰当地匹配上。

（4）竖向和水平布置宜具有合理的刚度和承载力分布，避免因局部削弱或突变形成薄弱部位，产生过大的应力集中或塑性变形集中。

（5）宜选用有利于抗风作用的高层建筑体型，即选用风压较小的建筑体型，并考虑邻近建筑对其风压分布的影响。

（6）高层建筑的开间、进深尺寸和选用的构件类型应减少规格，符合建筑模数。

（7）高层建筑结构的平面布置宜简单、规则、对称，减少偏心；竖向体型应力求规则、均匀，避免有过大的外挑和内收使竖向刚度突变，以致在一些楼层形成变形集中而最终导致严重的震害。

所谓规则结构，一般指体型（平面和立面）规则，结构平面布置均匀、对称并具有较好的抗扭刚度，结构竖向布置均匀，结构的刚度、承载力和质量分布均匀，无突变的结构。

除此之外，多高层建筑结构体系还应注意以下几方面。

1. 结构平面形状

平面布置宜采用方形、矩形、圆形、Y 形等有利于抵抗水平荷载的结构平面。尤其对于有抗震要求的结构，其平面应力求简单，对于复杂、不规则、不对称的结构会难于计算和处理，在拐角处往往是应力比较集中的部位。因此平面布置不宜采用角部重叠的平面图形或腰形平面图形，且平面长度 L 不宜过长，突出部分长度 l 不宜过大，如图 10.3 所示，其值应满足表 10-1 的要求。

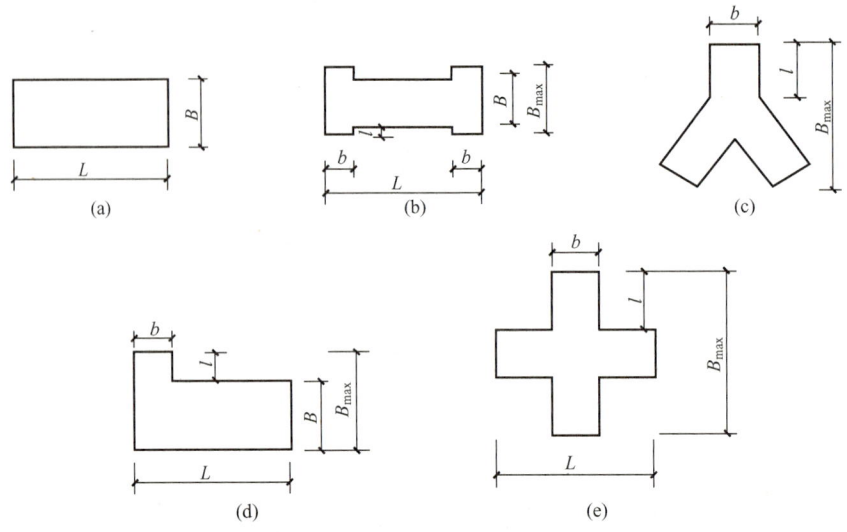

图 10.3 结构平面形状

表 10-1 L、l 的限值

抗震设防烈度	L/B	l/B_{max}	l/b
6、7 度	≤6.0	≤0.35	≤2.0
8、9 度	≤5.0	≤0.30	≤1.5

综上所述,无论是哪一种平面,都应尽量用规则、简单、对称的形状,尽量减少复杂受力和扭转受力。

2. 结构竖向布置

沿结构竖向布置时应注意结构的刚度和质量分布均匀,不要发生过大的突变,尽量避免夹层、错层和抽柱(墙)等现象,否则对结构的受力极为不利。对有抗震设防要求的高层建筑,竖向体型应力求规则、均匀,避免有过大的外挑和内收,结构的侧向刚度宜下大上小,变化均匀。无论采用何种结构体系,结构的平面和竖向布置都应使结构具有合理的刚度和承载力分布,避免因局部突变和扭转效应而形成薄弱部位;对可能出现的薄弱部位,在设计中应采取有效措施,增强其抗震能力;宜具有多道防线,避免因部分结构或构件的破坏而导致整个结构丧失承受水平风荷载、地震作用和重力荷载的能力。

3. 控制结构的适用高度和高宽比

钢筋混凝土高层建筑结构的最大适用高度应区分为 A 级和 B 级。A 级高度钢筋混凝土高层建筑是目前数量最多、应用最广泛的建筑,A 级高度钢筋混凝土乙类和丙类高层建筑的最大适用高度应符合表 10-2 的规定。B 级高度钢筋混凝土乙类和丙类高层建筑的最大适用高度应符合表 10-3 的规定,并应遵守《高层建筑混凝土结构技术规程》(JGJ 3—2010)(以下简称《高规》)规定的更严格的计算和构造措施。

对于平面和竖向均不规则的高层建筑结构,其最大适用高度应适当降低。

表 10-2　A 级高度钢筋混凝土高层建筑的最大适用高度

单位：m

结构体系		抗震设防烈度				
		6 度	7 度	8 度		9 度
				0.20g	0.30g	
框架		60	50	40	35	—
框架-剪力墙		130	120	100	80	50
剪力墙	全部落地剪力墙	140	120	100	80	60
	部分框支剪力墙	120	100	80	50	不应采用
筒体	框架-核心筒	150	130	100	90	70
	筒中筒	180	150	120	100	80
板柱-剪力墙		80	70	55	40	不应采用

注：(1) 表中框架不含异形柱框架。
(2) 部分框支剪力墙结构指地面以上有部分框支剪力墙的剪力墙结构。
(3) 甲类建筑，6、7、8 度时宜按本地区抗震设防烈度提高一度后符合本表的要求，9 度时应专门研究。
(4) 框架结构、板柱-剪力墙结构以及 9 度抗震设防的表列其他结构，当房屋高度超过表中数值时，结构设计应有可靠依据，并采取有效的加强措施。

表 10-3　B 级高度钢筋混凝土高层建筑的最大适用高度

单位：m

结构体系		抗震设防烈度			
		6 度	7 度	8 度	
				0.20g	0.30g
框架-剪力墙		160	140	120	100
剪力墙	全部落地剪力墙	170	150	130	110
	部分框支剪力墙	140	120	100	80
筒体	框架-核心筒	210	180	140	120
	筒中筒	280	230	170	150

注：(1) 部分框支剪力墙结构指地面以上有部分框支剪力墙的剪力墙结构。
(2) 甲类建筑，6、7 度时宜按本地区设防烈度提高一度后符合本表的要求，8 度时应专门研究。
(3) 当房屋高度超过表中数值时，结构设计应有可靠依据，并采取有效的加强措施。

> **特别提示**
>
> 为保证 B 级高度的高层建筑的设计质量，抗震设计的 B 级高度的高层建筑，按有关规定应进行超限高层建筑工程抗震设防专项审查复核。

高层建筑的高宽比（H/B）不宜超过表 10-4 的限值，其中 H 指建筑物地面到檐口的高度，B 为建筑物平面的短方向总宽。控制高宽比的目的是控制结构刚度及侧向位移。

表 10-4　钢筋混凝土高层建筑结构适用的最大高宽比

结构体系	抗震设防烈度		
	6、7 度	8 度	9 度
框架	4	3	—
板柱-剪力墙	5	4	—
框架-剪力墙、剪力墙	6	5	4
框架-核心筒	7	6	4
筒中筒	8	7	5

4．减少偏心

结构的刚心、质心应尽可能地和水平外力合力的作用点重合，减少偏心，否则应考虑其扭转的不利影响，有时要因此付出很高的代价。

5．变形缝的合理设置及构造

对于一般的多层结构，考虑到沉降、温度收缩和体型复杂对房屋结构的不利影响，常采用沉降缝、伸缩缝和防震缝将房屋分成若干独立的部分。

对于高层建筑结构，应尽量不设或少设缝，目前的趋势是避免设缝，从总体布置上或构造上采取一些相应的措施来减少沉降、温度收缩和体型复杂引起的问题。如优先采用平面布置简单、长度不大的结构；体型复杂时，可以采取加强结构整体性的措施（加强连接板处楼板配筋，避免在连接部位的楼板内开洞等）。

1）防震缝

当结构平面形状复杂而又无法调整其平面形状和结构布置使之成为较规则的结构时，宜设置防震缝将其划分为较简单的几个结构单元，如图 10.4 所示。

图 10.4　防震缝

以下情况时宜设防震缝。

（1）平面各项尺寸超过表 10-1 的限值而无加强措施者。

（2）房屋有较大错层者，且楼面高差较大处。

（3）房屋各部分结构的刚度、高度或荷载相差悬殊而又未采取有效措施者。

《高规》规定，当必须设置防震缝时，应符合下列要求。

（1）防震缝最小宽度应符合下列规定。

① 框架结构房屋高度不超过 15m 时不应小于 100mm；超过 15m 时，6、7、8、9 度分别每增加 5m、4m、3m 和 2m 的高度，宜加宽 20mm。

② 框架-剪力墙结构房屋不应小于第①项规定数值的 70%，剪力墙结构房屋不应小于第①项规定数值的 50%，且两者均不宜小于 100mm。

（2）防震缝两侧结构体系不同时，防震缝宽度应按不利的结构类型确定；防震缝两侧的房屋高度不同时，防震缝宽度可按较低的房屋高度确定。

（3）8、9度抗震设计的框架结构房屋，防震缝两侧结构层高相差较大时，防震缝两侧框架柱的箍筋应沿房屋全高加密，并可根据需要沿房屋全高在缝两侧各设置不少于两道垂直于防震缝的抗撞墙。

（4）当相邻结构的基础存在较大沉降差时，宜增大防震缝的宽度。

（5）防震缝宜沿房屋全高设置；地下室、基础可不设防震缝，但在与上部防震缝对应处应加强构造和连接。

（6）结构单元之间或主楼与裙房之间不应采用牛腿托梁的做法设置防震缝，否则应采取可靠措施。

2）伸缩缝、沉降缝

抗震设计时，伸缩缝、沉降缝的宽度均应符合《高规》关于防震缝宽度的要求。高层建筑结构伸缩缝的最大间距宜符合表10-5的规定。

表10-5 伸缩缝的最大间距

结构体系	施工方法	最大间距/m
框架	现浇	55
剪力墙	现浇	45

注：（1）框架-剪力墙的伸缩缝间距可根据结构的具体布置情况取表中框架结构与剪力墙结构之间的数值。
（2）当屋面无保温或隔热措施、混凝土的收缩较大或室内结构因施工外露时间较长时，伸缩缝的间距应适当减小。
（3）位于气候干燥地区、夏季炎热且暴雨频繁地区的结构，伸缩缝的间距宜适当减小。

当采用有效的构造措施和施工措施减少温度和混凝土收缩对结构的影响时，可适当放宽伸缩缝的间距。这些措施包括但不限于下列方面。

（1）顶层、底层、山墙和纵墙端开间等温度变化影响较大的部位提高配筋率。

（2）顶层加强保温隔热措施，外墙设置外保温层。

（3）每30～40m间距留出施工后浇带，带宽800～1000mm，钢筋采用搭接接头，后浇带混凝土宜在45天后浇灌。

（4）采用收缩小的水泥，减少水泥用量，在混凝土中加入适宜的外加剂。

（5）提高每层楼板的构造配筋率或采用部分预应力结构。

10.3 剪力墙结构

引例

随着房屋高度的增加，结构荷载也在增大，结构形式随之发生改变，高层建筑中通常采用框架-剪力墙结构或剪力墙结构。图10.5为某框架-剪力墙结构平面示意图；图10.6为某高层住宅标准层建筑施工图的局部，其结构形式采用剪力墙结构，平面图中墙体涂黑部分为剪力墙；图10.7为与之配套的剪力墙结构施工图。下面两节将简单介绍剪力墙结构及框架-剪力墙结构的构造要求及其施工图的识读。

图 10.5 某框架-剪力墙结构平面示意图

图 10.6 某高层住宅标准层建筑平面图（局部）

图 10.7 某高层住宅标准层剪力墙平法施工图（局部）

10.3.1 剪力墙结构构造要求

由钢筋混凝土墙体构成的承重体系称为剪力墙结构。剪力墙又称抗风墙、抗震墙或结构墙，是房屋中主要承受风荷载或地震作用引起的水平荷载的墙体，用以提高结构的抗侧力性能，防止结构发生剪切破坏。

由于剪力墙内部受力和配筋构造有所不同，为方便表达，将剪力墙分为剪力墙身、剪力墙梁和剪力墙柱 3 部分。剪力墙身主要配置竖向和水平分布钢筋。剪力墙梁主要配置上部、下部纵向钢筋和箍筋。剪力墙柱主要配置纵向钢筋和箍筋。

剪力墙结构

在整个高层剪力墙结构的底部，为保证出现塑性铰时有足够的延性，达到耗能的目的，剪力墙底部应设置加强区。从原则上来说，出现塑性铰的范围就是剪力墙的加强范围。

1. 现浇钢筋混凝土剪力墙房屋的最大适用高度及抗震等级

（1）现浇钢筋混凝土剪力墙房屋的最大适用高度应符合表 10-6 的要求。

表 10-6　现浇钢筋混凝土剪力墙房屋的最大适用高度

单位：m

抗震设防烈度	6 度	7 度	8 度		9 度
			0.2g	0.3g	
最大适用高度	140	1200	100	80	60

（2）现浇钢筋混凝土剪力墙房屋应根据抗震设防类别、抗震设防烈度、结构类型和房屋高度采用不同的抗震等级，并应符合相应的计算和构造措施要求，丙类剪力墙房屋的抗震等级应按表 10-7 确定。

表 10-7　现浇钢筋混凝土剪力墙房屋的抗震等级

抗震设防烈度	6 度		7 度			8 度			9 度	
房屋高度/m	≤80	>80	≤24	25～80	>80	≤24	25～80	>80	≤24	25～60
抗震等级	四	三	四	三	二	三	二	一	二	一

2. 剪力墙的厚度

（1）剪力墙的厚度，当结构抗震等级为一、二级时不应小于 160mm 且不宜小于层高或无支长度（图 10.8）的 1/20，三、四级不应小于 140mm 且不宜小于层高或无支长度的 1/25；无端柱或翼墙时，一、二级不宜小于层高或无支长度的 1/16，三、四级不宜小于层高或无支长度的 1/20。

底部加强部位的墙厚，一、二级不应小于 200mm 且不宜小于层高或无支长度的 1/16，三、四级不应小于 160mm 且不宜小于层高或无支长度的 1/20；无端柱或翼墙时，一、二级不宜小于层高或无支长度的 1/12，三、四级不宜小于层高或无支长度的 1/16。

（2）剪力墙厚度大于 140mm 时，竖向和水平分布钢筋应双排布置；双排分布钢筋间拉筋的间距不应大于 600mm，直径不应小于 6mm；在底部加强部位，边缘构件以外的拉筋间距应适当加密。

3. 剪力墙钢筋的锚固和连接

（1）剪力墙钢筋的锚固。非抗震设计时，剪力墙纵向钢筋最小锚固长度应取 l_a；抗震设计时，剪力墙纵向钢筋最小锚固长度应取 l_{aE}。l_a、l_{aE} 的取值见附录 C 表 C17、表 C18。

(2) 剪力墙钢筋的连接。

① 墙中竖向分布钢筋可在同一高度搭接,搭接长度不应小于 $1.2l_a$。

② 墙中水平分布钢筋的搭接长度不应小于 $1.2l_a$。同排水平分布钢筋的搭接接头之间以及上、下相邻水平分布钢筋的搭接接头之间,沿水平方向的净距不宜小于 500mm(图 10.9)。

图 10.8 剪力墙的层高与无支长度 　　图 10.9 剪力墙内水平分布钢筋的连接

③ 墙中水平分布钢筋应伸至墙端,并向内水平弯折 $10d$(d 为钢筋直径)。

④ 当剪力墙端部有翼墙或转角墙时,内墙两侧和外墙内侧的水平分布钢筋应伸至翼墙或转角墙外边,并分别向两侧水平弯折 $15d$。在转角墙处,外墙外侧的水平分布钢筋应在墙端外角处弯入翼墙,并与翼墙外侧的水平分布钢筋搭接。

⑤ 带边框的墙,水平和竖向分布钢筋宜分别贯穿柱、梁或锚固在柱、梁内。

⑥ 暗柱、端柱等剪力墙边缘构件内纵向钢筋连接和锚固要求宜与框架柱相同。

⑦ 连梁内纵向钢筋连接和锚固要求宜与框架梁相同。

⑧ 抗震设计时,墙水平及竖向分布钢筋搭接长度应取 $1.2l_{aE}$。一、二级抗震等级剪力墙的加强部位,接头位置应错开,每次连接的钢筋数量不宜超过总数量的 50%,错开的净距离不宜小于 500mm。

> **特别提示**
>
> 高层建筑施工应优先采用钢筋机械连接和焊接连接,钢筋绑扎搭接质量不可靠且浪费钢筋,应限制使用。

4. 剪力墙身构造

(1) 一、二、三级抗震等级剪力墙的竖向和水平分布钢筋最小配筋率均不应小于 0.25%,四级抗震等级剪力墙不应小于 0.20%。

（2）部分框支剪力墙结构的落地剪力墙底部加强部位，竖向和水平分布钢筋配筋率均不应小于 0.30%，钢筋间距不宜大于 200mm。

（3）剪力墙钢筋最大间距不宜大于 300mm；竖向和水平分布钢筋的直径，均不宜大于墙厚的 1/10 且不应小于 8mm；竖向分布钢筋直径不宜小于 10mm。

5. 剪力墙柱构造

剪力墙柱也称边缘构件，边缘构件包括暗柱、端柱、翼墙和转角墙，其实质是剪力墙两端及洞口两侧等边缘的集中配筋加强部位。剪力墙边缘构件按结构抗震等级划分，又分为约束边缘构件和构造边缘构件。

1）剪力墙边缘构件的一般构造规定

（1）一、二、三级抗震等级的剪力墙，在重力荷载代表值作用下，当墙肢底截面轴压比大于表 10-8 的规定时，其底部加强部位及其以上一层墙肢应按规定设置约束边缘构件；当墙肢轴压比不大于表 10-8 规定时，可按规定设置构造边缘构件。

表 10-8　剪力墙设置构造边缘构件的最大轴压比

抗震等级（抗震设防烈度）	一级（9度）	一级（7、8度）	二、三级
最大轴压比	0.1	0.2	0.3

> **知识链接**
>
> （1）轴压比：轴压比 $N/(f_cA)$ 是指墙（柱）的轴向压力设计值与墙（柱）的全截面面积和混凝土轴心抗压强度设计值乘积的比值。它反映了墙（柱）的受压情况，轴压比越大，构件的延性越差，在地震作用下呈破坏脆性。限制墙（柱）轴压比主要是为了控制墙（柱）的延性。
>
> （2）剪力墙墙肢：剪力墙在水平荷载作用下的工作特点主要取决于墙体上所开洞口的大小。墙面上不开洞或洞口极小（洞口面积不超过墙面总表面积的 15%）的墙 [图 10.10(a)、(b)]，可视为嵌固于基础顶面的悬臂深梁；当墙面上开有整齐规则的洞口且洞口大小适中时 [图 10.10(c)]，由洞口分开的左、右剪力墙便形成了两个墙肢，洞口上、下间墙体称为连梁，通过它把左、右墙肢联系起来。

图 10.10　剪力墙分类

（2）部分框支剪力墙结构中，一、二、三级抗震等级落地剪力墙的底部加强部位及以上一层的墙肢两端，宜设置翼墙或端柱，并应按规定设置约束边缘构件；不落地的剪力墙，应在底部加强部位及相邻的上一层剪力墙的墙肢两端设置约束边缘构件。

（3）一、二、三级抗震等级的剪力墙的一般部位剪力墙以及四级抗震等级剪力墙，应按规定设置构造边缘构件。

2）剪力墙约束边缘构件（墙柱）的构造规定

约束边缘构件沿墙肢的长度和配箍特征值应符合表 10-9 的要求。一、二、三级抗震等级的剪力墙约束边缘构件的纵向钢筋的截面面积，对暗柱、端柱、翼墙与转角墙，分别不应小于图 10.11 中阴影部分面积的 1.2%、1.0% 和 1.0%。

约束边缘构件的箍筋或拉筋沿竖向的间距，对一级抗震等级不宜大于 100mm，对二、三级抗震等级不宜大于 150mm；箍筋、拉筋沿水平方向的肢距不宜大于 300mm，不应大于纵向钢筋间距的 2 倍。

约束边缘构件

图 10.11　剪力墙约束边缘构件

表 10-9　约束边缘构件沿墙肢的长度 l_c 和配箍特征值 λ_v

抗震等级（抗震设防烈度）		一级（9度）		一级（7、8度）		二级、三级	
轴压比		≤0.2	>0.2	≤0.3	>0.3	≤0.4	>0.3
λ_v		0.12	0.20	0.12	0.20	0.12	0.20
l_c	暗柱	$0.20h_w$	$0.25h_w$	$0.15h_w$	$0.20h_w$	$0.15h_w$	$0.20h_w$
	端柱、翼墙或转角墙	$0.15h_w$	$0.20h_w$	$0.10h_w$	$0.15h_w$	$0.10h_w$	$0.15h_w$

注：表中 h_w 为剪力墙墙肢截面高度。

3）剪力墙构造边缘构件（墙柱）的构造规定

剪力墙构造边缘构件的设置范围，应按图 10.12 采用。构造边缘构件的配筋应满足受弯承载力要求，并应符合表 10-10 的要求。箍筋的无支长度不应大于 300mm，拉筋的水平间距不应大于纵向钢筋间距的 2 倍。当剪力墙端部为端柱时，端柱中纵向钢筋及箍筋宜按框架柱的构造要求配置。

非抗震设计的剪力墙，墙肢端部应配置不少于 4Φ12 的纵向钢筋，箍筋直径不应小于 6mm，间距不宜大于 250mm。

图 10.12　剪力墙构造边缘构件

表 10-10　构造边缘构件的配筋要求

抗震等级	底部加强部位			其他部位		
	纵向钢筋最小配筋量（取较大值）	箍筋		纵向钢筋最小配筋量（取较大值）	拉筋	
		最小直径/mm	沿竖向最大间距/mm		最小直径/mm	沿竖向最大间距/mm
一	$0.010A_c$，6Φ16	8	100	$0.008A_c$，6Φ14	8	150
二	$0.008A_c$，6Φ14	8	150	$0.006A_c$，6Φ12	8	200
三	$0.006A_c$，6Φ12	6	150	$0.005A_c$，4Φ12	6	200
四	$0.005A_c$，6Φ12	6	200	$0.004A_c$，4Φ12	6	250

注：（1）表中 A_c 为图 10.12 所示的阴影部分面积。
（2）对其他部位，拉筋的水平间距不应大于纵向钢筋间距的 2 倍，转角处宜设置箍筋。
（3）当端柱承受集中荷载时，应满足框架柱的配筋要求。

6. 剪力墙梁构造

剪力墙梁包括连梁、暗梁、边框梁。其中连梁的作用是将两侧的剪力墙肢连接在一起，共同抵抗地震作用，受力原理与一般的梁有很大区别；而暗梁和边框梁则不属于受弯构件，它们实质上是剪力墙在楼层位置的水平加强带。

1）连梁的配筋形式

连梁内的钢筋包括上部纵向钢筋、下部纵向钢筋、箍筋、斜筋。连梁中配置斜筋的主要作用是：当连梁跨高比较小（即为短连梁）时，改善连梁的延性，提高其抗剪承载力。按斜筋在连梁中的配筋形式，连梁有：交叉斜筋配筋连梁（图10.13）、集中对角斜筋配筋连梁（图10.14）、对角暗撑配筋连梁（图10.15）。

1—对角斜筋；2—折线筋；3—纵向钢筋。

图 10.13　交叉斜筋配筋连梁

1—对角斜筋；2—拉筋。

图 10.14　集中对角斜筋配筋连梁

图 10.15　对角暗撑配筋连梁

2）连梁的配筋构造要求

（1）连梁上、下部单侧纵向钢筋的最小配筋率不应小于 0.15%，且配筋不宜少于 2Φ12；交叉斜筋配筋连梁单向对角斜筋不宜少于 2Φ12，单组折线筋的截面面积可取为单向对角斜筋截面面积的一半，且直径不宜小于 12mm；集中对角斜筋配筋连梁和对角暗撑配筋连梁中每组对角斜筋应至少由 4 根直径不小于 14mm 的钢筋组成。

（2）交叉斜筋配筋连梁的对角斜筋在梁端部位应设置不少于 3 根拉筋，拉筋的间距不应大于连梁宽度和 200mm 的较小值，直径不应小于 6mm；集中对角斜筋配筋连梁应在梁截面内沿水平方向及竖直方向设置双向拉筋，拉筋应勾住外侧纵向钢筋，间距不应大于 200mm，直径不应小于 8mm；对角暗撑配筋连梁中暗撑箍筋的外缘沿梁截面宽度方向不宜小于梁宽的一半，另一方向不宜小于梁宽的 1/5；对角暗撑约束箍筋的间距不宜大于暗撑钢筋直径的 6 倍，当计算间距小于 100mm 时可取 100mm，箍筋肢距不应大于 350mm。

除集中对角斜筋配筋连梁以外，其余连梁的水平分布钢筋及箍筋形成的钢筋网之间应采用拉筋拉结，拉筋直径不宜小于 6mm，间距不宜大于 400mm。

（3）连梁纵向受力钢筋、交叉斜筋伸入墙内的锚固长度不应小于 l_{aE}（非抗震时为 l_a），且不应小于 600mm；顶层连梁纵向钢筋伸入墙体的长度范围内，应配置间距不大于 150mm 的构造箍筋，箍筋直径应与该连梁的箍筋直径相同（图 10.16）。

图 10.16　连梁纵向钢筋配筋构造

（4）剪力墙的水平分布钢筋可作为连梁的纵向构造钢筋在连梁范围内贯通。当梁的腹板高度 h_w 不小于 450mm 时，其两侧面沿梁高范围设置的纵向构造钢筋的直径不应小于

10mm，间距不应大于 200mm；对跨高比不大于 2.5 的连梁，梁两侧的纵向构造钢筋（腰筋）的面积配筋率尚不应小于 0.3%。

（5）抗震设计时，沿连梁全长箍筋的构造应按框架梁抗震设计时梁端加密区箍筋的构造要求采用，对角暗撑配筋连梁沿连梁全长箍筋的间距按抗震框架梁加密箍筋间距的 2 倍取用；非抗震设计时，沿连梁全长的箍筋直径不应小于 6mm，间距不应大于 150mm。

（6）根据连梁不同的截面宽度，连梁拉筋直径和间距的规定：当连梁截面宽度不大于 350mm 时，拉筋直径为 6mm；当连梁截面宽度大于 350mm 时，拉筋直径为 8mm；拉筋水平间距为 2 倍连梁箍筋间距（隔一拉一），拉筋竖向间距为 2 倍连梁侧面水平构造钢筋间距（隔一拉一）。

7. 剪力墙墙面开洞和连梁开洞构造规定

剪力墙墙面开洞和连梁开洞时，应符合下列要求。

（1）当剪力墙墙面开有非连续小洞口（其各边长度不大于 800mm），且在整体计算中不考虑其影响时，应将洞口处被截断的分布钢筋量分别集中配置在洞口上、下侧和左、右两边［图 10.17（a）］，按每边配置 2 根直径不小于 12mm，且面积不小于同向被切断纵向钢筋总面积 50%的钢筋补强。纵向钢筋自洞边伸入墙内的长度不应小于受拉钢筋的锚固长度。

（2）穿过连梁的管道宜预埋套管，洞口上、下的有效高度不宜小于梁高的 1/3，且不宜小于 200mm，被洞口削弱的截面应进行承载力验算，洞口处应配置补强纵向钢筋和箍筋［图 10.17（b）］，补强纵向钢筋的直径不应小于 12mm。

剪力墙支模构造

(a) 剪力墙洞口补强

(b) 连梁洞口补强

图 10.17　洞口补强配筋示意图

10.3.2　剪力墙结构施工图

剪力墙平法施工图的表达方式有两种，即截面注写方式和列表注写方式。本节主要讲解截面注写方式的表达。截面注写方法是一种综合表达方式，其中剪力墙柱是在结构平面布置图墙柱的原位置处绘制截面形状、尺寸及配筋，属于完全截面注写，但剪力墙身和剪力墙梁不需要绘制配筋，所以采用了平面注写的方式。

剪力墙的定位，沿水平方向，平面图中应标出剪力墙截面尺寸与定位轴线的位置关系；沿高度方向，平面图中要加注各结构层的楼面标高及相应的结构层号，通常以列表形式表达。

下面分述剪力墙各组成部分的平法施工图截面注写表达方式。

1. 剪力墙柱

1) 墙柱编号

墙柱编号由墙柱类型代号和序号组成，表达形式应符合表 10-11 的规定。

表 10-11 墙柱编号

墙柱类型	代号	序号
约束边缘构件	YBZ	××
构造边缘构件	GBZ	××
非边缘暗柱	AZ	××
扶壁柱	FBZ	××

注：(1) 约束边缘构件包括暗柱、端柱、翼墙、转角墙 4 种，表达形式如图 10.18 所示。
（2）构造边缘构件包括暗柱、端柱、翼墙、转角墙 4 种，表达形式如图 10.19 所示。

图 10.18 约束边缘构件表达形式

图 10.19 构造边缘构件表达形式

2）截面注写内容

从相同编号的墙柱中选择一个截面，在原位选用适当比例放大绘制墙柱截面图，注明几何尺寸，标注全部纵向钢筋及箍筋的具体数值。具体注写内容如下。

（1）墙柱编号：见表 10-11。

（2）墙柱竖向配筋：根数 Φ 直径。

（3）墙柱阴影区箍筋/墙柱非阴影区拉筋：Φ 直径@间距/Φ 直径。

3）识图举例

引例图（图 10.7）中的墙柱 GBZ13（图 10.20），根据集中标注的内容可以看出，该墙柱属于构造边缘转角墙，序号为 13；纵向钢筋为 2Φ16+12Φ12，其中 2Φ16 钢筋的位置已标出；沿柱高的箍筋为 Φ8@150，单肢箍直径和间距与封闭的矩形箍筋一致。从图 10.7 的楼层标高和层高表中加粗的部分可以看出，GBZ13 沿高度方向的定位在第 3 层到第 11 层，标高从 6.450m 到 32.550m。

图 10.20 墙柱 GBZ13 截面注写

2. 剪力墙身

墙身编号由墙身代号、序号及墙身所配置的水平与竖向分布钢筋的排数组成，其中排数注写在括号内，表达形式为：Q×（×排）。

识图举例：引例图（图10.7）中的墙身Q1（图10.21），采用的是平面注写方式，为表达清楚，将Q1配筋图绘出，如图10.22、图10.23所示，以便对照识读。

图 10.21　墙身 Q1 截面注写示例　　　　图 10.22　墙身 Q1 截面配筋详图

图 10.23　墙身 Q1 拉筋分布示意图

3. 剪力墙梁

1）墙梁集中注写内容

在选定进行标注的墙梁上依次集中注写以下各项。

（1）墙梁编号：由墙梁类型代号和序号组成，见表10-12。

表 10-12 墙梁编号

墙梁类型	代号	序号
连梁	LL	××
连梁（对角暗撑配筋）	LL（JC）	××
连梁（交叉斜筋配筋）	LL（JX）	××
连梁（集中对角斜筋配筋）	LL（DX）	××
连梁（跨高比不小于5）	LLk	××
暗梁	AL	××
边框梁	BKL	××

（2）墙梁所在楼层号/（墙梁顶面标高高差）：××～××层/(±×.×××)。墙梁顶面标高高差是指相对于墙梁所在结构层楼面标高的高差值，高于者为正值，低于者为负值，当无高差时不注。

（3）墙梁截面尺寸：$b \times h$。

（4）箍筋：Φ 直径@间距（肢数）。

（5）上部、下部、侧面纵向钢筋：根数 Φ 直径。

（6）当不同的墙梁截面尺寸不同，但墙梁顶面标高高差相同时，可将墙梁顶面标高高差注写在该项：(±×.×××)。

2）识图举例

引例图（图 10.7）中的墙梁 LL1（图 10.24），截面尺寸 200mm×450mm，墙梁顶面标高与楼面结构层标高相同，故此处没有标高高差。箍筋 Φ8@100，双肢箍。梁腰两侧共有 2Φ10 抗扭纵向钢筋。4～8 层梁上部纵向钢筋 3Φ18，下部纵向钢筋 3Φ18；9～12 层梁上部纵向钢筋 2Φ20，下部纵向钢筋 2Φ20。

图 10.24 墙梁 LL1 截面注写

为直观表达，将墙梁 LL1 截面配筋详图绘出，如图 10.25 所示，以便对照识读。按构造要求，LL1 纵向钢筋伸入剪力墙的锚固长度为 l_{aE}；当梁宽≤350mm 时，梁侧面拉筋直径为 6mm，间距为 2 倍箍筋间距，故选 ⌀6@200。

图 10.25　墙梁 LL1 截面配筋详图

10.4　框架-剪力墙结构

10.4.1　框架-剪力墙结构特点

框架结构侧向刚度差，抵抗水平荷载能力较低，地震作用下变形大，但它具有平面灵活、有较大空间、立面处理易于变化等优点。而剪力墙结构则相反，侧向刚度、强度大，但限制了使用空间。把两者结合起来，取长补短，在框架中设置一些剪力墙，就成了框架-剪力墙结构。框架-剪力墙结构适用于需要灵活大空间的建筑，可应用于 10~20 层的高层建筑，如办公楼、商业大厦、饭店、旅馆、教学楼、实验楼、电信大楼、图书馆，以及多层工业厂房及仓库、车库等。

10.4.2　框架-剪力墙结构构造要求

1. 现浇钢筋混凝土框架-剪力墙结构的最大适用高度（表 10-13）

表 10-13　现浇钢筋混凝土框架-剪力墙结构的最大适用高度

单位：m

结构类型	抗震设防烈度				
	6	7	8（0.2g）	8（0.3g）	9
框架-剪力墙结构	130	120	100	80	50

2. 现浇钢筋混凝土框架-剪力墙结构的抗震等级（表 10-14）

表 10-14　现浇钢筋混凝土框架-剪力墙结构的抗震等级

结构类型		抗震设防烈度								
		6		7			8			9
框架-剪力墙结构	高度/m	≤60	>60	≤24	25～60	>60	≤24	25～60	>60	≤24	25～50
	框架	四	三	四	三	二	三	二	一	二	一
	剪力墙	三		三	二		二	一		一	

3. 构造要求

框架-剪力墙结构，除应满足一般框架、剪力墙的有关要求外，还应符合下列要求。

1）剪力墙的配筋构造要求

框架-剪力墙（板柱-剪力墙）结构中，剪力墙的竖向和水平分布钢筋，非抗震设计时，配筋率均不宜小于 0.20%，钢筋直径不宜小于 8mm，间距不宜大于 300mm，当墙厚度大于 160mm 时应配置双排分布钢筋网；抗震设计时，配筋率均不应小于 0.25%，钢筋直径不宜小于 10mm，间距不宜大于 300mm，并应双排布置。各排分布钢筋之间应设置拉筋，拉筋直径不宜小于 6mm，间距不宜大于 600mm。

2）带边框剪力墙的构造要求

（1）带边框剪力墙的截面厚度应符合下列规定：剪力墙的厚度不应小于 160mm，且不宜小于层高或无支长度的 1/20，底部加强部位的剪力墙厚度不应小于 200mm，且不宜小于层高或无支长度的 1/16。

（2）剪力墙的水平钢筋应全部锚入边框柱内，锚固长度不应小于 l_a（非抗震设计）或 l_{aE}（抗震设计）。

（3）带边框剪力墙的混凝土强度等级宜与边框柱相同。

（4）与剪力墙重合的框架梁可保留，亦可做成宽度与墙厚相同的暗梁，暗梁截面高度可取墙厚的 2 倍或与该片框架梁截面等高，暗梁的配筋可按构造配置且应符合一般框架梁相应抗震等级的最小配筋要求。

（5）剪力墙截面宜按工字形设计，其端部的纵向受力钢筋应配置在边框柱截面内。

（6）边框柱截面宜与该榀框架其他柱的截面相同，边框柱应符合模块 8 有关框架柱配筋构造的规定；剪力墙底部加强部位边框柱的箍筋宜沿全高加密；当带边框剪力墙上的洞口紧邻边框柱时，边框柱的箍筋宜沿全高加密。

> **特别提示**
>
> 　　框架-剪力墙结构施工图的识读参阅框架结构施工图（模块 2）和剪力墙结构施工图的识读方法和规则。

10.5 框架-核心筒结构

框架-核心筒结构的抗震构造应符合下列要求。

（1）核心筒宜贯通建筑物全高。核心筒的宽度不宜小于筒体总高的 1/12，当筒体结构设置角筒、剪力墙或增强结构整体刚度的构件时，核心筒的宽度可适当减小。

（2）核心筒应具有良好的整体性，并满足下列要求。

① 墙肢宜均匀、对称布置。

② 筒体角部附近不宜开洞，当不可避免时，筒角内壁至洞口的距离不应小于 500mm 和开洞墙的截面厚度。

③ 筒体墙应按《高规》附录 D 验算墙体稳定，且外墙厚度不应小于 200mm，内墙厚度不应小于 160mm，必要时可设置扶壁柱或扶壁墙。

④ 筒体墙的水平、竖向配筋不应少于两排。抗震设计时，核心筒主要墙体的底部加强部位水平和竖向分布钢筋的配筋率均不宜小于 0.30%。

⑤ 抗震设计时，核心筒的连梁宜通过配置对角斜筋或交叉暗撑、设水平缝或减小梁截面的高宽比等措施来提高连梁的延性。

（3）框架-核心筒结构的周边柱间必须设置框架梁。

（4）当内筒偏置、长宽比大于 2 时，宜采用框架-双筒结构。

（5）当框架-双筒结构的双筒间楼板开洞时，其有效楼板宽度不宜小于楼板典型宽度的 50%，洞口附近楼板应加厚，采用双层双向配筋，且每层单向配筋率不应小于 0.25%；双筒间楼板应按弹性板进行细化分析。

（6）在施工程序及连接构造上，应取取措施减小结构竖向温度变形及轴向压缩对加强层的影响。

模 块 小 结

（1）在我国，建筑高度大于 27m 的住宅建筑以及建筑高度大于 24m 的非单层公共建筑且高度不大于 100m 的为高层建筑，否则称为多层建筑。

（2）多层与高层建筑常用的结构类型有混合结构、框架结构、剪力墙结构、框架-剪力墙结构和筒体结构等。

（3）多高层建筑承受的竖向荷载较大，同时还承受水平力作用。结构布置的合理性对多高层建筑的经济性及施工的合理性影响较大，所以多高层建筑设计应该注重概念设计，重视结构选型与建筑平面、立面布置的规律性，选择最佳结构体系，加强构造措施以保证建筑结构的整体性，使整个结构具有必要的强度、刚度和延性。

（4）利用建筑物的墙体作为竖向承重和抵抗侧向力的结构称为剪力墙结构。剪力墙实质上是固结于基础上的钢筋混凝土墙片，具有很高的抗侧移能力。根据受力和配筋构造的不同，将剪力墙划分为剪力墙身、剪力墙梁和剪力墙柱3部分。在理解剪力墙身、剪力墙柱和剪力墙梁的构造要求时，可以对应参考钢筋混凝土板、梁和柱的构造要求。但是，归入剪力墙柱的端柱、暗柱等并不是普通概念上的柱，实质上是剪力墙边缘的集中配筋加强带；同样归入剪力墙梁中的暗梁、边框梁实质上是剪力墙在楼层位置的水平加强带。

（5）在框架结构中的适当部位增设一定数量的剪力墙，形成的框架和剪力墙结合在一起共同承受竖向和水平荷载的体系称为框架-剪力墙结构。在水平荷载作用下，平面内刚度很大的楼盖将框架与剪力墙连接在一起，两者协同工作。

（6）剪力墙平法施工图的表达方式有两种：截面注写方式、列表注写方式。

习　题

一、填空题

1. _____是用不同的材料做成的构件组成的结构。
2. 利用建筑物的墙体作为竖向承重和抵抗侧向力的结构称为_____。
3. 根据开孔的多少，筒体有_____和_____之分。
4. _____是将预制梁、柱和板在现场安装就位后，再在构件连接处现浇混凝土使之成为整体而形成框架。
5. 变形缝有_____、_____、_____3种。

二、选择题

1. 剪力墙的加强区位于剪力墙的（　　）。
   A．突出部位　　　B．上部　　　C．中部　　　D．底部
2. 剪力墙结构可视为由（　　）3类构件构成。
   A．约束边缘构件、构造边缘构件、底部加强区
   B．墙柱、墙身、墙梁
   C．暗柱、端柱、翼柱
   D．暗梁、边框梁、连梁
3. 抗震设计时，剪力墙纵向钢筋最小锚固长度应取为（　　）。
   A．基本锚固长度 l_{ab}　　　　　　B．锚固长度 l_a
   C．抗震锚固长度 l_{aE}　　　　　　D．搭接长度 l_{lE}
4. 抗震设计时，剪力墙水平和分布钢筋间距不宜大于（　　）。
   A．200mm　　　B．300mm　　　C．250mm　　　D．600mm
5. 抗震设计时，剪力墙竖向和水平分布钢筋双排布置的条件是（　　）。
   A．剪力墙厚度大于160mm　　　B．剪力墙底部加强部位
   C．剪力墙厚度大于140mm　　　D．一、二、三级抗震等级的剪力墙

6. 暗柱及端柱内纵向钢筋连接和锚固要求宜与（　　）相同。

　　A．受弯构件　　　　B．受压构件　　　　C．框架柱　　　　D．框架梁

7. 剪力墙竖向及水平分布钢筋的搭接长度，抗震设计时不应小于（　　）。

　　A．$1.2l_a$　　　　B．$1.2l_{aE}$　　　　C．l_l　　　　D．l_{lE}

8. 在剪力墙（　　）的部位，应设置符合规定的边缘构件。

　　A．剪力墙两端及洞口两侧　　　　B．底部加强部位及相邻的上一层墙肢

　　C．剪力墙顶部　　　　D．剪力墙突出部位

三、简答题

1. 剪力墙上设置的约束边缘构件与构造边缘构件在配筋构造上有何区别？为什么？
2. 在连梁中设置斜筋的主要作用是什么？
3. 剪力墙墙面开洞和连梁开洞时应采取的构造措施是什么？
4. 框架-剪力墙结构与剪力墙结构相比，有哪些特点？

模块 10
在线答题

模块 11　装配式混凝土结构

思维导图

引例

装配式建筑是指将建筑的部分或全部构件在工厂预制完成，然后运输到施工现场，将构件通过可靠的连接方式加以组装而建成的建筑产品。其主要有装配式混凝土结构、钢结构、现代木结构3种结构形式。装配式建筑的发展是建筑业建造方式的重大变革，有利于节约资源能源，减少施工污染，提升劳动生产效率和质量安全水平，促进建筑业与信息化、工业化深度融合，培育新产业、新动能，推动和化解过剩产能。例如，武汉为应对新型冠状病毒感染疫情，8天建成的火神山、雷神山医院，就是采用了装配式钢结构箱式板房，其施工速度快，集成化程度高。近年来，各地陆续出台一系列文件鼓励使用装配式建筑，许多装配式预制工厂应运而生。

住宅产业化施工样片

建设现代化产业体系，要推进新型工业化，加快建设制造强国[①]。以装配式建筑、BIM等新技术为代表的新型建筑体系正是我国建筑业当前及未来的发展方向，从而构建出现代化基础设施体系。

11.1 装配式混凝土结构概述

装配式混凝土结构是由预制混凝土构件通过可靠的连接方式装配而成的混凝土结构，包括**全装配式混凝土结构**、**装配整体式混凝土结构**等。全装配式混凝土结构是指全部的墙、板、梁、柱等构件均采用预制混凝土构件，通过可靠的连接方式进行连接，如图11.1所示。装配整体式混凝土结构是指由预制混凝土构件通过各种可靠的连接方式进行连接，并与现场后浇混凝土、水泥基灌浆料形成整体的装配式混凝土结构，简称装配整体式结构。这种结构整体性能好，施工质量易保证，目前在工程实际中应用较为广泛。

1—预制墙体；2—预制梯柱；3—预制梁；4—预制楼板。

图11.1 多层全装配式混凝土墙-板结构

---

① 党的二十大报告提出："建设现代化产业体系。坚持把发展经济的着力点放在实体经济上，推进新型工业化，加快建设制造强国、质量强国、航天强国、交通强国、网络强国、数字中国。"

11.1.1 装配整体式混凝土结构

1. 装配整体式混凝土框架结构

装配整体式混凝土框架结构是指全部或部分框架梁、柱用预制混凝土构件连接成装配整体式混凝土结构,简称装配整体式框架结构,如图 11.2 所示。装配整体式框架结构平面布置灵活,施工方便,因此在厂房、仓库、商场、停车场、办公楼、教学楼、医院、商务楼等建筑中广泛应用。

图 11.2 装配整体式框架结构

2. 装配整体式混凝土剪力墙结构

装配整体式混凝土剪力墙结构是指除底部加强区以外,根据结构抗震等级的不同,其竖向承重构件全部或部分采用预制墙板构件构成的装配整体式混凝土结构,简称装配整体式剪力墙结构,如图 11.3 所示。其楼板采用叠合楼板,梁采用叠合梁,墙为预制剪力墙,墙端部的暗柱及梁墙节点采用现浇。装配整体式剪力墙结构主要适用于高层建筑。

图 11.3 装配整体式剪力墙结构

3. 装配整体式混凝土框架-现浇剪力墙结构

装配整体式混凝土框架-现浇剪力墙结构由装配整体式框架结构和现浇剪力墙(现浇核心筒)两部分组成,是目前我国广泛应用的一种结构体系。其既具备框架结构的布置灵活、使用方便的特点,又有较大的抗侧刚度和抗震能力,可广泛地用于高层建筑中。

11.1.2 装配式混凝土建筑的优点与局限性

装配式混凝土建筑与传统建筑相比，有以下优点与局限性。

1. 装配式混凝土建筑的优点

（1）绿色环保：减少施工过程中的物料浪费，同时大大减少了施工现场的建筑垃圾。

（2）缩短工期：构件生产好之后拉到施工现场装配，减少了一部分工序，可大大加快施工进度。

（3）节约人力：构件在工厂生产完成，减少了施工现场的人力需求，降低了施工人员的劳动强度。

装配式混凝土建筑施工与传统建筑施工各项目对比，其施工节约率见表11-1。

表11-1　装配式混凝土建筑施工节约率

序号	比对项	节约率
1	工期	缩短30%以上
2	造价（产业化之后）	节约15%以上
3	材料	节省20%以上
4	能耗	减少70%以上
5	人力	减少40%以上
6	垃圾	减少80%以上

2. 装配式混凝土建筑的局限性

（1）成本较高：装配式混凝土建筑的工程造价与传统建筑相比要高很多。

（2）运费增加：若构件生产工厂距离施工现场太远，则运输成本会很高。

（3）尺寸限制：由于生产设备的限制，尺寸较大的构件在生产上有一定的难度。

11.2　预制混凝土构件

11.2.1　预制混凝土叠合梁

预制混凝土叠合梁是指预制混凝土梁顶部在现场后浇混凝土而形成的整体梁构件，简称叠合梁，如图11.4所示。叠合梁底筋及箍筋在工厂绑扎完成，浇筑一层混凝土，一般浇筑至梁所在位置楼板底部标高，在施工现场吊装完成之后再浇筑一层混凝土，使其与其他受力构件形成一个整体。

图 11.4 叠合梁

装配整体式框架结构中采用叠合梁时，框架梁的后浇混凝土叠合层厚度不宜小于 50mm，次梁的后浇混凝土叠合层厚度不宜小于 120m。

11.2.2 预制混凝土叠合板

预制混凝土叠合板是指预制混凝土板顶部在现场后浇混凝土而形成的整体板构件，简称叠合板。叠合板可分为桁架叠合板和预应力叠合板。

叠合板的预制板厚度不宜小于 60mm，后浇混凝土叠合层厚度不应小于 60mm。跨度大于 3m 的叠合板，宜采用桁架钢筋混凝土叠合板；跨度大于 6m 的叠合板，宜采用预应力混凝土叠合板；板厚大于 180mm 的叠合板，宜采用空心板。当叠合板的预制板采用空心板时，板端空腔应封堵。

1. 桁架钢筋混凝土叠合板

桁架钢筋混凝土叠合板（图 11.5）的预制板在待现浇区预留钢筋桁架（图 11.6）。钢筋桁架的主要作用是将后浇筑的混凝土层与预制底板连接成整体，并在制作和安装过程中提供一定刚度。

图 11.5 桁架钢筋混凝土叠合板

图 11.6 桁架钢筋混凝土叠合板预留钢筋桁架

2. 预应力带肋混凝土叠合板

预应力带肋混凝土叠合板（图 11.7）又称 PK 板，是一种新型的装配整体式预应力混凝土楼板。它是以倒 T 形预应力混凝土预制带肋薄板为底板，肋上预留椭圆形孔，孔内穿置横向预应力受力钢筋，然后浇筑叠合层混凝土，从而形成整体双向楼板。

预应力带肋混凝土叠合板具有厚度薄、质量小等特点，同时可以极大提高混凝土的抗裂性能。由于采用了 T 形肋，且肋上预留钢筋穿过的孔洞，叠合板的新老混凝土能够实现良好的互相咬合。

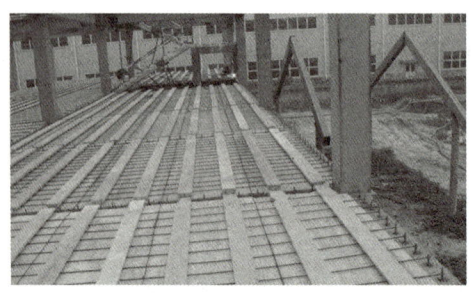

图 11.7　预应力带肋混凝土叠合板

11.2.3　预制混凝土柱

预制混凝土柱的外观多种多样，包括矩形、圆形和工字形等，简称预制柱。矩形预制柱（图 11.8）截面边长不宜小于 400mm；圆形预制柱截面直径不宜小于 450mm，且不宜小于同方向梁宽的 1.5 倍。

图 11.8　矩形预制柱

11.2.4　装配式剪力墙板

装配式剪力墙板是指在高层剪力墙结构中，作为主要受力构件的剪力墙通过合理的拆分，分割成一定尺寸的墙板并在工厂进行预制形成的墙板。装配式剪力墙板主要分为预制混凝土剪力墙内墙板、预制混凝土夹心外墙板和双面叠合剪力墙 3 类。

1. 预制混凝土剪力墙内墙板

在施工现场，预制混凝土剪力墙内墙板（图 11.9）侧面通过预留钢筋与剪力墙现浇区段连接，底部通过钢筋灌浆套筒和坐浆层与下层预制剪力墙连接。预制混凝土剪力墙内墙板宜采用一字形，也可采用 L 形、T 形或 U 形。

2. 预制混凝土夹心外墙板

预制混凝土夹心外墙板（图 11.10）又称"三明治板"，由内叶板、保温夹层、外叶板通过连接件可靠连接而成。预制混凝土夹心外墙板具有结构、保温、装饰一体化的特点，根据其在结构中的作用，可以分为承重墙板和非承重墙板两类。

3. 双面叠合剪力墙

双面叠合剪力墙（图 11.11）是预制墙板内、外叶用钢筋桁架可靠连接成整体，中间空腔在现场后浇混凝土形成的剪力墙叠合构件。预制墙板内、外叶内表面应设置粗糙面，粗糙面凹凸深度不应小于 4mm。

图 11.9　预制混凝土剪力墙内墙板　　图 11.10　预制混凝土夹心外墙板　　图 11.11　双面叠合剪力墙

11.2.5　其他预制混凝土构件

1. 预制混凝土楼梯

预制混凝土楼梯即预制楼梯（图 11.12），是装配式混凝土建筑中非常重要的预制构件，具有受力明确、外形美观等优点，避免了现场支模板，安装后可作为施工通道，节约施工工期。通常预制楼梯会在踏步上预制防滑条，并在楼梯临空一侧预制栏杆扶手预埋件。

图 11.12　预制楼梯

2. 预制混凝土阳台板

预制混凝土阳台板即预制阳台板，是集承重、围护、保温、防水、防火等功能于一体的重要装配式预制构件。预制阳台板一般有预制实心阳台板和预制叠合阳台板（图 11.13）。

（a）预制实心阳台板　　　　　　　　（b）预制叠合阳台板

图 11.13　预制阳台板

3. 预制混凝土空调板

预制混凝土空调板即预制空调板，通常采用预制实心混凝土板，板侧预留钢筋与主体结构相连。预制空调板可与外墙板或楼板通过现场浇筑相连，也可与外墙板在工厂预制时做成一体（图 11.14）。

 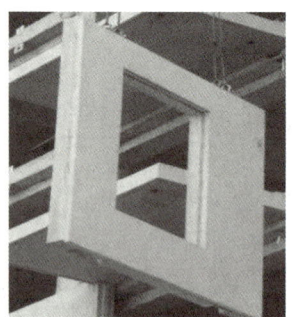

（a）独立预制空调板　　　　　（b）与外墙板做成一体

图 11.14　预制空调板

4. 预制混凝土女儿墙

预制混凝土女儿墙即预制女儿墙（图 11.15），其处于屋顶处外墙的延伸部位，可以是单独的预制构件，也可以将顶层的墙板向上延伸，把顶层外墙与女儿墙预制成一个构件。

图 11.15　预制女儿墙

11.3 装配式混凝土结构的连接构造和制图规则

11.3.1 纵向钢筋连接技术要求

在装配式混凝土结构中，节点及接缝处的纵向钢筋连接宜根据接头受力、施工工艺等要求选用机械连接、套筒灌浆连接、浆锚搭接连接、焊接连接、绑扎搭接等连接方式，并应符合国家现行有关标准的规定。

1. 套筒灌浆连接和浆锚搭接连接的技术要求

目前我国标准推荐使用的装配式混凝土结构纵向钢筋的连接方式为套筒灌浆连接和浆锚搭接连接，其技术要求见表 11-2。

表 11-2 钢筋连接技术要求

连接方式		图例	说明	技术要求
套筒灌浆连接	全灌浆套筒	水泥基灌浆料 连接套筒 钢筋	两端均采用灌浆方式与钢筋连接，用于装配式剪力墙、预制柱的纵向钢筋的连接，也可用于叠合梁等后浇部位的纵向钢筋连接	套筒灌浆连接是指在预制构件中预埋的金属套筒中插入钢筋并灌注水泥基灌浆料而实现钢筋连接的方式。其作用原理是基于连接套筒内灌浆料较高的抗压强度及微膨胀特点，当其受到连接套筒约束时，在连接套筒内侧筒壁间产生较大的正向应力，钢筋借此正向应力在其带肋的粗糙表面产生摩擦力，传递钢筋轴向力。灌浆料以水泥为基本材料，配以适当的细骨料和混凝土外加剂及其他材料组成干混料，按规定比例加水搅拌后形成浆体，灌注在连接套筒和带肋钢筋的间隙内
	半灌浆套筒	连接螺纹 连接套筒 钢筋 水泥基灌浆料 钢筋	一端采用灌浆方式与钢筋连接，而另一端采用非灌浆方式与钢筋连接（通常采用螺纹连接）	

续表

连接方式		图例	说明	技术要求
浆锚搭接连接	钢筋约束浆锚搭接连接		在预制构件中有螺旋箍筋约束的孔道中搭接	浆锚搭接连接是指在预制构件中采用特殊工艺制成的孔道中插入需搭接的钢筋,并灌注高性能灌浆料而实现的钢筋搭接连接方式。其需要将用于搭接的钢筋拉开一定距离,也被称为间接搭接或间接锚固。浆锚搭接连接适用于直径较小的钢筋的连接,具有施工方便、造价较低的特点
	金属波纹管浆锚搭接连接		墙板主要受力钢筋采用插入一定长度的钢套筒或预留金属波纹管孔洞搭接,灌入高性能灌浆料形成	

2. 套筒灌浆连接和浆锚搭接连接的其他规定

纵向钢筋采用套筒灌浆连接时,还应符合下列规定。

(1) 接头应满足行业标准《钢筋机械连接技术规程》(JGJ 107—2016)中Ⅰ级接头的性能要求,并应符合国家现行有关标准的规定。

(2) 装配式剪力墙中钢筋接头处套筒外侧钢筋的混凝土保护层厚度不应小于 15mm,预制柱中钢筋接头处套筒外侧箍筋的混凝土保护层厚度不应小于 20mm。

(3) 套筒之间的净距不应小于 25mm。

(4) 预制构件与后浇混凝土、灌浆料、坐浆材料的结合面应设置粗糙面、键槽,并应符合规定。

纵向钢筋采用浆锚搭接连接时,对预留孔成孔工艺、孔道形状和长度、构造要求、灌浆料和被连接钢筋,应进行力学性能及适用性试验验证。直径大于 20mm 的钢筋不宜采用浆锚搭接连接,直接承受动力荷载构件的纵向钢筋不应采用浆锚搭接连接。

11.3.2 装配式混凝土结构施工图识读

1. 装配式混凝土结构施工图组成

装配式混凝土结构施工图是指在结构平面图上采用平面表示方法表达各结构构件的布置,与构件详图、构造详图相配合,并与 15G107—1 等国家建筑标准设计系列图集相配套,形成的一套完整的装配式混凝土结构设计文件。

以装配整体式剪力墙结构施工图为例,其结构施工图主要包括结构平面布置图、各类预制构件详图和连接节点详图。结构平面布置图主要包括基础平面布置图、剪力墙平面布置图、屋面层女儿墙平面布置图、板结构平面布置图、楼梯平面布置图等;预制构件详图包括预制外墙板模板图和配筋图、预制内墙板模板图和配筋图、叠合板模板图和配筋图、阳台板模板图和配筋图、预制楼梯模板图和配筋图等;连接节点详图包括预制墙竖向接缝构造、预制墙水平接缝构造、连梁及楼(屋)面梁与预制墙的连接构造、叠合板连接构造、叠合梁连接构造和预制楼梯连接构造等。

2. 装配整体式剪力墙结构施工图制图规则

装配整体式剪力墙结构可以看成由预制剪力墙、现浇剪力墙、后浇段、现浇梁、楼面梁、水平后浇带、圈梁、预制楼梯等构件构成。

> **特别提示**
>
> 预制混凝土剪力墙（简称预制剪力墙）平面布置图应按标准层绘制，应包括上述全部结构构件，应标注结构楼层标高表并注明上部嵌固部位位置，标注未居中承重墙体与轴线的定位，需标明预制剪力墙的门窗洞口、结构洞的尺寸和位置，以及预制剪力墙的装配方向、水平后浇带和圈梁的位置。

预制构件的表达形式应符合规则，主要预制构件的代号及编号规则见表 11-3。

表 11-3 预制构件的代号及编号规则

预制构件类型		代号	编号	示例
预制剪力墙	预制外墙板	YWQ	××	YWQ1 表示预制外墙板，编号为 1
	预制内墙板	YNQ	××	YNQ3a 表示预制内墙板，编号为 3a
预制叠合梁	预制叠合梁	DL	××	DL1 表示预制叠合梁，编号为 1
	预制叠合连梁	DLL	××	DLL3 表示预制叠合连梁，编号为 3
预制外墙模板		JM	××	JM1 表示预制外墙模板，编号为 1
叠合板	叠合楼面板	DLB	××	DLB3 表示楼面板为叠合板，编号为 3
	叠合屋面板	DWB	××	DWB2 表示屋面板为叠合板，编号为 2
	叠合悬挑板	DXB	××	DXB1 表示悬挑板为叠合板，编号为 1
叠合板底板	叠合板底板接缝	JF	××	JF1 表示叠合板底板之间的接缝，编号为 1
	叠合板底板密拼接缝	MF	—	
水平后浇带		SHJD	××	SHJD1 表示水平后浇带，编号为 1
后浇段	约束边缘构件后浇段	YHJ	××	YHJ1 表示约束边缘构件后浇段，编号为 1
	构造边缘构件后浇段	GHJ	××	GHJ5 表示构造边缘构件后浇段，编号为 5
	非边缘构件后浇段	AHJ	××	AHJ3 表示非边缘构件后浇段，编号为 3
预制楼梯	双跑楼梯	ST	-××-××	ST-28-25 表示预制钢筋混凝土板式楼梯为双跑楼梯，层高为 2800mm，楼梯间净宽为 2500mm
	剪刀楼梯	JT	-××-××	JT-28-26 改表示预制钢筋混凝土板式楼梯为剪刀楼梯，层高为 2800mm，楼梯间净宽为 2600mm，其设计构件尺寸与 JT-28-26 相同，但配筋有区别
预制阳台板、空调板及女儿墙	预制阳台板	YYTB	××	YYTB3a 表示预制阳台板，编号为 3a
	预制空调板	YKTB	××	YKTB2 表示预制空调板，编号为 2
	预制女儿墙	YNEQ	××	YNEQ5 表示预制女儿墙，编号为 5

注：编号可为数字，或数字加字母。

> **学中做**
>
> 1. YHJ1 表示编号为＿＿＿的＿＿＿＿＿＿，DLL2 表示编号为＿＿＿的预制＿＿＿＿＿＿，JM3 表示编号为＿＿＿的预制＿＿＿＿＿＿。
> 2. JF2 表示编号为＿＿＿的叠合板＿＿＿＿＿＿；叠合板底板密拼接缝用符号＿＿＿表示；SHJD2 表示＿＿＿＿＿＿，编号为＿＿＿。
> 3. YNEQ4 表示编号为＿＿＿的＿＿＿＿＿＿。

11.3.3 装配整体式剪力墙结构施工图识读案例

本节选取装配整体式剪力墙结构施工图中的剪力墙平面布置图、预制剪力墙详图、叠合板平面布置图及叠合板详图案例，进行装配整体式剪力墙结构施工图识读。

1. 剪力墙平面布置图及预制剪力墙详图识读

1）剪力墙平面布置图识读

剪力墙平面布置图如图 11.16 所示。对图 11.16 剪力墙平面布置图的识读见表 11-4。

表 11-4 对图 11.16 剪力墙平面布置图的识读

种类	编号	示例	备注说明
预制外墙板 （6 种）	YWQ1 YWQ2 YWQ3L YWQ4L YWQ5L YWQ6L	YWQ3L 为夹心外墙板，由内叶墙板、保温板和外叶墙板组成，其中内叶墙板编号为 WQC1-3328-1514，是一个窗洞外墙，标志宽度为 3300mm，层高为 2800mm，窗宽为 1500mm，窗高为 1400mm，墙厚为 200mm；外叶墙板为标准外叶墙板，外叶墙板与内叶墙板左右两侧的尺寸差值分别是 190mm、20mm，构件详图见 15G365—1 第 60、61 页	L 表示是左侧构件
预制内墙板 （4 种）	YNQ1 YNQ2L YNQ3 YNQ1a	YNQ1 为无洞口内墙，编号为 NQ-2728，标志宽度为 2700mm，层高为 2800mm，墙厚为 200mm，构件详图见 15G365—1 第 16、17 页。YNQ1 和 YNQ1a 仅线盒位置不同，其他参数均相同	L 表示是左侧构件，4 种墙体的斜支撑位置均在右侧（图中三角形示意）
后浇段 （9 种）	GHJ1～GHJ8	GHJ 表示边缘构件后浇段	
	AHJ1	AHJ 表示非边缘构件后浇段	
预制外墙模板 （1 种）	JM1	预制外墙模板厚度为 60mm，构件详图见 15G365—1 第 228 页	平面形状为 L 形

剪力墙梁表

编号	所在层号	梁截面 b×h	梁顶相对标高高差	上部纵筋	下部纵筋	箍筋
LL1	4~20	200×500	0.000	2⌀16	2⌀16	⌀8@100(2)

预制墙板表

平面图中编号	内叶墙板	外叶墙板	管线预埋	所在层号	所在轴号	墙厚（内叶墙）	构件质量/t	数量	构件详图页码（图号）
YWQ1	—	—	见大样图	4~20	B~D/①	200	6.9	17	结施-01
YWQ2	—	—	见大样图	4~20	A~B/①	200	5.3	17	结施-02
YWQ3L	WQC1-3328-1514	wy-1 a=190 b=20	低区X=450 高区X=280	4~20	①~②/A	200	3.4	17	15G365-1, 60, 61
YWQ4L	WQC1-3328-1514	wy-2 a=20 b=190 c_R=590 d_R=80	低区X=450 高区X=280	4~20	②~④/A	200	3.8	17	结施-03
YWQ5L	WQC1-3328-1514	wy-2 a=20 b=190 c_R=590 d_R=80	低区X=450 高区X=280	4~20	①~②/D	200	3.9	17	15G365-1, 60, 61
YWQ6L	WQC1-3628-1514	wy-2 a=290 b=290 c_L=590 d_L=80	低区X=450 高区X=430	4~20	②~③/D	200	4.5	17	15G365-1, 60, 65
YNQ1	NQ-2728	—	—	4~20	C~D/②	200	3.6	17	15G365-1, 16, 17
YNQ2L	NQ-2428	—	—	4~20	A~B/②	200	3.2	17	15G365-2, 14, 15
YNQ3	NQ-2728	—	见大样图	4~20	C~D/④	200	3.5	17	结施-04
YNQ1a	NQ-2728	—	—	4~20	C~D/③	200	3.6	17	15G365-2, 16, 17

预制外墙模板表

平面图中编号	所在层号	所在轴号	外叶墙板厚度	构件质量/t	数量	构件详图页码（图号）
JM1	4~20	A/①,D/①	60	0.47	34	15G365-1, 228

图 11.16 剪力墙平面布置图

2）预制剪力墙详图识读

下面以无洞口内墙板 NQ-1828 为例，通过模板图（图 11.17）和配筋图（图 11.18）识读其基本尺寸和配筋情况。

图 11.17　NQ-1828 模板图

模块 11 装配式混凝土结构

图 11.18　NQ-1828 配筋图

（1）由模板图主视图可知：墙板宽 1800mm，高 2640mm；墙板中预埋有两种埋件，分别为 MJ1（有 2 个）、MJ2（有 4 个）；墙板内侧面有 3 个预埋电气线盒；墙板底部预埋 5 个灌浆套筒。

（2）由模板图俯视图和仰视图可知：墙板厚 200mm，墙板两侧边出筋长度均为 200mm；墙板顶部的埋件 MJ1 在墙板厚度上居中布置。

（3）由模板图右视图可知：墙板底部预留 20mm 高灌浆区，顶部预留 140mm 高后浇区，合计层高为 2800mm。

（4）由模板图的预埋配件明细表可知：埋件 MJ1 是预埋吊件，数量为 2；埋件 MJ2 为临时支撑预埋螺母，数量为 4。

287

（5）由 NQ-1828 配筋图可知：墙板配筋由内外两层钢筋网片组成，即水平分布钢筋、竖向分布钢筋及拉筋。水平分布钢筋为矩形封闭筋形式，同高度处的两根水平分布钢筋外伸后形成预留外伸 U 形筋的形式，两侧各外伸 200mm，分布间距为 200mm。规格有 3 种，在套筒处规格为③d，仅 1 根；其他区域为③d，有 13 根；在套筒顶部以上 300mm 范围内为③f，有 2 根，形成 100mm 的加密区。竖向分布钢筋也有 3 种规格，与套筒连接处为③a（下端车丝，与本墙板中的灌浆套筒机械连接，上端外伸，与上一层墙板中的灌浆套筒连接），间距为 300mm，两侧隔一设一，共 5 根；与③a对应的③b，不外伸，沿墙板通长布置，与③a间隔布置，也是 5 根；两端端部为③c，距墙板边 50mm，沿墙板高度通长布置，每端设置 2 根，共 4 根。拉筋也有 3 种规格，墙板中间为③La，间距 600mm，共 10 根，墙板端部竖向构造钢筋节点处为③Lb，两端共 26 根；灌浆套筒处水平分布钢筋节点处为③Lc，自端节点起隔一布一，共 4 根。

> **学中做**
>
> 1. NQ-1828 的预埋螺母 MJ2 与墙板两侧边的距离为_____，下部两螺母与墙板下边缘的距离为_____，上部两螺母与下部两螺母间距为_____。
> 2. NQ-1828 的构件对角线控制尺寸为_____。
> 3. AHJ1、GHJ1 分别表示_____、_____。
> 4. NQ-1828 中与套筒连接的竖向分布钢筋，在一级抗震时为_____。

2. 叠合板平面布置图及叠合板详图识读

当以剪力墙、梁为支座时，叠合楼（屋）盖施工图主要包括预制底板平面布置图、现浇层配筋图、水平后浇带或圈梁布置图。下面将举例识读叠合板平面布置图及叠合板详图。

1）叠合板平面布置图和接缝构造识读

叠合板平面布置图如图 11.19 所示，识读如下。

（1）由板结构平面布置图和叠合板预制底板表可知：在结构层标高 5.500～55.900（结构层 3～21 层）范围内，叠合板厚 130mm，预制底板厚 60mm，现浇层厚 70mm。图中均未注明板底标高，所以预制板底标高为结构层标高减去 130mm，降板板底标高为预制板底标高减去 120mm；预制底板有 DLB1、DLB2、DLB3 共 3 种类型，其中，DLB1 水平位置处于定位轴线①、②、Ⓐ、Ⓓ围成的区格内，从前往后由标准图集 15G366—1 中的 DBD67-3320-2、DBD67-3315-2、DBS2-67-3317、DBD67-3324-2 组成，DBS2-67-3317 相对于预制板底标高低 120mm，DBD67-3320-2 与 DBD67-3315-2 的接缝构造为 MF，DBS2-67-3317 与 DBD67-3315-2 和 DBD67-3324-2 之间为 JF1。现浇层：沿着轴线①、Ⓐ、Ⓓ的叠合板板顶设置①号板面附加构造钢筋（Φ8@200，从墙边伸出 950mm），沿着轴线②的叠合板板顶设置③号板面附加构造钢筋。

模块 11 装配式混凝土结构

5.500~55.900板结构平面布置图

叠合板预制底板表

叠合板编号	选用构件编号	所在楼层	构件质量/t	数量	构件详图页码（图号）
DLB1	DBD67-3320-2	3~21	0.93	19	15G366-1, 65
	DBD67-3315-2	3~21	0.7	19	15G366-1, 63
	DBS2-67-3317	3~21	0.87	19	结施-35
	DBD67-3324-2	3~21	1.23	19	15G366-1, 66
DLB2	DBS1-67-3912-22	3~21	0.56	38	15G366-1, 22
	DBS2-67-3924-22	3~21	1.23	19	15G366-1, 41
DLB3	DBD67-3612-2	3~21	0.62	19	15G366-1, 62
	DBD67-3624-2	3~21	1.23	19	15G366-1, 66

注：未注明的预制构件板底标高为本层标高减去叠合板板厚。降板部分的板底标高为叠合板底标高减去降板所降高度。

接缝表

平面图中编号	所在楼层	节点详图页码（图号）
MF	3~21	15G310-1, 28, (B6-1)；A_{sd}为$\Phi 8@200$，附加通长构造钢筋为$\Phi 6@200$
JF1	3~21	××，××
JF3	3~21	××，××

图 11.19 叠合板平面布置图

（2）由板结构平面布置图、接缝表和 JF1 详图可知：叠合板 JF1 宽 400mm，高 250mm，纵向钢筋 6⏀10，箍筋 ⏀8@200（三肢箍），低处叠合板现浇部分纵向钢筋伸入接缝端部向下锚固，高处叠合板结合处设置 ⏀8@200 的构造钢筋并伸入接缝锚固。

> **学中做**
>
> 1. DLB1、DLB2、DLB3 分别表示_____、_____、_____。
> 2. DBD67-3320-2、DBD67-3315-2、DBS2-67-3317、DBD67-3324-2 分别表示_____、_____、_____、_____。
> 3. MF、JF 分别表示_____、_____。
> 4. 识读②、③号板面附加构造钢筋。

2）预制双向板模板图和配筋图识读

下面以 DBS2-67-3012-11 为例进行预制双向板模板图和配筋图识读，如图 11.20 所示。

图 11.20　预制双向板模板图和配筋图

（1）由板模板图、底板参数表和1—1、2—2剖面图可知：预制板用作中板，混凝土面宽900m、长2820mm。宽度方向上，两侧板边至拼缝定位线均为150mm；长度方向上，两侧板边至支座中线均为90mm。4个侧边及顶面均设置粗糙面，预制板底面为模板面。预制混凝土层厚60mm。

（2）由板配筋图及底板配筋表可知：双向板配筋包括沿长度方向布置两道钢筋桁架和板底钢筋。桁架中心线距离板边150mm，桁架中心线间距600mm，桁架钢筋端部距离板边50mm。板底沿长度方向设置②号受力钢筋4⌀8，加工尺寸3000mm，以钢筋桁架为基准间距200mm布置，在钢筋桁架之间布置2道，距板边25mm处各布置1道，共4道，长度方向板筋在两侧支座处均外伸90mm。板底沿宽度方向设置①号和③号钢筋，③号分布钢筋为2⌀6，两端不外伸，加工尺寸850mm，距板边25mm；①号受力钢筋为14⌀8，沿长度方向间距200mm布置，其中最左侧的宽度方向板筋距板边150mm，最右侧的宽度方向板筋距板边70mm，沿宽度方向外伸290mm后做135°弯钩，弯钩平直段长度40mm。①号和③号钢筋在外侧，②号钢筋在内侧且与桁架下弦钢筋同层。

> **学中做**
>
> 识读图11.20，DBS2-67-3312-31中①号钢筋为_____，②号钢筋为_____，加工尺寸为_____，③号钢筋为_____，加工尺寸为_____。

模块小结

（1）装配式混凝土结构是由预制混凝土构件通过可靠的连接方式装配而成的混凝土结构，包括全装配式混凝土结构、装配整体式混凝土结构等。

（2）装配整体式混凝土结构又可分为装配整体式框架结构、装配整体式剪力墙结构、装配整体式混凝土框架-现浇剪力墙结构等。

（3）装配式混凝土结构目前广泛应用于高层建筑中，其优点包括绿色环保、缩短工期和节约人力，但具有成本较高、运费增加和尺寸限制的局限性。

（4）常见的预制混凝土构件包括叠合梁、叠合板、预制柱、剪力墙、预制楼梯、预制阳台板、预制空调板、预制女儿墙等。

（5）目前常用的装配式混凝土结构连接方式有钢筋套筒灌浆连接和浆锚搭接连接。

（6）装配式混凝土结构连接要符合相应的技术要求和国家现行有关标准的规定。

（7）学习装配式混凝土结构施工图的制图规则和识图要求。

习 题

一、填空题

1. 装配整体式混凝土结构是指由_____构件通过可靠的连接方式进行连接并与现场_____、_____形成整体的装配式混凝土结构。
2. 装配整体式混凝土结构又可分为_____结构、_____结构、_____结构等。
3. 常见的预制混凝土构件主要包括_____、_____、_____、_____、预制楼梯、预制阳台板、_____、预制女儿墙等。
4. 目前使用的装配式混凝土结构连接方式有_____连接和_____连接。
5. 钢筋连接用灌浆套筒包括_____和_____两种形式。

二、选择题（含多项选择题）

1. 叠合板的预制部分最小厚度为（　　），叠合楼板在工地安装到位后应进行二次浇筑，从而成为整体实心楼板。

   A．3～6cm　　　B．3～5cm　　　C．2～4cm　　　D．2～5cm

2. 桁架钢筋混凝土叠合板属于半预制构件，下部为预制混凝土板，外露部分为（　　）钢筋。

   A．桁架　　　B．受力　　　C．分布　　　D．加强

3. 通过铸造的中空型套筒，钢筋从两端开口穿入套筒内部，不需要搭接或熔接，钢筋与套筒间填充高强度微膨胀结构性砂浆，即完成钢筋续接动作。以上讲述的是（　　）的原理。

   A．套筒灌浆连接　　　　　　B．浆锚搭接连接
   C．半灌浆套筒连接　　　　　D．全灌浆套筒连接

4. 浆锚搭接连接是装配式混凝土结构钢筋竖向连接形式之一，即在混凝土中预埋金属波纹管，待混凝土达到要求强度后，将钢筋穿入金属波纹管，再将（　　）灌入金属波纹管养护，以起到锚固钢筋的作用。

   A．高强度无收缩灌浆　　　　B．高强度微收缩灌浆料
   C．无收缩灌浆料　　　　　　D．等强度无收缩灌浆料

5. 当采用套筒灌浆连接时，自套筒底部至套筒顶部并向上延伸（　　）范围内，预制剪力墙的水平分布钢筋应加密。

   A．200mm　　　B．300mm　　　C．400mm　　　D．500mm

6. 编号为 NQM3-3329-1022 的内墙板，其含义为（　　）。

   A．预制内墙板类型为中间门洞，标志宽度 3300mm，层高 2900mm，门宽 1000mm，门高 2200mm
   B．预制内墙板类型为固定门垛，标志宽度 3300mm，层高 2900mm，门宽 1000mm，门高 2200mm

C. 预制内墙板类型为刀把，标志宽度 2900mm，层高 3300mm，门宽 1000mm，门高 2200mm

D. 预制内墙板类型为刀把，标志宽度 3300mm，层高 2900mm，门宽 1000mm，门高 2200mm

7. 编号为 WQ-2428 的内叶墙板，其含义为（ ）。
   A. 预制内叶墙板类型为无洞口外墙，标志宽度 2400mm，层高 2800mm
   B. 预制内叶墙板类型为无洞口外墙，标志宽度 2800mm，层高 2400mm
   C. 预制内叶墙板类型为一个窗洞高台外墙，标志宽度 2400mm，层高 2800mm
   D. 预制内叶墙板类型为一个窗洞矮台外墙，标志宽度 2400mm，层高 2800mm

8. 装配式混凝土结构可以分成（ ）类型。
   A. 装配整体式混凝土结构　　　　B. 部分装配式混凝土结构
   C. 全装配式混凝土结构　　　　　D. 半装配式混凝土结构

9. 装配整体式混凝土结构可分为（ ）类型。
   A. 装配整体式剪力墙结构
   B. 装配整体式框架结构
   C. 装配整体式混凝土框架-现浇剪力墙结构
   D. 装配整体式钢结构

三、简答题

1. 什么是装配式混凝土结构？装配式混凝土结构常用的预制构件有哪些？
2. 什么是装配整体式剪力墙结构？
3. 预制混凝土叠合板最常见的有哪两种？
4. 目前常用的装配式混凝土结构连接方式有哪几种？
5. 装配整体式剪力墙结构施工图主要包括哪些内容？

模块 12　地基与基础

思维导图

模块 12 地基与基础

引例

图12.1（a）所示为墙下钢筋混凝土条形基础，图12.1（b）所示为柱下钢筋混凝土独立基础。试问：除以上两种基础外，还有哪些基础类型？

(a) 墙下条形基础　　(b) 柱下独立基础

图 12.1　钢筋混凝土基础

12.1　土的工程性质及分类

建筑结构都是由埋在地面以下一定深度的基础和支承于其上的上部结构组成的，基础又坐落在称为地基的地层（土或岩石）上，如图12.2所示。

作为地基的地层无论是土或是岩石，均是自然界的产物。自然环境和条件的复杂性，决定了天然地层在成分、性质、分布和构造上的多样性。除一般的土类和构造形态之外，还有许多特殊的土类和不良地质现象。在建筑物设计之前，必须进行工程地质勘察和评价，充分了解地层的成因和构造，分析岩土的工程特性，提供设计计算参数。这是搞好地基基础工程设计与施工工作的前提。

图 12.2　地基与基础示意图

基础是建筑结构的一部分，是建筑结构的重要受力构件，上部结构所承受的荷载都要通过基础传至地基。因此，和上部结构相同，基础应有足够的强度、刚度和耐久性。地基与基础对建筑结构的重要性是显而易见的，它们埋在地下，一旦发生质量事故，开始时难以察觉，其修补工作也要比上部结构困难得多，事故后果又往往是灾难性的。实际上，建筑结构的事故绝大多数是由地基和基础引起的。

前面各模块研究的是建筑结构的上部结构，本模块研究与建筑结构的地基与基础设计有关的主要问题，包括土的工程性质及地基计算、常用基础的类型与选用、浅基础设计等基本内容。

12.1.1 土的工程性质概述

1. 土的组成

土的物质成分包括作为土骨架的固态矿物颗粒，孔隙中的水及其溶解物质以及气体。因此，土是由土粒（固相）、水（液相）和气体（气相）所组成的三相体系，如图12.3所示。各种土的颗粒大小和矿物成分差别很大，土的三相间的数量比例也不尽相同，而且土粒与其周围的水又发生了复杂的物理化学作用。所以，要研究土的性质就必须了解土的三相组成以及在天然状态下土的结构和构造等特征。

图 12.3 土的三相组成示意图

图 12.3 中符号的意义如下。

m_s——土粒质量；
m_w——土中水质量；
m——土的总质量，$m=m_s+m_w$；
V_s——土粒体积；
V_w——土中水体积；
V_a——土中气体积；
V_v——土中孔隙体积，$V_v=V_w+V_a$；
V——土的总体积，$V=V_s+V_w+V_a$。

2. 土的物理性质指标

土的三相组成、物质的性质、相对含量，以及土的结构构造等各种因素，必然在土的轻重、松密、干湿、软硬等一系列物理性质和状态上有不同的反映。土的物理性质又在一定程度上决定了它的力学性质，所以物理性质是土的最基本的工程特性。

1）土的密度

（1）天然密度 ρ。天然状态下，土单位体积的质量称为其天然密度，单位为 g/cm³ 或 t/m³，即

$$\rho = \frac{m}{V} \tag{12-1}$$

天然密度变化范围较大。一般黏性土 $\rho=1.8\sim 2.0\text{g/cm}^3$；砂土 $\rho=1.6\sim 2.0\text{g/cm}^3$；腐殖土 $\rho=1.5\sim 1.7\text{g/cm}^3$。

土的密度一般用环刀法测定，用一环刀（刀刃向下）放在削平的原状土样面上，徐徐削去环刀外围的土，边削边压，使保持天然状态的土样压满环刀内，称得环刀内土样质量，求得它与环刀容积的比值，即为其密度。

（2）土粒比重（土粒相对密度）d_s。土粒质量与同体积的 4℃时纯水的质量之比称为土粒比重（无量纲），即

$$d_s = \frac{\rho_s}{\rho_w} = \frac{m_s}{V_s \rho_w} \tag{12-2}$$

式中　ρ_s——土粒密度（g/cm³）；

ρ_w——纯水在 4℃时的密度（单位体积的质量），等于 1g/cm³ 或 1t/m³。

土粒比重可在实验室内用比重瓶测定。将置于比重瓶内的土样在 105～110℃下烘干后冷却至室温，用精密天平测其质量，用排水法测得土粒体积，并求得同体积 4℃纯水的质量，土粒质量与其的比值就是土粒比重。

由于比重变化的幅度不大，该指标通常可按经验数值选用。

（3）土的干密度 ρ_d。土单位体积中固体颗粒部分的质量称为土的干密度，单位为 g/cm³ 或 t/m³，即

$$\rho_d = \frac{m_s}{V} \tag{12-3}$$

在工程上常把干密度作为评定土体紧密程度的标准，以控制填土工程的施工质量。

（4）土的饱和密度 ρ_{sat}。土孔隙中充满水时，单位体积的质量即为土的饱和密度，单位为 g/cm³ 或 t/m³，即

$$\rho_{sat} = \frac{m_s + V_v \rho_w}{V} \tag{12-4}$$

式中　ρ_w——水的密度，近似等于 1g/cm³。

（5）土的浮密度 ρ'。在地下水位以下，土体中土粒的重量扣除浮力后，单位体积中土粒的有效质量称为土的浮密度，即

$$\rho' = \frac{m_s - V_s \rho_w}{V} = \rho_{sat} - \rho_w \tag{12-5}$$

2）土的重度

在实际应用中，经常采用土的容重，即土的重力密度，其数值上等于相应土密度与重力加速度的乘积，一般分为天然重度 γ、干重度 γ_d、饱和重度 γ_{sat}、有效重度 γ'。分别按下列公式计算：$\gamma = \rho g$；$\gamma_d = \rho_d g$；$\gamma_{sat} = \rho_{sat} g$；$\gamma' = \rho' g$。式中 g 为重力加速度，各指标的单位为 kN/m³。

3）土的含水率 ω

土中含水的质量与土粒质量之比称为土的含水率，以百分数计，即

$$\omega = \frac{m_w}{m_s} \times 100\% \tag{12-6}$$

含水率 ω 是标志土的湿度的一个重要物理性质指标。天然状态下土层的含水率称天然含水率，其变化范围很大，它与土的种类、埋藏条件及其所处的自然地理环境等有关。一般干的粗砂土，其值接近于零，而饱和砂土可达 40%；坚硬的黏性土的含水率约小于 30%，而饱和状态的软黏性土（如淤泥），则可达 60%或更大。一般来说，同一类土，当其含水率增大时，其强度就降低。

土的含水率一般用烘干法测定。先称小块原状土样的湿土质量，然后置于烘箱内维持 100～105℃烘至恒重，再称干土质量，湿、干土质量之差与干土质量的比值，就是土的含水率。

4）土的孔隙比 e 和孔隙率 n

（1）土的孔隙比 e。土中孔隙体积与土体积之比称为土的孔隙比，用小数表示，即

$$e = \frac{V_v}{V_s} \tag{12-7}$$

天然状态下土的孔隙比称为天然孔隙比，它是一个重要的物理性质指标，可以用来评价天然土层的密实程度。一般 $e<0.6$ 的土是密实的低压缩性土，$e>1.0$ 的土是疏松的高压缩性土。

（2）土的孔隙率 n。土中孔隙所占体积与总体积之比，以百分数计，即

$$n = \frac{V_v}{V} \times 100\% \tag{12-8}$$

一般黏性土的孔隙率为 30%～60%，无黏性土的孔隙率为 25%～45%。

5）土的饱和度 S_γ

土中被水充满的孔隙体积与孔隙总体积之比称为土的饱和度，以百分数计，即

$$S_\gamma = \frac{V_w}{V_v} \times 100\% \tag{12-9}$$

6）黏性土的物理性质

对于黏性土，还有塑限 ω_P、液限 ω_L、塑性指数 I_P 及液性指数 I_L 等物理性质指标。

（1）黏性土由固体状态变化到可塑状态的界限含水率称为塑限 ω_P。一般用搓条法测定。

（2）黏性土由可塑状态变化到流动状态的界限含水率称为液限 ω_L。一般用锥式液限仪测定。

（3）液限与塑限的差值称为塑性指数 I_P，即 $I_P = \omega_L - \omega_P$。塑性指数习惯上用不带"%"的百分数表示。由定义知，I_P 正好是土处于可塑状态的上限和下限含水率。I_P 越大表明土的颗粒越细，比表面积越大，土的黏性或亲水矿物（如蒙脱石）含量越高，土处在可塑状态的含水率变化范围就越大。塑性指数能综合反映黏性土的矿物亲水性成分和颗粒大小等影响黏性土特征的各种重要因素，常作为工程上对黏性土分类的重要指标。黏性土的分类见表 12-1。

表 12-1　黏性土的分类

塑性指数 I_P	土的名称
$I_P > 17$	黏土
$10 < I_P \leq 17$	粉质黏土

注：塑性指数由 76g 圆锥体沉入土样中深度为 10mm 时测定的液限计算而得。

（4）液性指数是指黏性土的天然含水率和塑限的差值与塑性指数之比，用符号 I_L 表示，即

$$I_L = \frac{\omega - \omega_P}{\omega_L - \omega_P} = \frac{\omega - \omega_P}{I_P} \tag{12-10}$$

从式（12-10）中可知，当土的天然含水率 $\omega < \omega_P$ 时，$I_L < 0$，天然土处于坚硬状态；当 $\omega > \omega_L$

时，$I_L>1$，天然土处于流动状态；当 ω 在 ω_P 与 ω_L 之间时，即 I_L 在 0 与 1 之间时，则天然土处于可塑状态。

因此可以利用液性指数 I_L 来表示黏性土所处的软硬状态。I_L 值越大，土质越软，反之，土质越硬。《建筑地基基础设计规范》（以下简称《规范》），根据 I_L 的大小将黏性土的软硬状态分为 5 类，见表 12-2。

表 12-2 黏性土的状态

液性指数 I_L	状态	液性指数 I_L	状态
$I_L \leqslant 0$	坚硬	$0.75<I_L \leqslant 1$	软塑
$0<I_L \leqslant 0.25$	硬塑	$I_L>1$	流塑
$0.25<I_L \leqslant 0.75$	可塑		

注：当用静力触探探头或标准贯入试验锤击数判定黏性土的状态时，可根据当地经验确定。

以上介绍了一般土最基本的物理性质指标，依据它们可对地基土有一个初步了解，并进行简单评价。如通过天然土的密度和重度可知它的轻重；通过孔隙比可判断土的压缩程度；通过饱和度可判断地基土的潮湿程度；通过塑性指数和液性指数所处的范围能判定黏性土的属性和坚硬程度。但仅了解以上地基土的简单情况是不够的，还要综合分析地基土更多的工程特性指标，研究其分类的方法，才能确定地基土的承载能力和沉降情况，以此作为基础设计的重要依据。

12.1.2 地基土（岩）的工程分类

地基土（岩）分类的方法很多。建筑结构中，土作为地基承受上部结构通过基础传来的荷载。从工程的角度，即着眼于土的工程性质（特别是各种强度和变形特性）及其与地基土的地质成因之间的关系来分类是合理而必要的。地基土（岩）分类的主要依据是三相的组成、粒径级配、土粒的形状和矿物成分等。我国现行规范将地基土（岩）分为岩石、碎石土、砂土、粉土、黏性土、人工填土及特殊土等。

（1）岩石。岩石应为颗粒间牢固联结，呈整体或具有节理裂隙的岩体。作为建筑结构的地基除应确定岩石的地质名称外，还应分别按表 12-3、表 12-4 划分其坚硬程度和完整程度。岩石的坚硬程度应根据岩块的饱和单轴抗压强度标准值 f_{rk} 分为坚硬岩、较硬岩、较软岩、软岩和极软岩。当缺乏饱和单轴抗压强度资料或不能进行该项试验时，可在现场通过观察定性划分，划分标准可按《规范》执行。岩石的完整程度划分为完整、较完整、较破碎、破碎和极破碎。岩石的风化程度可分为未风化、微风化、中风化、强风化和全风化。

表 12-3 岩石坚硬程度的划分

坚硬程度类别	坚硬岩	较硬岩	较软岩	软岩	极软岩
饱和单轴抗压强度标准值 f_{rk}/MPa	$f_{rk}>60$	$60 \geqslant f_{rk}>30$	$30 \geqslant f_{rk}>15$	$15 \geqslant f_{rk}>5$	$f_{rk} \leqslant 5$

表 12-4　岩石完整程度的划分

完整程度等级	完整	较完整	较破碎	破碎	极破碎
完整性指数	>0.75	0.75～0.55	0.55～0.35	0.35～0.15	<0.15

注：完整性指数为岩体纵波波速与岩块纵波波速之比的平方，选定岩体、岩块测定波速时应有代表性。

（2）碎石土。碎石土为粒径大于 2mm 的颗粒含量超过全重 50%的土。碎石土可按颗粒形状和粒组含量分为漂石、块石、卵石、碎石、圆砾和角砾，见表 12-5。

表 12-5　碎石土的分类

土的名称	颗粒形状	粒组含量
漂石	圆形及亚圆形为主	粒径大于 200mm 的颗粒含量超过全重的 50%
块石	棱角形为主	
卵石	圆形及亚圆形为主	粒径大于 20mm 的颗粒含量超过全重的 50%
碎石	棱角形为主	
圆砾	圆形及亚圆形为主	粒径大于 2mm 的颗粒含量超过全重的 50%
角砾	棱角形为主	

注：分类时应根据"粒组含量"栏从上到下以最先符合者确定。

碎石土的密实度，可分为松散、稍密、中密、密实。碎石土的密实度按表 12-6 确定。

表 12-6　碎石土的密实度

重型圆锥动力触探锤击数 $N_{63.5}$	密实度	重型圆锥动力触探锤击数 $N_{63.5}$	密实度
$N_{63.5} \leq 5$	松散	$10 < N_{63.5} \leq 20$	中密
$5 < N_{63.5} \leq 10$	稍密	$N_{63.5} > 20$	密实

注：本表适用于平均粒径小于或等于 50mm 且最大粒径不超过 100mm 的卵石、碎石、圆砾、角砾。对于平均粒径大于 50mm 或最大粒径大于 100mm 的碎石土，可按《规范》附录 B 鉴别其密实度；表内 $N_{63.5}$ 为经综合修正后的平均值。

（3）砂土。砂土为粒径大于 2mm 的颗粒含量不超过全重的 50%、粒径大于 0.075mm 的颗粒超过全重 50%的土。砂土可分为砾砂、粗砂、中砂、细砂和粉砂。砂土按表 12-7 分类。

表 12-7　砂土的分类

土的名称	粒组含量
砾砂	粒径大于 2mm 的颗粒含量占全重的 25%～50%
粗砂	粒径大于 0.5mm 的颗粒含量超过全重的 50%
中砂	粒径大于 0.25mm 的颗粒含量超过全重的 50%
细砂	粒径大于 0.075mm 的颗粒含量超过全重的 85%
粉砂	粒径大于 0.075mm 的颗粒含量超过全重的 50%

注：分类时应根据"粒组含量"栏从上到下以最先符合者确定。

砂土的密实度可分为松散、稍密、中密、密实。砂土的密实度按表 12-8 确定。

表 12-8　砂土的密实度

标准贯入试验锤击数 N	密实度
$N \leqslant 10$	松散
$10 < N \leqslant 15$	稍密
$15 < N \leqslant 30$	中密
$N > 30$	密实

注：当用静力触探探头阻力判定砂土的密实度时，可根据当地经验确定。

（4）粉土。粉土为塑性指数 $I_P \leqslant 10$ 且粒径大于 0.075mm 的颗粒含量不超过全重的 50% 的土，它介于砂土与黏性土之间。

（5）黏性土。黏性土是塑性指数 $I_P > 10$ 的土，可按表 12-1 分为黏土、粉质黏土。黏性土的状态可按表 12-2 分为坚硬、硬塑、可塑、软塑和流塑。工程实践表明，土的沉积年代对土的工程性质影响很大，按土的沉积年代可将黏性土分为老黏性土、一般黏性土和新沉积的黏性土。

（6）人工填土。人工填土是指由于人类活动堆积的土。其物质成分杂乱且均匀性较差，堆积时间也各不相同，故用作地基时应特别慎重。人工填土根据其组成和成因可分为素填土、压实填土、杂填土和冲填土。素填土为由碎石、砂土、黏性土、粉土等组成的填土；经分层压实者统称为压实填土；杂填土为含有建筑垃圾、工业废物、生活垃圾等杂物的填土；冲填土为由水力冲填泥沙形成的填土。

（7）特殊土。特殊土是指具有一定分布区域或工程意义上具有特殊成分、状态和结构特征的土。特殊土大体可分为软土、红黏土、黄土、膨胀土、多年冻土、湿陷性土、盐渍土、淤泥土、淤泥质土、泥炭土、泥炭质土等。

12.1.3　土的工程特性指标

1. 土的工程特性指标及其代表值

土的工程特性指标应包括强度指标、压缩性指标及静力触探探头阻力、动力触探锤击数、标准贯入试验锤击数、载荷试验承载力等和其他特性指标。地基土工程特性指标的代表值有标准值、平均值及特征值。其中，抗剪强度指标应取标准值；压缩性指标应取平均值；载荷试验承载力应取特征值。

2. 土的抗剪强度指标

（1）土的抗剪强度。土的抗剪强度是指土体抵抗剪切破坏的极限能力。当土体内某点的剪应力达到土体的抗剪强度时，该点即发生剪切破坏。土的抗剪强度是土最重要的工程特性指标之一，计算挡土墙及地下结构的土压力、确定建筑物地基的承载力和各类边坡的稳定分析，均由土的抗剪强度控制。

（2）测定土的抗剪强度。土的抗剪强度可用原状土室内剪切试验、无侧限抗压强度试验、三轴压缩试验、现场剪切试验、十字板剪切试验等方法测定。采用室内剪切试验时，宜选择三轴压缩试验中的不固结不排水试验。已经预压固结的地基可采用固结不排水试验，每层土的试样数量不能少于 6 组。验算土坡体的稳定性时，对于已有剪切破裂面或其他软弱结构面的土的抗剪强度，应进行野外大型剪切试验。

（3）土的抗剪强度指标选取。土的抗剪强度有两种表达方法，相应有两种强度指标：土的黏聚力 c 和内摩擦角 φ 统称为土的总应力强度指标；土的有效黏聚力 c' 和有效内摩擦角 φ' 统称为土的有效应力强度指标。工程中往往选用最接近实际条件的试验方法取得土的总应力强度指标。

3．土的压缩性指标

土的压缩性指标是建筑物沉降计算的依据。

（1）土的压缩系数 a 和压缩模量 E_s。土的压缩系数 a 和压缩模量 E_s 是评价土体压缩性能的指标，分别用下式计算

$$a = \frac{e_1 - e_2}{p_2 - p_1} \tag{12-11}$$

$$E_s = \frac{1 + e_1}{a} \tag{12-12}$$

式中　a——土的压缩系数（MPa^{-1}）；
　　　E_s——土的压缩模量（MPa）；
p_1、p_2——土的固结应力（kPa 或 MPa）；
e_1、e_2——对应于 p_1、p_2 时的孔隙比。

地基土的压缩性可按 $p_1=100kPa$、$p_2=200kPa$ 时相对应的压缩系数 a_{1-2} 划分，一般按以下标准评价。

① 当 $a_{1-2} < 0.1 MPa^{-1}$ 时，为低压缩性土。

② 当 $0.1 MPa^{-1} \leqslant a_{1-2} < 0.5 MPa^{-1}$ 时，为中压缩性土。

③ 当 $a_{1-2} \geqslant 0.5 MPa^{-1}$ 时，为高压缩性土。

压缩模量 E_s 与土的压缩系数 a 成反比，故也能评价土的压缩性的高低。一般认为，E_s <4MPa 时为高压缩性土；E_s=4～15MPa 时为中压缩性土；E_s>15MPa 时为低压缩性土。

（2）土的压缩性指标可采用原状土室内压缩试验、原位浅层或深层平板载荷试验、旁压试验确定。

4．标准贯入试验锤击数

由标准贯入试验锤击数 N 值，可对砂土、粉土、黏性土的物理状态，土的强度、变形参数，地基承载力、单桩承载力，砂土和粉土的液化，成桩的可能性等做出评价。

5．载荷试验承载力

载荷试验是确定岩土承载力的主要方法，包括浅层平板载荷试验和深层平板载荷试验。浅层平板载荷试验适用于浅层地基，深层平板载荷试验适用于深层地基。

12.2　地基承载力

地基承载力是指在保证地基强度和稳定的条件下，建筑物不产生过大沉降和不均匀沉降而安全承受荷载的能力。地基承载力的确定在地基基础设计中是一个非常重要而又十分复杂的问题，它不仅与土的物理力学性质有关，而且与建筑类型、结构特点、基础形式、基础的底面尺寸、基础埋置深度、施工速度等因素有关。确定地基承载力的基础是确定地基承载力特征值。

地基承载力特征值 f_{ak} 可由野外鉴别、载荷试验或其他原位测试、土样试验与公式计算，并结合工程实践经验等方法综合确定。

当基础宽度大于 3m 或埋置深度大于 0.5m 时，以载荷试验或其他原位测试、经验值等方法确定的地基承载力特征值尚应修正，称为修正后的地基承载力特征值用 f_a 表示。

> **特别提示**
>
> 计算时，也可近似取 $f_a = 1.1 f_{ak}$。

12.3　天然地基上浅基础设计

12.3.1　地基基础设计的基本规定

基础按埋置深度的不同可分为浅基础和深基础两类。一般在天然地基上修筑浅基础，其施工简单、造价低，而深基础往往施工复杂、造价较高。因此在保证建筑物安全和正常使用的条件下，应首先选用天然地基上浅基础的方案。

地基基础设计必须根据建筑物的用途和安全等级、建筑布置和结构类型，充分考虑建筑场地和地基岩土条件，结合施工条件以及工期、造价等各方面的要求，合理选择地基基础方案，因地制宜、精心设计，以保证建筑物的安全和正常使用。

1. 地基基础设计和计算的基本原则

地基基础的设计和计算应该满足下列 3 项基本原则。

（1）在防止地基土体剪切破坏和丧失稳定性方面，应具有足够的安全度。

（2）应控制地基变形量，使之不超过建筑物的地基变形允许值，以免引起基础不利截面和上部结构的损坏，或影响建筑物的使用功能和外观。

（3）基础的形式、构造和尺寸，除应能适应上部结构、符合使用需要、满足地基承载力（稳定性）和变形要求外，还应满足对基础结构的强度、刚度和耐久性的要求。

2. 设计浅基础要处理的问题

设计浅基础一般要妥善处理下列几方面问题。

（1）充分掌握拟建场地的工程地质条件和地基勘察资料。

（2）了解当地的建筑经验、施工条件和就地取材的可能性，并结合实际考虑采用先进的施工技术和经济、可行的地基处理方法。

（3）选择基础类型和平面布置方案，并确定地基持力层和基础埋置深度。

（4）按地基承载力确定基础底面尺寸，进行必要的地基稳定性和变形验算。

（5）以简化的或考虑相互作用的计算方法进行基础结构的内力分析和截面设计。

基础设计前，必须对场地的地基情况进行勘察，确定地基承载力及有关物理力学性质指标，根据上部结构资料计算作用在基础上的荷载，按要求确定基础埋置深度，并按地基承载力初步确定基础底面尺寸，有必要时进行地基变形及稳定性的验算，最后根据作用在基础底面上的地基反力和材料强度等级确定基础的构造尺寸和进行配筋计算。

3. 地基基础设计的一般要求

地基基础设计的内容和要求与建筑物的安全等级有关。根据地基损坏造成建筑物破坏后果（危及人的生命、造成经济损失、造成社会影响及修复的可能性）的严重性，将建筑物地基基础设计等级分为 3 个等级，见表 12-9。

表 12-9　地基基础设计等级

设计等级	建筑物和地基类型
甲级	重要的工业与民用建筑物 30 层以上的高层建筑 体形复杂、层数相差超过 10 层的高、低层连成一体的建筑物 大面积的多层地下建筑物（如地下车库、商场、运动场等） 对地基变形有特殊要求的建筑物 复杂地质条件下的坡上建筑物（包括高边坡） 对原有工程影响较大的新建建筑物 场地和地基条件复杂的一般建筑物 位于复杂地质条件及软土地区的 2 层及 2 层以上地下室的基坑工程 开挖深度大于 15m 的基坑工程 周边环境条件复杂、环境保护要求高的基坑工程
乙级	除甲级、丙级以外的工业与民用建筑物 除甲级、丙级以外的基坑工程
丙级	场地和地基条件简单、荷载分布均匀的 7 层及 7 层以下民用建筑及一般工业建筑物，次要的轻型建筑物，非软土地区且场地地质条件简单、基坑周边环境条件简单、环境保护要求不高且开挖深度小于 5.0m 的基坑工程

为了保证建筑物的安全与正常使用，根据建筑物的等级和长期荷载作用下地基变形对上部结构的影响程度，地基基础设计应按下列要求进行。

（1）所有基础设计均应进行地基承载力计算。

（2）设计等级为甲级、乙级的建筑物还应进行地基变形计算。

（3）设计等级为丙级的建筑物可不做地基变形验算，如有下列情况之一时则应做地基变形验算：地基承载力特征值小于 130kPa 且体型复杂的建筑物；在基础上及附近有地面堆载或相邻基础荷载相差较大、可能引起地基产生过大的不均匀沉降时；软弱地基上的建筑物存在偏心荷载时；邻近建筑相距太近可能发生倾斜时；地基内有厚度较大或厚薄不匀的填土，其自重固结未完成时。

（4）对经常受水平荷载作用的高层建筑、高耸结构和挡土墙，以及建造在斜坡上或边坡附近的建筑物和构筑物，尚应验算其稳定性。

（5）基坑工程应进行稳定性验算。

（6）当地下水埋藏较浅，建筑地下室或地下构筑物存在上浮问题时，尚应进行抗浮验算。

12.3.2　基础的类型

1. 按基础埋置深度分类

基础埋置深度简称埋深，指室外底面标高到基础底面的垂直距离。

（1）浅基础。将埋深不大，只需开挖基坑及排水等普通施工工艺建造的基础称为浅基础，一般基础埋深 $d \leqslant 5$m。

（2）深基础。将埋深较大，需借助于特殊的施工工艺建造的基础称为深基础，一般基础埋深 $d > 5$m。

天然地基

2. 按材料分类

基础按使用的材料分为无筋扩展基础（砖基础、毛石基础、灰土基础、三合土基础、毛石混凝土基础、混凝土基础）和钢筋混凝土基础。

（1）砖基础。砖基础取材容易、施工简便、价格低廉，广泛应用于 6 层及 6 层以下的房屋建筑中。砖基础具有一定的抗压强度，但抗拉和抗剪强度较低，抗冻性能也较差。砖基础的剖面呈阶梯状，这个阶梯称为大放脚。大放脚从垫层上开始砌筑，为保证其刚度应为两皮砖一收，具体构造要求如图 12.4 所示。

（2）毛石基础。毛石基础用于石料取材容易、价格相对便宜的地方。毛石基础用强度较高又未风化的毛石砌筑，毛石是指未经加工整理的石料。毛石基础的宽度和每个台阶高度不宜小于 400mm；为保证锁结力，每一台阶宜用 2 排或 3 排块石砌筑，且每个台阶外伸宽度不宜大于 200mm，具体构造要求如图 12.5 所示。毛石基础应竖砌、错缝、缝内砂浆饱满。

图 12.4　砖基础

图 12.5　毛石基础

（3）灰土基础。灰土基础适用于 5 层和 5 层以下、地下水位较低的民用混合结构房屋和用墙承重的轻型厂房。灰土是用经过熟化后的石灰粉和黏性土（以粉质黏土为宜）按一定比例加适量的水拌和分层夯实而成的，其配合比为 3∶7 或 2∶8。一般多采用三步灰土，即分三步夯实，夯实后总厚度为 450mm。

（4）三合土基础。三合土基础在我国南方地区应用较为广泛，它的优点是施工简单、造价低廉，但其强度较低，故这种基础只适宜用于地下水位较低、不超过 4 层的民用混合结构房屋。三合土基础用石灰、砂与骨料（碎石、碎砖、矿渣）加入适当的水经充分拌和后，均匀铺入基槽内，并分层夯实（虚铺 220mm，夯至 150mm 为一步）而成，然后在它上面砌砖大放脚。石灰、砂与骨料三合土的体积配合比为 1∶2∶4 或 1∶3∶6。三合土的强度和骨料种类有关：矿渣由于有水而硬性最好，碎砖次之，碎石因不易夯打而质量较差。

（5）混凝土和毛石混凝土基础。当荷载较大时，常用混凝土基础。混凝土基础的强度、耐久性、抗冻性都较好，但因水泥用量较大，造价比砖、毛石基础高。为节约水泥用量，可在混凝土内掺入 25%~30%体积的毛石（毛石尺寸不宜超过 300mm），即为毛石混凝土基础。

以上 5 种类型基础有个共同的弱点，就是没有配置钢筋，其组成材料的抗拉、抗弯强度都较低。在地基反力作用下，基础下部的扩大部分像悬臂梁一样要向上弯曲，如果悬臂过长，则易产生弯曲裂缝。因此，需要限制大放脚宽高比的容许值以保证基础的强度安全。悬臂长度只要符合宽高比的规定，就不会发生弯曲破坏。这类基础统称为刚性基础，又称无筋扩展基础。

（6）钢筋混凝土基础。钢筋混凝土基础应用广泛，常用作上部结构荷载大或地基条件不好的建筑结构和各种高层结构的基础。钢筋混凝土基础具有良好的抗弯、抗剪性能，强度大，故在相同宽度的情况下高度远小于刚性基础，此外还有抗冻防潮、适用面广的优点，但其造价较高。相对于刚性基础而言，钢筋混凝土基础又称为柔性基础或弹性基础。

3．按结构分类

1）单独基础

（1）柱下独立基础。柱基础的主要类型之一是单独基础，一般称作柱下独立基础。若柱的材料是钢筋混凝土或钢，则基础材料多为混凝土或钢筋混凝土。荷载不大时，可用砖石材料基础。柱下现浇钢筋混凝土独立基础的竖向截面可做成阶梯形或锥形，如图 12.6（a）、(b) 所示；预制的柱下独立基础一般做成杯形，如图 12.6（c）所示。

(a) 阶梯形基础　　(b) 锥形基础　　(c) 杯形基础

图 12.6　柱下独立基础

（2）墙下单独基础。上部结构荷载不大但基础需要跨越障碍或深埋时，采用墙下单独基础，基础顶面应架设钢筋混凝土过梁，其跨度一般为4～5m。

2）条形基础

（1）墙下条形基础。条形基础是墙基础的主要类型，常用砖石材料建造，必要时可用钢筋混凝土制成，后者又分为无肋式和有肋式两种，如图12.7所示。

图 12.7　墙下钢筋混凝土条形基础

（2）柱下条形基础。当荷载较大而地基软弱时，采用柱下独立基础会使基底面积过大，这时可将同一排（条）柱的钢筋混凝土基础连通做成柱下条形基础，如图12.8所示。

（3）柱下十字交叉基础。当荷载更大而地基相对更软弱时，可在柱网的纵、横两个方向都设置柱下条形基础，连成柱下十字交叉基础，以提高基础的承载力、刚度和整体性，减少基础的不均匀沉降，如图12.9所示。

图 12.8　柱下条形基础　　　　图 12.9　柱下十字交叉基础

3）筏形基础

若地基特别软弱而荷载又很大，用柱下十字交叉基础也不能满足要求时，可采用筏形基础。筏形基础以整个房屋下大面积的筏片与地基接触，因而可以传递较大的上部荷载，其整体性较好，能调整各部分的不均匀沉降。筏形基础可以做成倒置的肋形楼盖的形式，如图12.10所示；也可以做成倒置的无梁楼盖的形式。后者板厚较大、用料多，刚度较前者差，但施工方便；前者折算厚度小、用料省、刚度好，但施工麻烦且费模板。国外以厚平板式筏形基础应用居多，厚度常达2～3m，它有利于降低整个房屋重心和提高抗倾覆能力，但也将较多地增加地基的负担，尤其是对软弱地基不利。当房屋层数较少时宜采用倒置无梁楼盖式筏形基础，我国采用此种基础较多。

4）箱形基础

箱形基础是由钢筋混凝土整片底板、顶板和钢筋混凝土纵横墙组成的空间盒子，如图 12.11 所示。它是筏形基础的进一步发展，具有比上述各种基础形式大得多的刚度和整体性。由于其刚度相当大，能为上下部结构协同工作提供强有力的基础保证。它的整体抗弯能力也很强，由于挖去了很多土，减少了基础底面的附加压力，箱形基础特别适用于地基软弱、土层较厚、房屋底面积不大而荷载又很大或要求设有地下室的高层建筑和重要建筑。箱形基础的空心部分正好可作为地下室，满足各种功能和设施的要求。箱形基础用作高层建筑的基础，无论在国外还是在国内都是相当普遍的。

图 12.10　筏形基础　　　　　　　图 12.11　箱形基础

5）桩基础

当上部结构荷载太大且浅层地基软弱又不宜采用地基处理，或坚实土层距基础底面较远，采用其他基础形式可能导致沉降过大而不能满足地基变形与强度要求时，必须利用地基下部深层较坚硬的土层作为持力层而设计成桩基础。桩基础由承台和桩两部分组成，其作用是将上部结构的荷载通过桩身与桩尖传至深层较坚硬的地层中，故桩基础能承受较大的荷载，减少建筑物不均匀沉降，而且对地基土有挤密作用。桩基础是一种最常用的深基础，它承载力高、稳定性好、沉降量小而均匀、抗震性能好、便于机械化施工、适应性强，在高层建筑、动力设备基础、桥梁及港口工程中应用极为广泛，且发展迅速。

6）其他基础

其他的基础有壳体基础、岩层锚杆基础、沉井基础、地下连续墙、墩基础、沉箱基础等。沉井和沉箱基础多用于工业建筑、桥梁和地下构筑物，与大开挖相比，它具有挖土量少、施工方便、占地少和对邻近建筑物影响较小等优点。沉箱是将压缩空气压入一个特殊的沉箱室内以排除地下水，工作人员在沉箱内操作，比较容易排除障碍物，使沉箱顺利下沉，目前可达地下水位以下 35~40m 的深度。地下连续墙是近代发展起来的一种新的基础形式，具有无噪声、无振动、对周围建筑物影响小的特点，并有节约土方量、缩短工期、安全等优点。

12.3.3　基础埋深的选择

基础埋深对建筑物的安全及正常使用、施工工期和造价有很大影响，合理确定基础埋深是基础设计的重要内容，应综合考虑以下几个方面的因素。

1. 建筑物的用途

建筑物的各种用途，有无地下室、设备基础和地下设施，基础的形式和构造对基础埋深影响很大。如有地下管道和设备基础要求时，还应满足建筑物使用功能上提出的埋深要求，将基础局部或整体加深。

2. 作用在地基上的荷载大小和性质

不同的荷载的大小对基础埋深的要求不同，承受动力或较大水平荷载的建筑物与一般以承受竖向荷载为主的建筑物对基础埋深的要求也不同。高层建筑筏形和箱形基础的埋深应满足地基承载力、变形和稳定性要求。在抗震设防区，除岩石地基外，天然地基上的箱形和筏形基础其埋深不宜小于建筑物高度的 1/15；桩箱或桩筏基础的埋深（不计桩长）不宜小于建筑物高度的 1/20～1/18。位于岩石地基上的高层建筑，其基础埋深应满足抗滑要求。注意可能承受上拔力的建筑物基础，如输电塔和大跨度悬索桥的锚碇会要求较大或很大的埋深。

3. 工程地质和水文地质条件

在满足地基承载力、稳定和变形要求的前提下，基础应尽量浅埋；当上层地基土的承载力大于下层土时，宜利用上层土做持力层；如果承载力比较高的土层在地基土的下部时，则持力层宜进行地基处理后才能浅埋。基础浅埋的深度，除岩石地基外，不宜小于 0.5m，为保护基础，基础顶面低于室外地面不小于 0.1m。基础宜埋置在地下水位以上，以避免施工时排水带来的困难，并可减轻地基上的冻害。当必须埋在地下水位以下时，应采取使地基土在施工时不受扰动的措施。若基础埋置在易风化的岩层上，施工时应在基坑开挖后立即铺筑垫层。当地下水有侵蚀性时，还应对基础采取防护措施。

4. 相邻建筑物基础的影响

新建建筑物靠近原有建筑物时，其基础埋深不宜大于原有建筑物基础。当大于原有建筑基础时，为保证相邻建筑物的安全和正常使用，两基础间应保持一定净距，其数值应视原有建筑物荷载大小、基础形式和土质情况而定。当上述要求不能满足时，施工时应采取措施，如分段施工、设临时加固支承、打板桩、构筑地下连续墙或加固原有建筑物的地基。

5. 地基土冻胀和融陷的影响

土中水分冻结后体积变大形成冰晶，使土中孔隙体积增大、土变得疏松的现象称为冻胀；冻土融化后使土变软、含水量增大、强度降低产生的附加沉陷称为融陷。季节性冻土在冻融过程中，反复地产生冻胀和融陷会使土的强度降低，沉陷增大会对建筑物产生不良影响，可能引起开裂甚至破坏。土的冻胀性大小与土粒大小、含水量和地下水位高低有密切关系。根据土的类别、含水量、地下水位和平均冻胀率，将地基土分为不冻胀土、弱冻胀土、冻胀土、强冻胀土和特强冻胀土 5 类。对埋置于不冻胀土中的基础，其埋深可不考虑冻胀的影响；对埋置于冻胀土中的基础，其最小埋深要考虑冻胀的影响，一般按公式确定。

12.3.4 基础底面尺寸的选择

选择基础类型和埋深后，可根据修正后的地基承载力特征值计算基础底面尺寸。基础底面面积的大小应保证作用在基础底面上的平均应力小于或等于地基承载力的设计值。基础按受力情况分为轴心受压基础和偏心受压基础。

1. 轴心受压基础底面尺寸

如图 12.12 所示，基础底面的压力，可按下列公式确定。

$$p_k = \frac{F_k + G_k}{A} \quad (12\text{-}13)$$

式中 p_k——相应于荷载效应标准组合时，基础底面处的平均压力值（kPa）；
F_k——相应于荷载效应标准组合时，上部结构传至基础顶面的竖向力值（kN）；
G_k——基础和回填土的自重（$G_k = \gamma_G A d$，γ_G 一般取 20kN/m^3，d 为基础埋深）；
A——基础底面面积（m^2）。

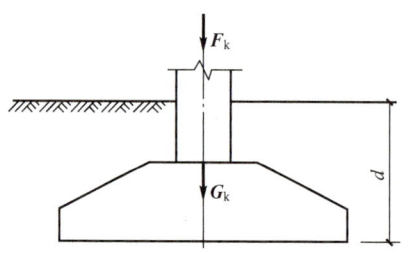

图 12.12　轴心荷载作用下的基础

基础底面的压力还应符合下式要求，即地基不发生强度破坏

$$p_k \leqslant f_a \quad (12\text{-}14)$$

式中 f_a——修正后的地基承载力特征值（kPa）。

由式（12-13）、式（12-14）及 $G_k = \gamma_G A d$ 可得下列公式。

（1）对于矩形基础，有

$$A = bl \geqslant \frac{F_k}{f_a - \gamma_G d} \quad (12\text{-}15)$$

（2）对于方形基础，有

$$b = l \geqslant \sqrt{\frac{F_k}{f_a - \gamma_G d}} \quad (12\text{-}16)$$

（3）对于条形基础，沿长度方向取 1m 作为计算单元，即 $l = 1\text{m}$，有

$$b \geqslant \frac{F_k}{f_a - \gamma_G d} \tag{12-17}$$

2. 偏心受压基础底面尺寸

如图 12.13 所示，基础底面边缘的最大和最小压力可由下式确定。

$$p_{kmax} = \frac{F_k + G_k}{A} + \frac{M_k}{W} \tag{12-18}$$

$$p_{kmin} = \frac{F_k + G_k}{A} - \frac{M_k}{W} \tag{12-19}$$

式中　　M_k——相应于荷载效应标准组合时，作用于基础底面的力矩值（kN·m）；

　　　　W——基础底面的抵抗矩（m³）；

p_{kmax}、p_{kmin}——相应于荷载效应标准组合时，基础底面边缘的最大、最小压力值（kPa）。

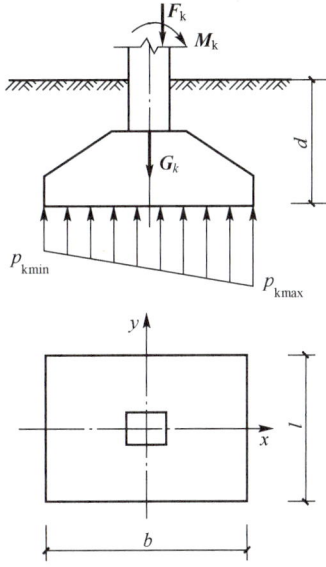

图 12.13　单向偏心荷载作用下的基础

当偏心距 $e > \dfrac{b}{6}$ 时，部分基础底面与地基之间是脱离的，这时，p_{kmax} 应按下式计算。

$$p_{kmax} = \frac{2(F_k + G_k)}{3al} \tag{12-20}$$

式中　l——力矩作用方向的基础底面边长（m）；

　　　a——合力作用点至基础底面最大压力 p_{kmax} 作用边缘的距离（m），$a = \dfrac{l}{2} - e$；

　　　e——偏心距（m），$e = \dfrac{M_k}{F_k + G_k}$。

偏心荷载作用时，基础底面的压力尚应符合下列要求。

$$p_k = \frac{(p_{kmax} + p_{kmin})}{2} \leqslant f_a \tag{12-21}$$

$$p_{kmax} \leqslant 1.2 f_a \tag{12-22}$$

式（12-22）中将地基承载力设计值提高 20%的原因，是 p_{kmax} 只在基础边缘的局部范围内出现，而且 p_{kmax} 中的大部分是由活荷载而不是恒荷载产生的。

确定偏心受压基础底面尺寸一般采用试算法：先按轴心受压基础所需的底面面积增大 10%～40%，初步选定长短边尺寸；然后验算是否满足式（12-21）、式（12-22）的要求，如不符合，则需另行假定基础底面尺寸和重算，直至满足要求。

12.3.5 确定基础高度

如基础的高度（或阶梯高度）不足，则会沿着柱周边（或变阶处周边）产生冲切破坏，形成 45°斜裂面的角锥体。因此，冲切破坏锥体以外地基反力产生的冲切力应小于混凝土基础在冲切面处的抗冲切力，故对矩形截面柱的矩形基础，应验算柱与基础交接处以及基础变阶处的受冲切承载力。

12.3.6 基础底板配筋计算

基础底板的配筋应按钢筋混凝土抗弯计算确定。验算基础高度和底板配筋时，应用扣除基础自重及其上土重后相应于荷载效应基本组合时的地基土单位面积净反力来计算，对偏心受压基础可取基础边缘处最大地基土单位。

构造要求如下。

（1）基础的边缘高度。锥形基础的边缘高度不宜小于 200mm，且两个方向的坡度不宜大于 1∶3；阶梯形基础每阶的高度宜为 300～500mm。

（2）基底垫层。通常在底板下面浇筑一层素混凝土垫层，其厚度不宜小于 70mm，垫层混凝土强度等级应为 C10。通常采用 100mm 厚的 C10 素混凝土垫层，两边各伸出基础 100mm。

（3）钢筋底板受力钢筋最小配筋率不应小于 0.15%，且直径不应小于 10mm，间距不大于 200mm，也不宜小于 100mm。当柱下钢筋混凝土独立基础的边长大于或等于 2.5m 时，钢筋长度可减短 10%并宜均匀交错布置。底板钢筋的保护层，当有垫层时不小于 40mm；当无垫层时不小于 70mm。

（4）基础混凝土强度等级不应低于 C20。

另外，当扩展基础的混凝土强度等级小于柱的混凝土强度等级时，尚应验算柱下扩展基础顶面的局部受压承载力。

✅ 应用案例 12-1

实例中钢筋混凝土柱基础 JC-2，柱截面为 500mm×500mm，作用在基础顶面处的相应于荷载效应标准组合上部结构传来的轴心荷载为 900kN，弯矩值为 92kN·m，水平荷载为 15kN，如图 12.14（a）所示。地基承载力特征值 f_{ak}=200kPa，试计算基础底面尺寸。

(a) 基础受力情况

(b) 基础设计

图 12.14 实例的基础图

解：（1）修正后的地基承载力特征值。近似按 $f_a = 1.1 f_{ak}$ 计算

$$f_a = 1.1 f_{ak} = 1.1 \times 200 = 220 \text{(kPa)}$$

（2）先按轴心受压估算基础底面面积。计算基础和回填土重时的埋深

$$d = 1.5\text{m}$$

$$A' \geq \frac{F_k}{f_a - \gamma_G d} = \frac{900}{220 - 20 \times 1.5} \approx 4.737 \text{ (m}^2\text{)}$$

（3）考虑偏心，将基础底面增大 10%。

$$A = 1.1 A' = 1.1 \times 4.737 \approx 5.21 \text{(m}^2\text{)}$$

取矩形基础底板长短边之比 $l/b=1$，故有 $b = l = \sqrt{A} \approx 2.28$ (m)

取 $b = 2.5$m。

（4）验算持力层地基土承载力。对于基础底面，基础和回填土重为

$$G_k = \gamma_G A d = 20 \times 2.5 \times 2.5 \times 1.5 = 187.5 \text{ (kN)}$$

$$F_k + G_k = 900 + 187.5 = 1087.5 \text{ (kN)}$$

$$M_k = 92 + 15 \times 0.65 = 101.75 \text{ (kN} \cdot \text{m)}$$

偏心距为

$$e = \frac{M_k}{F_k + G_k} = \frac{101.75}{1087.5} \approx 0.094 < \frac{l}{6} = \frac{2.5}{6} \approx 0.417 \text{ (m)}$$

基底最大最小土压力

$$p_{kmin}^{kmax} = \frac{F_k + G_k}{A}\left(1 \pm \frac{6e}{l}\right) = \frac{1087.5}{2.5 \times 2.5} \times \left(1 \pm \frac{6 \times 0.094}{2.5}\right)$$

$$p_{kmax} \approx 213 \text{kPa} < 1.2 f_a = 1.2 \times 220 = 264 \text{ (kPa)}$$

$$p_{kmin} \approx 135 \text{kPa} > 0$$

$$p_k = \frac{p_{kmax} + p_{kmin}}{2} = 174 \text{kPa} < f_a = 220 \text{kPa}$$

故基础底面尺寸取 $l=2.5$m，$b=2.5$m，符合设计要求。最终基础设计如图 12.14（b）所示。

应用案例 12-2

墙下条形基础上的横墙厚 240mm，墙体采用蒸压粉煤灰砖 MU15、混合砂浆 M10 砌筑，底层墙体高度为 4.6m（至基顶），如图 12.15（a）所示。已知楼面板面荷载标准值

G_{k1}=2.99kN/m², 楼面可变荷载标准值 Q_{k1}=2kN/m², 屋面板面荷载标准值 G_{k2}=5.34kN/m², 屋面可变荷载标准值 Q_{k2}=0.7kN/m², 以上荷载的作用范围是 3.3m。墙体 240mm 双面抹灰, 其恒载标准值 G_{k3}=5.24kN/m², 墙体高度为 7.2m。试计算横墙（1—1 剖面）基础尺寸及外墙自承重墙（2—2 剖面）基础尺寸。

图 12.15 墙下条形基础

解：（1）1—1 剖面基础尺寸的确定。

轴心荷载作用，沿墙长方向取 l = 1m，底层墙体每米长的荷载标准值为

$$F_k = (G_{k1} + G_{k2}) \times 3.3 + G_{k3} \times 7.2 + (Q_{k1} + Q_{k2}) \times 3.3$$
$$= (2.99 + 5.34) \times 3.3 + 5.24 \times 7.2 + (2 + 0.7) \times 3.3$$
$$= 74.127 \text{ (kN)}$$

持力层承载力验算。地基承载力设计值为

$$f = 1.1 f_k = 1.1 \times 145 = 159.5 \text{ (kPa)}$$

确定基底尺寸为

$$b \geq \frac{F_k}{f - \gamma_G d} (\gamma_G = 20 \text{kN/m}^3, d = 1.9\text{m})$$
$$= \frac{74.127}{159.5 - 20 \times 1.9} \approx 0.61 \text{ (m)}$$

取 b=0.8m。

基底平均压力设计值为

$$p = \frac{F_k + \gamma_G d}{b} = \frac{74.127 + 20 \times 1.9}{0.8} \approx 140.159 \text{ (kPa)} < 159.5 \text{kPa}$$

故 1—1 剖面基底宽度为 800mm。

（2）2—2 剖面基础尺寸的确定。

轴心荷载作用，沿墙长方向取 l = 1m，墙体高度 7.2m 加上女儿墙高 1m，总高 8.2m。底层墙体每米长的恒荷载标准值为

$$F_k = G_{k3} \times 8.2 = 5.24 \times 8.2 = 42.968 \text{ (kN)}$$

持力层承载力验算同上。

确定基底尺寸为

$$b \geqslant \frac{F_k}{f - \gamma_G d}$$

$$= \frac{42.968}{159.5 - 20 \times 1.9} \approx 0.354 \, (\text{m})$$

取 $b=0.6\text{m}$。

基底平均压力设计值为

$$p = \frac{F_k + \gamma_G d}{b} = \frac{42.968 + 20 \times 1.9}{0.6} \approx 134.947 \, (\text{kPa}) < 159.5\text{kPa}$$

故2—2剖面基底宽度为600mm。最终基础设计如图12.15（b）所示。

12.4　减轻建筑物不均匀沉降的措施

一般来说，建筑物出现沉降是难以避免的，但是，过大的地基变形将使建筑物损坏或影响其使用功能。如何防止和减轻由基础不均匀沉降引起的损害是建筑设计中必须考虑的问题。人们可以从地基、基础和上部结构相互作用的观点出发，综合选择合理的建筑、结构设计及施工方案，并采取相应的措施。

1. 建筑措施

（1）建筑体形力求简单、高差不宜过大。建筑平面简单、高度一致的建筑物，基底应力较均匀，整体刚度好，即使沉降较大，建筑物也不易产生裂缝和损坏。例如，平面呈"一"字形的建筑物整体性好。而体形（平面及剖面）复杂的建筑物，其整体刚度往往会被削弱。此外，建筑物立面体形变化也不宜太大。

（2）控制建筑物的长高比及合理布置纵横墙。砖石承重的建筑物，当其长度与高度之比较小时，建筑物的刚度好，即使沉降较大，也不至于引起建筑物开裂。相反，长高比大的建筑物，其整体刚度小，纵墙很容易因挠曲变形过大而开裂。根据建筑实践经验，当基础计算沉降量大于120mm时，建筑物的长高比不宜大于2.5；对于平面简单，内外墙贯通，横墙间隔较小的房屋，长高比可适当放宽，但一般不宜大于3.0。

纵横墙构成了建筑物的空间刚度，因此合理布置纵横墙是增强建筑物刚度的重要措施之一。适当加密横墙的间距，可增强建筑物的整体刚度。纵横墙转折会削弱建筑物的整体性，所以建造在软弱地基上的建筑物，纵横墙最好不转折或少转折。

（3）设置沉降缝。当地基很不均匀且建筑物体形复杂又不可避免时，用沉降缝将建筑物从屋面到基础分割为若干个独立的单元，使建筑平面变得简单，可有效地减轻地基不均匀沉降。沉降缝通常设置在如下部位：平面形状复杂的建筑物转折处；建筑物高差或荷载差别很大处；长高比过大的建筑物的适当部位；地基土压缩性有显著变化处；建筑物结构或基础类型不同处；分期建筑的交接处。

沉降缝应留有足够的宽度，沉降缝的宽度与建筑物的层数有关，见表12-10。缝内一般不填塞材料，以保证沉降缝上端不致因相邻单元内倾而碰顶。

表 12-10 沉降缝的宽度

单位：mm

建筑物层数	沉降缝的宽度
2～3	50～80
4～5	80～120
>5	≥120

（4）控制建筑物基础间距。相邻建筑物太近，由于地基应力扩散作用，会互相影响，引起相邻建筑物产生附加沉降，相邻建筑物基础间的净距应符合表 12-11 的规定。建造在软弱地基上的建筑物，应将高低悬殊部分（或新老建筑物）离开一定距离。如离开距离后的两个单元之间需要连接，应设置能自由沉降的独立连接体或采用简支、悬臂结构。

表 12-11 相邻建筑物基础间的净距

单位：m

影响建筑物的预估平均沉降量 s/mm	被影响建筑物的长高比	
	$2.0 \leqslant \dfrac{L}{H_f} < 3.0$	$3.0 \leqslant \dfrac{L}{H_f} < 5.0$
70～150	2～3	3～6
160～250	3～6	6～9
260～400	6～9	9～12
≥400	9～12	≥12

注：(1) 表中 L 为建筑物长度或沉降缝分割的单元长度（m）；H_f 为自基础底面标高算起的建筑物高度（m）。

(2) 当被影响建筑物的长高比为 $1.5 < \dfrac{L}{H_f} < 2.0$ 时，其间净距可适当缩小。

2．结构措施

（1）减轻建筑物自重。基底压力中，建筑物自重所占比例很大。采用高强轻型砌体材料、选用轻型结构、减小基础和回填土质量，能大大减少建筑物沉降量。

（2）设置圈梁。不均匀沉降会引起砌体房屋墙体开裂，圈梁的设置可增大建筑物的整体性、刚度和承载力。

（3）减少和调整基底附加压力。改变基础形式及基底尺寸、增设地下室等架空层，可减少和调整基底附加压力。

（4）将上部结构做成静定体系。当发生不均匀沉降时，采用静定结构体系不致引起很大的附加应力，故在软弱地基上建造的公共建筑、单层工业厂房、仓库等，可考虑采用静定结构体系，以避免不均匀沉降的危害。

3．施工措施

合理安排施工顺序和注意选用工艺方法可减少或调整不均匀沉降。当建筑物存在高低或轻重不同部分时，应先施工高层及重的部分，后建低层及轻的部分。当在高低层之间使用连接体时，应最后修建连接体，以调整高低层之间部分沉降差异。不要扰动基底土的原来结构，通常在基底保留约 200mm 厚的土层，如发现基底土已被扰动，应将已扰动土挖去，再用砂、碎石等回填夯实。在软弱地基土上、已建和在建建筑物外围应避免大量、长时间堆放回填土，以免引起新老建筑物的附加沉降。

模块小结

建筑结构都是由埋在地面以下一定深度的基础和支承于其上的上部结构组成的，基础又坐落在称为地基的地层（土或岩石）上。基础是建筑结构的重要受力构件，上部结构所承受的荷载都要通过基础传至地基。

土的物质成分包括作为土骨架的固态矿物颗粒，孔隙中的水及其溶解物质及气体，土的三相组成、物质的性质、相对含量，以及土的结构构造等各种因素，必然在土的轻重、松密、干湿、软硬等一系列物理性质和状态上有不同的反映。土的物理性质又在一定程度上决定了它的力学性质，所以物理性质是土的最基本的工程特性。密度 ρ、土粒比重 d_s、含水率 ω 可通过土工试验测定，称为基本指标，由它们可导出其他各项指标。

我国现行规范将地基土（岩）分为岩石、碎石土、砂土、粉土、黏性土、人工填土及特殊土等。

土的工程特性指标应包括强度指标、压缩性指标及静力触探探头阻力、动力触探锤击数、标准贯入试验锤击数、载荷试验承载力等和其他特性指标。地基土工程特性指标的代表值有标准值、平均值及特征值。其中，抗剪强度指标应取标准值；压缩性指标应取平均值；载荷试验承载力应取特征值。

地基承载力特征值可由野外鉴别、载荷试验或其他原位测试、土样试验与公式计算，并结合工程实践经验等方法综合确定。

基础按埋深的不同可分为浅基础和深基础两类。一般在天然地基上修筑浅基础，其施工简单、造价低，而深基础往往施工复杂、造价较高。因此在保证建筑物安全和正常使用的条件下，应首先选用在天然地基上修筑浅基础的方案。

习 题

一、填空题

1. _____ 是建筑结构的重要受力构件，上部结构所承受的荷载都要通过基础传至_____。

2. 土是由_____、_____和_____所组成的三相体系。

3. _____、_____、_____可通过土工试验测定，称为基本指标。

4. 液限与塑限的差值称为_____。

5. 我国现行规范将地基土（岩）分为_____、_____、_____、粉土、黏性土、人工填土等。

6. _____ 是指土体抵抗剪切破坏的极限能力。

二、选择题

1. 地下水位升高会引起自重应力（　　）。

   A．增加　　　　　B．减少　　　　　C．不变　　　　　D．不确定

2. 当土体内某点的剪应力达到土体的（　　）时，该点即发生剪切破坏。

   A．抗剪强度　　　B．抗压强度　　　C．法向应力　　　D．承载力

3. 载荷试验是确定岩土承载力的主要方法，包括（　　）。

   A．浅层平板载荷试验　　　　　　　B．深层平板载荷试验

   C．标准贯入锤击数　　　　　　　　D．静力触探试验

4. 为解决新建建筑物与已有的相邻建筑物距离过近，且基础埋深又深于相邻建筑物基础埋深的问题，可以采取（　　）措施。

   A．增大建筑物之间的距离　　　　　B．增大新建建筑物的基础埋深

   C．在基坑开挖时采取可靠的支护　　D．及时回填土

三、判断题

1. 黏性土的天然含水率和塑限的差值与塑性指数之比称为塑性指数。（　　）
2. 一般说来，同一类土，当其含水率增大时，则其强度就降低。（　　）
3. 可以利用液性指数 I_L 来表示黏性土所处的软硬状态。I_L 值越大，土质越硬；反之，土质越软。（　　）
4. 当含水率发生变化时，随之变化的指标是塑限。（　　）

四、计算题

1. 某地基土试验中，测得土的干重度为 11.2kN/m³，含水率为 31.2%，土粒比重为 2.70，求土的孔隙比、孔隙率、饱和度和饱和重度。

2. 某承重墙厚 370mm，传来轴力设计值 F=280kN/m，基础埋深 d=0.8m，地基资料如图 12.16 所示，试确定基底尺寸。

图 12.16　计算题 2 图

模块 13　钢　结　构

思维导图

引例

钢结构是以钢材为主建造的结构,是主要的建筑结构类型之一,已成为现代建筑工程中较为普遍的结构形式。我国是最早用铁制造承重结构的国家,远在公元前 246—前 219 年的秦朝就能用铁制作简单的承重结构,而西方国家在 17 世纪才开始使用金属承重结构。清康熙四十五年(1706 年)建成的泸定桥(图 13.1),是四川省泸定县的一座跨大渡河铁索桥,为中国古代桥梁建筑之杰作。自 20 世纪 90 年代以来,我国钢结构进入蓬勃发展时期,相继建成了一批特大跨度桥梁,钢结构在超高层建筑领域规模逐渐扩大(图 13.2),随着我国社会主义现代化国家新征程的不断推进,钢结构还将应用于更多现代建筑领域。

图 13.1　泸定桥

图 13.2　上海中心大厦

13.1　钢结构的特点及应用范围

钢结构是将钢板、圆钢、钢管、钢索、各种型钢等钢材经过加工、连接、安装而组成的工程结构,具有足够的可靠性和良好的社会经济效益,在我国发展前景广阔。

13.1.1　钢结构的特点

(1)**强度高而自重轻(轻质高强)**。钢的容重大,但强度高,结构需要的构件截面小。与其他材料相比,钢的容重与屈服点的比值最小,在承受同样荷载和约束的条件下,采用钢材时结构的自重比其他结构轻。例如,当跨度和允许荷载均相同时,钢屋架的自重仅为钢筋混凝土屋架的 1/4~1/3,冷弯薄壁型钢屋架甚至可达到 1/10。由于钢结构自重较轻,便于运输和安装,因此特别适用于跨度大、高度高、荷载大的结构。

(2)**材质均匀,且塑性、韧性好**。与砖石和混凝土相比,钢材属单一材料,组织构造比较均匀,且接近各向同性,在正常使用情况下具有良好的塑性,一般情况下钢结构不会由于偶然超载而突然断裂,给人以安全保证;韧性好,说明钢材具有良好的动力工作性能,使得钢结构具有优越的抗震性能。

（3）良好的焊接性能。采用工厂制造、工地安装的施工方法，既可保证工程质量，又可缩短工期、降低造价、提高经济效益。

（4）钢结构制作简单、施工方便，具有良好的装配性。钢结构由各种型材采用机械加工在专业化的金属结构厂制作而成，制作简单且成品的精确度高，制成的构件在现场可直接拼接，且构件质量较轻、施工方便，建成的钢结构也易于拆卸、加固或改建，具有良好的装配性。

（5）钢材的可重复使用性。钢结构构件加工制造过程中产生的余料和碎屑，以及废弃或破坏了的钢结构构件，均可回炉重新冶炼成钢材重复使用，因此钢材被称为绿色建筑材料或可持续发展材料。

（6）钢材的水密性和气密性适用于密闭容器。因钢材本身组织非常致密，采用焊接连接的钢板结构具有较好的水密性和气密性，可用来制作压力容器、管道，甚至载人太空船结构。

（7）钢材耐热但不耐火。钢材长期经受 100℃辐射热时，性能变化不大，具有一定的耐热性能。但当温度超过 200℃时，会出现蓝脆现象；当温度达 600℃时，钢材进入热塑性状态，将丧失承载能力。因此，在有防火要求的建筑物中采用钢结构时，必须采用耐火材料加以保护。

（8）耐锈蚀性能差。钢材耐锈蚀的性能较差，因此必须对钢结构采取防护措施。不过在没有侵蚀性介质的一般厂房中，钢结构构件经过彻底除锈并涂上合格的油漆后，锈蚀问题并不严重。对处于湿度大、有侵蚀性介质环境中的结构，可采用耐候钢或不锈钢提高其耐锈蚀性能。

（9）低温冷脆倾向。由厚钢板焊接而成的承受拉力和弯矩的构件及其连接节点，在低温下有脆性破坏的倾向，应引起足够的重视。

13.1.2 钢结构的应用范围

随着我国国民经济的不断发展和科学技术的进步，钢结构在我国的应用范围也在不断扩大。目前钢结构应用范围大致如下。

1. 大跨度结构

结构跨度越大，自重在荷载中所占的比例就越大。由于钢结构具有强度高、自重轻的优点，故其被广泛应用于大跨度结构，如国家体育场、武汉长江大桥等。

2. 工业厂房

吊车起重量较大或者工作较繁重的车间的主要承重骨架多采用钢结构，鞍钢、武钢、宝钢等著名集团的冶金车间都采用了不同规模的钢结构厂房。

近年来，随着压型钢板等轻型屋面材料的采用，轻钢结构工业厂房得到了迅速的发展。其结构形式主要为实腹式变截面门式刚架，如图 13.3 所示。

图 13.3 门式刚架

3. 多高层民用建筑

由于钢结构的综合效益指标优良,近年来在多高层民用建筑中也得到了广泛的应用。其结构形式主要有多层框架、框架支撑、框筒、悬挂、巨型框架等。

4. 高耸结构

高耸结构包括塔架和桅杆结构,如高压输电线路的塔架,广播、通信和电视信号发射用的塔架和桅杆,火箭(卫星)发射塔架,等等。

5. 容器和其他构筑物

冶金、石油、化工企业中大量采用钢板做成的容器结构,包括油罐、煤气罐、高炉、热风炉等。此外,经常使用的钢构筑物还有皮带通廊栈桥、管道支架、锅炉支架等,海上采油平台也大多采用钢结构。

6. 钢和混凝土的组合结构

钢构件和板件受压时因必须满足稳定性要求,往往不能充分发挥其强度高的优势,而混凝土则最宜于受压,不适于受拉。将钢材和混凝土并用,使两种材料都充分发挥各自的长处,从而形成一种很合理的结构,即钢和混凝土的组合结构。近年来这种结构广泛应用于高层建筑(如深圳的赛格广场)、大跨度桥梁、工业厂房和地铁站台承重柱等,主要构件形式有钢与混凝土组合梁和钢管混凝土柱等。

13.2 钢结构材料

钢是以铁和碳为主要成分的合金,其中铁是最基本的元素,碳和其他元素所占比例很小,但左右着钢材的物理和化学性能。为了确保质量和安全,钢结构用钢材应具有较高的强度、塑性和韧性,以及良好的加工性能。《钢结构设计标准》推荐碳素结构钢中的 Q235 和低合金高强度结构钢中的 Q355、Q390、Q420、Q460 等牌号的钢材作为承重结构用钢材。

13.2.1　建筑钢材的破坏形式

建筑钢材的破坏形式分为塑性破坏和脆性破坏。

（1）塑性破坏的特征是钢材在断裂破坏时产生很大的塑性变形，又称延性破坏，其断口呈纤维状，色泽发暗，有时能看到滑移的痕迹。钢材的塑性破坏可通过一种标准圆棒试件进行拉伸破坏试验加以验证。钢材在发生塑性破坏时变形特征明显，很容易被发现并及时采取补救措施，因而不致引起严重后果，而且适度的塑性变形能起到调整结构内力分布的作用，使原先结构应力不均匀的部分趋于均匀，从而提高结构的承载能力。

（2）脆性破坏的特征是钢材在断裂破坏时没有明显的变形征兆，其断口平齐，呈有光泽的晶粒状。由于脆性破坏无显著变形，破坏突然发生、无法预测，故其造成的危害和损失往往比塑性破坏大得多，在钢结构工程设计、施工与安装中应采取适当措施尽力避免。

13.2.2 建筑钢材的力学性能

建筑钢材的主要力学性能包括强度、塑性、冷弯性能和韧性，它们是钢结构设计的重要依据，这些性能指标主要靠试验来测定。

1. 强度和塑性

钢材的强度和塑性一般由常温静载下的单向拉伸试验曲线表明。钢材的单向拉伸试验所得的屈服强度 f_y、抗拉强度 f_u 和伸长率 δ，是钢材力学性能要求的 3 项重要指标。

1）强度

钢结构设计中，将钢材达到屈服强度 f_y 作为承载能力极限状态的标志。钢材的抗拉强度 f_u 是钢材抗破坏能力的极限。

钢材的屈服强度与抗拉强度之比 f_y/f_u 称为屈强比，它是表明设计强度储备的一项重要指标，f_y/f_u 越大，强度储备越小，结构越不安全；反之，f_y/f_u 越小，强度储备越大，结构越安全，但强度利用率低且不经济。因此，在设计中要选用合适的屈强比。

2）塑性

钢材的伸长率 δ 是反映钢材塑性的指标之一。其值越大，钢材破坏吸收的应变能越多，塑性越好。建筑钢材不仅要求强度高，还要求塑性好，能够调整局部高应力，提高结构抗脆断能力。

2. 冷弯性能

冷弯性能用弯曲试验测得，它是将钢材按原有厚度做成标准试件，放在如图 13.4 所示的冷弯试验机上，用具有一定弯心直径 d 的冲头，在常温下对标准试件中部施加荷载，使之弯曲达 180°，然后检查试件表面，如果不出现裂纹和起层，则认为试件材料冷弯试验合格。冲头的弯心直径 d 根据试件厚度和钢种确定，一般厚度愈大，d 也愈大。

(a) 试验前　　　　　　　　　　(b) 试验后

图 13.4　冷弯试验

3．韧性

实际应用中钢结构常常会承受冲击或振动荷载，如厂房中的吊车梁、桥梁结构等。韧性是指钢材抵抗冲击或振动荷载的能力，其衡量指标称为冲击韧性。冲击韧性值由冲击试验求得，如图 13.5 所示。试件破坏时吸收的能量愈多，抵抗脆性破坏的能力愈强，韧性愈好。冲击韧性值是衡量钢材强度、塑性及材质的一项综合指标。

(a) 试验仪器　　　　　　　　　　(b) 试件剖面

图 13.5　冲击韧性试验

13.2.3　影响钢材性能的主要因素

1．化学成分

钢结构主要采用碳素结构钢和低合金高强度结构钢。钢的主要成分是铁（Fe）。碳素结构钢中铁含量占 99% 以上，其余是碳（C）、硅（Si）、锰（Mn）及硫（S）、磷（P）、氧（O）、氮（N）等冶炼过程中留在钢中的杂质元素。在低合金高强度结构钢的冶炼中，人们还特意加入少量合金元素，如钒（V）、铜（Cu）、铬（Cr）、钼（Mo）等。这些合金元素通过冶炼工艺以一定的结晶形态存在于钢材中，可以改善钢材的性能。

1）碳（C）

碳是各种钢中的重要元素之一，在碳素结构钢中是除铁以外的最主要元素。碳是钢材强度的主要影响因素，随着含碳量的提高，钢材的强度逐渐增高，而塑性和韧性下降，冷弯性能、焊接性能和耐锈蚀性能等也变差。钢按碳的含量区分，小于 0.25%的为低碳钢，大于 0.25%而小于 0.6%的为中碳钢，大于 0.6%的为高碳钢。

2）硫（S）

硫是有害元素，属于杂质。硫会降低钢材的韧性、疲劳强度、耐锈蚀性能和焊接性能等。硫的含量必须严格控制，一般不得超过 0.05%。

3）磷（P）

磷可以提高钢材的强度和耐锈蚀性能，但严重降低钢材的塑性、韧性、冷弯性能和焊接性能，特别是在温度较低时促使钢材变脆，即钢材的冷脆。

4）锰（Mn）

锰是有益的元素，它能显著提高钢材的强度，同时又不显著降低塑性和韧性。我国低合金高强度结构钢中锰的含量一般为 0.1%～1.8%。

5）硅（Si）

硅也是有益元素，有更强的脱氧作用，是强氧化剂。硅在镇静钢中的含量一般为 0.12%～0.3%，在低合金高强度结构钢中的含量一般为 0.2%～0.55%。

6）氧（O）、氮（N）

氧和氮是有害元素，氧能使钢热脆，氮能使钢冷脆。

2. 焊接性能

钢材的焊接性能是指在一定的焊接工艺条件下能获得性能良好的焊接接头（可焊性好）。

知识链接

评定为可焊性好的标准如下。

（1）在一定的焊接工艺条件下，焊缝和近缝区均不产生裂纹（施工上的可焊性）。

（2）焊接接头和焊缝的冲击韧性及近缝区塑性不低于母材性能（使用性能上的可焊性）。

3. 冶炼与轧制

根据冶炼过程中脱氧程度的不同，钢材可分为镇静钢、半镇静钢、特殊镇静钢和沸腾钢，脱氧程度越高，钢材性能越好。钢材的轧制是在1200～1300℃高温下进行的。轧制能使金属晶粒变细，消除气泡和裂纹等。

4. 温度

温度升高时，钢材的强度和弹性模量变化的总趋势是降低的。当温度低于常温时，随着温度的降低，钢材的强度提高，而塑性和韧性降低，逐渐变脆，即钢材的冷脆。

5. 构造缺陷——应力集中现象

钢结构的构件中不可避免地存在着孔洞、槽口、凹角、裂纹、厚度变化、形状变化及内部缺陷等，统称为构造缺陷。由于构造缺陷，钢材中的应力不再保持均匀分布，而是在构造缺陷区域的某些点产生局部高峰应力，而其他一些点的应力则降低，这种现象称为应力集中。应力集中是构件脆性破坏的主要原因之一。

13.2.4 钢结构用钢材的种类、规格与选用

1. 钢结构用钢材的种类

钢结构用钢材的种类主要是碳素结构钢和低合金高强度结构钢两种，有时也使用优质碳素结构钢。在碳素结构钢中，建筑钢材只使用低碳钢（含碳量不大于 0.25%）。低合金高强度结构钢是在冶炼碳素结构钢时添加一些合金元素炼成的钢，目的是提高钢材的强度、韧性、耐锈蚀性能等，而不致过多降低其塑性。

1）碳素结构钢

国家标准《碳素结构钢》(GB/T 700—2006)将碳素结构钢按屈服强度数值分为 4 个牌号：Q195、Q215、Q235 及 Q275。《钢结构设计标准》中所推荐的碳素结构钢是 Q235 钢材，含碳量在 0.22%以下，属于低碳钢，钢材的强度适中，塑性、韧性均较好。该牌号钢材又根据化学成分和冲击韧性的不同划分为 A、B、C、D 共 4 个质量等级，表示质量等级由低到高。

《碳素结构钢》中钢材牌号表示方法由字母 Q、屈服强度数值（单位 N/mm^2）、质量等级代号（A、B、C、D）及脱氧方法代号（F、Z、TZ）4 个部分组成。Q 是"屈"字汉语拼音的首位字母，质量等级中以 A 级为最差、D 级为最优，F、Z、TZ 分别是"沸""镇"及"特、镇"汉语拼音的首位字母，分别代表沸腾钢、镇静钢及特殊镇静钢，其中代号 Z、TZ 可以省略。Q235 中 A、B 级有沸腾钢及镇静钢，C 级全部为镇静钢，D 级有特殊镇静钢及镇静钢。例如，Q235BZ 代表屈服强度为 $235N/mm^2$ 的 B 级镇静钢。

2）低合金高强度结构钢

《低合金高强度结构钢》(GB/T 1591—2018)将低合金高强度结构钢按屈服强度数值分为 4 个牌号：Q355、Q390、Q420 及 Q460。

《低合金高强度结构钢》中的钢材牌号由字母 Q、屈服强度数值、交货状态代号及质量等级代号 4 个部分组成，其中交货状态代号有 AR 或 WAR（可省略）、N、M；质量等级有 B、C、D、E、F 共 5 个级别，表示质量等级由低到高。

3）优质碳素结构钢

优质碳素结构钢与碳素结构钢的主要区别在于钢中含杂质较少，磷、硫等有害元素的含量均不大于 0.035%，其他缺陷的限制也较严格，应符合《优质碳素结构钢》(GB/T 699—2015)的规定。优质碳素结构钢具有较好的综合性能，但由于价格较高，在钢结构中使用较少，仅用经热处理的优质碳素结构钢冷拔高强钢丝或制作高强度螺栓、自攻螺钉等。

2. 钢结构用钢材的规格选用

钢结构构件宜直接选用型钢，这样可减少制造工作量，降低造价，型钢尺寸不合适或构件很大时则用钢板制作。构件间或直接连接，或辅以连接钢板进行连接。可见，钢结构中的元件是型钢和钢板。型钢有热轧和冷成型两种成型方式，其具体分类见表 13-1。

表 13-1　型钢的分类

类型		用途	表示方法	图例
热轧型钢	钢板	厚板厚度为 4.5~60mm，用于组成焊接构件和连接钢板；薄板厚度为 0.35~4mm，为冷弯薄壁型钢的原料	厚度×宽度×长度，如 10×200×450	
	工字钢	用作受弯构件较为经济	I 外轮廓高度（厘米），如 I32a	
	槽钢	用作双向受弯构件或格构柱的肢件	[外轮廓高度（厘米），如 [30a	
	角钢	两边相互垂直，与其他构件连接方便，常用于制作桁架、塔架	L 边长×厚度，如 L100×10，或 L 长边宽度×短边宽度×厚度	
	H 型钢	翼缘内外两侧平行，便于与其他构件相连，广泛用于梁、柱等构件	HW/HM/HN 高度×宽度×腹板厚度×翼缘厚度，如 HM450×300×11×18	
	钢管	常用于网架结构及钢管桁架	ϕ外径×壁厚，如 ϕ219×14	
冷轧、冷弯型钢	冷弯薄壁型钢	适用于轻钢结构的承重构件	C 轮廓尺寸，如 C250×83×20×1.6	
	压型钢板	适用于轻钢结构的屋面、墙面构件	YX 波高—波距—有效覆盖宽度，如 YX35—190—950	

13.3 钢结构连接

13.3.1 钢结构的连接方法和特点

钢结构的连接方法有焊缝连接、螺栓连接和铆钉连接三种（图13.6）。

(a) 焊缝连接

(b) 螺栓连接

(c) 铆钉连接

图 13.6 钢结构的连接方法

1. 焊缝连接

焊缝连接（图13.7）是通过电弧产生的热量使焊条和焊件局部熔化，经冷却凝结成焊缝，从而将焊件连接成为一体，是现代钢结构连接中最常用的方法。其优点是构造简单，制造省工；不削弱截面，经济；连接刚度大，密闭性能好；易采用自动化作业，生产效率高。其缺点是焊缝附近有热影响区，该处材质变脆。

2. 螺栓连接

螺栓连接是通过螺栓这种紧固件将被连接件连接成为一体的。螺栓连接可以分为普通螺栓连接（图13.8）和高强度螺栓连接（图13.9）两种。普通螺栓通常采用 Q235 钢材制成，安装时用普通扳手拧紧；高强度螺栓则用高强度钢材经热处理制成，用能控制螺栓杆的扭矩或拉力的特制扳手，拧紧到规定的预拉应力值，将被连接件高度夹紧。

图 13.7 焊缝连接

图 13.8 普通螺栓连接

图 13.9 高强度螺栓连接

普通螺栓分 A、B、C 共 3 级。其中 A 级和 B 级为精制螺栓，其螺栓材料性能等级为 5.6 级和 8.8 级，C 级螺栓材料性能等级为 4.6 级和 4.8 级。C 级螺栓由未加工的圆钢压制而成。由于螺栓表面粗糙，一般采用在单个零件上一次冲成或不用钻模钻成的孔（Ⅱ类孔）。螺栓孔的直径比螺栓杆的直径大 1.5～2mm。其安装方便，且能有效地传递拉力，故一般可用于沿螺栓杆轴受拉的连接中，以及次要结构的抗剪连接或安装时的临时固定。

高强度螺栓材料性能等级为 8.8 级和 10.9 级，一般采用 45 号钢、40B 钢和 20MnTiB 钢加工制作，经热处理后制成。

螺栓连接的优点是施工工艺简单、安装方便，特别适用于工地安装连接，工程进度和质量易得到保证。其缺点是因开孔对构件截面有一定的削弱，有时在构造上还需增设辅助连接件，故用料增加，构造较繁。

3. 铆钉连接

铆钉连接由于构造复杂、费钢费工，现已很少采用。但是铆钉连接的塑性和韧性较好、传力可靠、质量易于检查，在一些重型和直接承受动力荷载的结构中仍有采用。

13.3.2　焊缝连接的方法和形式

1. 焊缝连接方法

常用的焊缝连接方法是电弧焊，包括手工电弧焊、自动或半自动埋弧焊及气体保护焊等。

1）手工电弧焊

手工电弧焊是由焊条、焊钳、焊件、电焊机和导线等组成的电路，通电引弧后，在涂有焊药的焊条端和焊件间的间隙中产生电弧，使焊条熔化，熔滴滴入被电弧吹成的焊件熔池中，同时焊药燃烧，在熔池周围形成保护气体，稍冷后在焊缝熔融金属的表面又形成熔渣，如图 13.10 所示。

图 13.10　手工电弧焊

手工电弧焊常用的焊条有碳钢焊条和低合金钢焊条，其牌号有 E43 型、E50 型、E55 型和 E60 型等。其中 E 表示焊条，两位数字表示焊条熔融金属抗拉强度的最小值（单位 N/mm²）。焊条应符合国家标准的规定。在选用焊条时，其应与主体金属相匹配。一般情况下，对 Q235 钢采用 E43 型焊条，对 Q355 钢采用 E50 型焊条，对 Q390 和 Q420 钢采用 E55 型焊条。当不同强度的两种钢材进行连接时，宜采用与低强度钢材相适应的焊条。

2）自动或半自动埋弧焊

埋弧焊的原理如图 13.11 所示。其特点是焊丝成卷装置在焊丝转盘上，焊丝外表裸露不涂焊药。焊药呈散状颗粒装置在焊药漏斗中，通电引弧后，当电弧下的焊丝和附近焊件金属熔化时，焊药也不断从漏斗流下，将熔融的焊缝金属覆盖，其中部分焊药将熔成熔渣浮在熔融的焊缝金属表面。由于有覆盖层，焊接时看不见强烈的电弧光，故称为埋弧焊。当将埋弧焊的全部装备固定在小车上，由小车按规定速度沿轨道前进进行焊接时，称为自动埋弧焊。如果焊机的移动是由人工操作的，则称为半自动埋弧焊。

3）气体保护焊

气体保护焊的原理是在焊接时用喷枪喷出的惰性气体将电弧、熔池与大气隔离，从而保持焊接过程的稳定，如图 13.12 所示。由于焊接时没有熔渣，故气体保护焊便于观察焊缝的成型过程，但操作时须在室内避风处，若在工地施焊则须搭设防风棚。

图 13.11　埋弧焊的原理　　　　图 13.12　气体保护焊的原理

2. 焊缝连接形式及焊缝形式

1）焊缝连接形式

按所连接构件相对位置可分为对接连接、搭接连接、T 形连接、角部连接 4 种焊缝连接形式，如图 13.13 所示。

(a) 对接连接　　(b) 用拼接盖板的对接连接　　(c) 搭接连接
(d) T形连接1　　(e) T形连接2　　(f) 角部连接1　　(g) 角部连接2

图 13.13　焊缝连接形式

2）焊缝形式

焊缝包括对接焊缝和角焊缝，每一种又有多种分类形式，形式各不相同。

（1）对接焊缝按受力的方向分为正对接焊缝、斜对接焊缝。与力作用方向正交的对接焊缝称为正对接焊缝 [图 13.14（a）]；与力作用方向斜交的对接焊缝称为斜对接焊缝 [图 13.14（b）]。

(a) 正对接焊缝　　　(b) 斜对接焊缝　　　(c) 角焊缝

图 13.14　焊缝形式

（2）角焊缝 [图 13.14（c）] 按所受力的方向分为正面角焊缝、侧面角焊缝和斜角焊缝。轴线与力作用方向垂直的角焊缝称为正面角焊缝；轴线与力作用方向平行的角焊缝称为侧面角焊缝；轴线与力作用方向斜交的角焊缝称为斜角焊缝。

角焊缝按沿长度方向的布置分为连续角焊缝和间断角焊缝（图 13.15）。

(a) 连续角焊缝　　　　　　　(b) 间断角焊缝

图 13.15　连接角焊缝和间断角焊缝

间断角焊缝间断距离 L 不宜过长，以免连接不紧密使潮气侵入，引起构件腐蚀。一般在受压构件中 $L\leqslant15t$（t 为较薄焊件的厚度），在受拉构件中 $L\leqslant30t$。

（3）焊缝按施焊位置分为平焊、横焊、立焊及仰焊（图 13.16）。

(a) 平焊　　　(b) 横焊　　　(c) 立焊　　　(d) 仰焊

图 13.16　焊缝施焊位置

特别提示

平焊施焊方便；横焊和立焊对焊工的操作水平要求较高；仰焊的操作条件最差，焊缝质量不易保证，在焊接中应尽量避免。

3. 焊缝连接的缺陷、质量检验和焊缝质量级别

焊缝连接的缺陷是指在焊接过程中，产生于焊缝金属或附近热影响区钢材表面或内部的缺陷。最常见的缺陷有裂纹、烧穿、气孔、焊瘤、弧坑、夹渣、咬边、未熔合、未焊透（规定部分焊透者除外）及焊缝外形尺寸不符合要求等，如图13.17所示。它们将直接影响焊缝质量和连接强度，使焊缝受力面积削弱，且在缺陷处引起应力集中，导致产生裂纹，并引起断裂。

焊缝连接的质量检验方法一般可用外观检查和无损探伤检验。焊缝质量按《钢结构工程施工质量验收标准》（GB 50205—2020）分为3级，其中三级焊缝只要求对全部焊缝做外观检查；一、二级焊缝要求对全部焊缝做外观检查及无损探伤检验。

图 13.17　焊缝连接的缺陷

知识链接

焊接质量控制

（1）焊工资质：持证上岗，合格焊工。

（2）焊接工艺：焊接材料烘干、防潮，清理焊面，焊件定位；焊前焊后进行热处理，保证焊接环境温度、湿度，防风避雨；控制焊接过程温度。

（3）质量检验：焊缝外观检查，无损探伤检验。

13.3.3　对接焊缝的构造要求

对接焊缝包括焊头对接焊缝和部分焊头对接焊缝。为了保证焊缝质量，对接焊缝两侧的焊件常做出坡口。坡口的形式大多与焊件的厚度有关。当焊件厚度很小（手工电弧焊6mm、埋弧焊10mm）时，可采用直边缝；对于一般厚度的焊件，可采用单边V形或V形坡口，其坡口和根部间隙共同组成一个焊条能够运转的施焊空间，使焊缝易于焊透，钝边有托住熔融金属的作用；对于较厚的焊件（$t>20$mm），则采用U形、K形、X形坡口，如图13.18所示。

图 13.18　对接焊缝的坡口形式

其中 V 形坡口和 U 形坡口为单面施焊，但在焊缝根部还需要补焊。没有条件补焊时，要事先在根部加垫块，如图 13.19 所示。当焊件可随意翻转施焊时，使用 K 形坡口和 X 形坡口较好。

图 13.19　根部加垫块

在对接焊缝的拼接处，当焊件的宽度不同或厚度相差 4mm 以上时，应分别在宽度方向或厚度方向从一侧或两侧做成坡度不大于 1/4（对承受动荷载的结构）或 1/2.5（对承受静荷载的结构），以使截面过渡缓和，减小应力集中，如图 13.20 所示。

在焊缝的起弧灭弧处，常会出现弧坑等缺陷，这些缺陷对承载力影响极大，故焊接时一般应设置引弧板或引出板，焊后割除，如图 13.21 所示。

图 13.20　改变拼接处的宽度或厚度

图 13.21　用引弧板焊接

> **特别提示**
>
> （1）在一般加引弧板的情况下，所有受压、受剪的对接焊缝，以及受拉的一、二级焊缝均与母材强度相等，不用进行强度计算，只有受拉的三级焊缝才需要进行强度计算。
>
> （2）当斜对接焊缝倾角 $\theta \leqslant 56°$，即 $\tan\theta \leqslant 1.5$ 时，可认为焊缝与母材等强，不用进行强度计算。

13.3.4 角焊缝的构造要求

角焊缝是最常见的焊缝。角焊缝按其与作用力的关系分为正面角焊缝、侧面角焊缝和斜角焊缝，其截面形式分为直角角焊缝（图 13.22）、斜角角焊缝（图 13.23）。

(a) 等腰直角　　(b) 不等腰直角　　(c) 凹形等腰直角

图 13.22　直角角焊缝

(a) 凹形锐角　　(b) 钝角　　(c) 凹形钝角

图 13.23　斜角角焊缝

图中 h_f 为焊脚尺寸。当角焊缝的两焊脚边夹角为 90° 时，称为直角角焊缝。图 13.22（a）所示焊缝为表面微凸的等腰直角三角形，施焊方便，是最常见的一种角焊缝形式，但是不能用于直接承受动力荷载的结构中，在直接承受动力荷载的结构中，正面角焊缝宜采用图 13.22（b）所示的平坦型，且长边沿内力方向；侧面角焊缝则采用如图 13.22（c）所示的凹形等腰直角焊缝。

两焊脚边的夹角 $\alpha > 90°$ 或 $\alpha < 90°$ 的焊缝称为斜角角焊缝，图 13.23 所示的斜角角焊缝常用于钢漏斗和钢管结构中。对于夹角 $\alpha > 135°$ 或 $\alpha < 60°$ 的斜角角焊缝，除钢管结构外，不宜用作受力焊缝。

1）最小焊脚尺寸 $h_{f,min}$

角焊缝的焊脚尺寸 h_f 不能过小，否则焊缝会因输入能量过小而焊件厚度较大，以致施焊时冷却速度过快，产生淬硬组织，导致母材开裂。角焊缝的最小焊脚尺寸 $h_{f,min}$ 见表 13-2。

表 13-2　角焊缝的最小焊脚尺寸 $h_{f,min}$

单位：mm

母材厚度 t	最小焊脚尺寸 $h_{f,min}$
$t \leqslant 6$	3
$6 < t \leqslant 12$	5
$12 < t \leqslant 20$	6
$t > 20$	8

注：（1）采用不预热的非低氢焊接方法进行焊缝连接时，t 等于焊缝连接部位中较厚焊件厚度，宜采用单道焊缝；采用预热的非低氢焊接方法或低氢焊接方法进行焊缝连接时，t 等于焊缝连接部位中较薄焊件厚度。

（2）焊脚尺寸 h_f 不要求超过焊缝连接部位中较薄焊件厚度的情况除外。

2）最大焊脚尺寸 $h_{f,max}$

为了避免较薄焊件烧穿，减小焊接残余应力和残余变形，角焊缝的焊脚尺寸不宜过大。除钢管结构外，角焊缝的焊脚尺寸 h_f 不宜大于较薄焊件厚度的 1.2 倍，如图 13.24（a）所示，即

$$h_{f,max} = 1.2 t_1$$

式中　t_1——较薄焊件厚度（mm）。

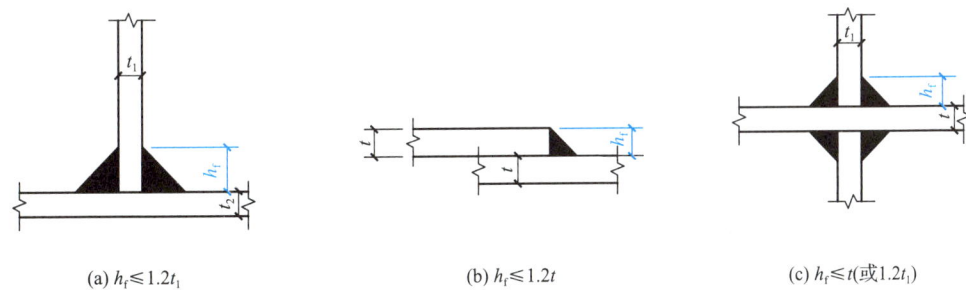

(a) $h_f \leqslant 1.2 t_1$　　(b) $h_f \leqslant 1.2 t$　　(c) $h_f \leqslant t$（或 $1.2 t_1$）

图 13.24　最大焊脚尺寸

对板边厚度为 t 的边缘角焊缝施焊，如图 13.24（b）所示，为防止咬边，$h_{f,max}$ 尚应满足下列要求。

（1）当板件厚度 $t \leqslant 6$mm 时，$h_{f,max} = t$。

（2）当板件厚度 $t > 6$mm 时，$h_{f,max} = t - (1 \sim 2)$mm。

如果另一焊件厚度 $t_1 < t$ 时，还应满足 $h_f \leqslant 1.2 t_1$ 的要求，如图 12.24（c）所示。

3）角焊缝的计算长度 l_w

侧面角焊缝的计算长度（图 13.25）不宜大于 $60 h_f$，即 $l_w \leqslant 60 h_f$。当计算长度大于上述限值时，其超过部分在计算中不予考虑。

4）角焊缝的最小计算长度 $l_{w,min}$

若 l_w 过小，则焊件局部受热严重，且起灭弧弧坑太近对焊缝强度影响较为敏感，会降低焊缝可靠性。因此，《钢结构设计标准》规定，侧面角焊缝或正面角焊缝的计算长度均不得小于 $8h_f$ 及 40mm。考虑焊缝两端的缺陷，其最小实际焊接长度还应加大 $2h_f$。即最小计算长度 $l_{w,min}=8h_f$ 或 40mm，实际长度 $l=l_w+2h_f$。

5）两侧面角焊缝间距 b

当板件端部仅有两条侧面角焊缝连接时，每条侧面角焊缝的计算长度 l_w 不宜小于两侧面角焊缝之间的距离 b（图 13.25），即 $b/l_w≤1$，且 $b≤16t$（当 $t>12mm$ 时）或 190mm（当 $t≤12mm$ 时），t 为较薄焊件的厚度。

6）杆件与节点板的连接

杆件与节点板的焊缝连接宜采用两面侧焊，也可用三面围焊，对角钢杆件可采用 L 形围焊，所有围焊的转角处必须连续施焊；对于非围焊情况，当角焊缝的端部在构件转角处时，可连续地做长度为 $2h_f$ 的绕角焊（图 13.25）。

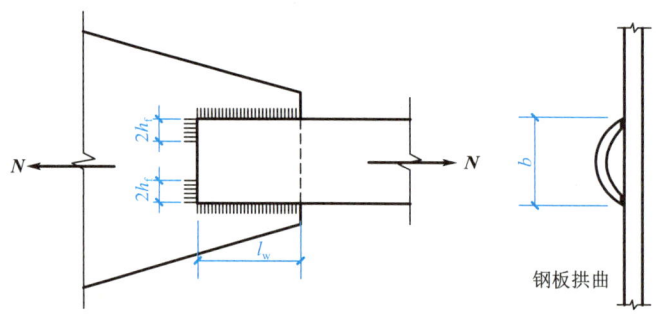

图 13.25　侧面角焊缝计算长度、间距及绕角焊

7）搭接连接

在搭接连接中，搭接长度≥$5t$（t 为较薄焊件的厚度）且≥25mm，如图 13.26 所示。

图 13.26　搭接连接

13.3.5　焊缝符号表示法

《焊缝符号表示法》（GB/T 324—2008）规定：在图样上标注焊缝时通常采用指引线和基本符号。指引线由横线和带箭头的斜线组成。箭头指到图形上的相应焊缝处，横线的上面和下面用来标注基本符号和焊缝尺寸。当指引线的箭头指向焊缝所在的一面时，应将基本符号和焊缝尺寸等标注在水平横线的上面；当指引线的箭头指向焊缝所在的另一面时，则应将基本符号和焊缝尺寸等标注在水平横线的下面。必要时可在水平横线的末端加一尾部作其他说明之用。基本符号表示焊缝的基本形式，如用"△"表示角焊缝，用"V"表示V形坡口的对接焊缝等。有时也用辅助符号表示辅助要求，如用"▶"表示现场安装焊缝等。

1. 对接焊缝的符号表示

对接焊缝的符号表示如图 13.27 所示。

图 13.27　对接焊缝的符号表示

2. 角焊缝的符号表示

角焊缝的符号表示如图 13.28 所示。

图 13.28　角焊缝的符号表示

3. 不规则焊缝的符号表示

不规则焊缝的符号表示如图 13.29 所示。

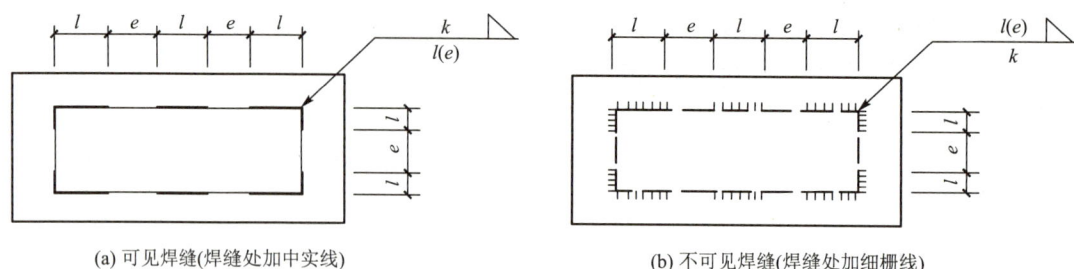

(a) 可见焊缝(焊缝处加中实线)　　　　　　(b) 不可见焊缝(焊缝处加细栅线)

图 13.29　不规则焊缝的符号表示

4．相同焊缝的符号表示

在同一张图上，当焊缝的形式、断面尺寸和辅助要求均相同时，可只选择一处标注焊缝的符号和尺寸，并加注相同焊缝符号，相同焊缝符号为3/4圆弧，绘在指引线的转折处，如图 13.30 所示。

图 13.30　相同焊缝的符号表示

5．现场安装焊缝的符号表示

现场安装焊缝的符号表示如图 13.31 所示。

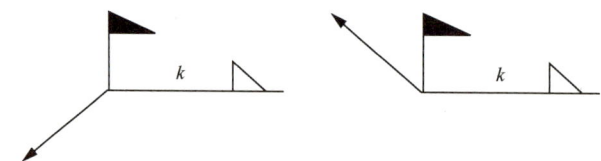

图 13.31　现场安装焊缝的符号表示

6．较长角焊缝的符号表示

对较长的角焊缝，可直接在角焊缝旁标注焊缝尺寸 k，如图 13.32 所示。

图 13.32　较长角焊缝的符号表示

7．局部焊缝的符号表示

局部焊缝的符号表示如图 13.33 所示。

图 13.33　局部焊缝的符号表示

13.3.6　普通螺栓连接

1. 普通螺栓的规格

钢结构采用的普通螺栓形式为大六角头型，其代号用字母 M 与公称直径的毫米数表示，常用的有 M16、M20、M24 这 3 种规格。

2. 普通螺栓的排列

普通螺栓的排列通常分为并列、错列两种形式，如图 13.34 所示。

图 13.34　钢板的螺栓排列

螺栓在构件上的排列要满足以下 3 个方面的要求。

（1）受力要求。在受力方向螺栓的端距过小时，钢材有剪断或撕裂的可能。各排螺栓中距太小时，构件有沿折线或直线破坏的可能。对受压构件，当沿作用力方向螺栓中距过大时，被连接板件间易发生鼓曲和张口现象。

（2）构造要求。螺栓中距及边距不宜太大，否则钢板间不能紧密贴合，潮气易侵入缝隙使钢材锈蚀。

（3）施工要求。螺栓间距不能太小，要保证有一定的空间，便于转动螺栓扳手拧紧螺帽。

螺栓排列的最大、最小容许距离见表 13-3。

表 13-3　螺栓排列的最大、最小容许距离

名称	位置和方向			最大容许距离（取两者较小者）	最小容许距离
中距	外排（垂直内力方向或顺内力方向）			$8d_0$ 或 $12t$	$3d_0$
	中间排	垂直内力方向		$16d_0$ 或 $24t$	
		顺内力方向	构件受压力	$12d_0$ 或 $18t$	
			构件受拉力	$16d_0$ 或 $24t$	
	沿对角线方向			—	
边距	垂直内力方向	顺内力方向		$4d_0$ 或 $8t$	$2d_0$
		剪切边或手工切割边			$1.5d_0$
		轧制边、自动气割或锯割边	高强度螺栓		$1.5d_0$
			普通螺栓		$1.2d_0$

注：表中 d_0 为螺栓孔径，对槽孔为短向尺寸，t 为外层较薄板件的厚度。

3. 普通螺栓连接的构造要求

（1）为使连接可靠，每一杆件在节点上及拼接接头的一端，永久性螺栓数不宜少于两个。

（2）对于直接承受动力荷载的普通螺栓连接，应采用双螺帽或其他防止螺帽松动的有效措施。例如，采用弹簧垫圈，或将螺帽或螺杆焊死等方法。

（3）C 级螺栓与孔壁有较大间隙，只宜用于沿其杆轴方向受拉的连接。在承受静力荷载结构的次要连接、可拆卸结构的连接和临时固定构件用的安装连接中，也可用 C 级螺栓承受剪力。但在重要的连接中，如制动梁或吊车梁上翼缘与柱的连接，由于传递制动梁水平支承反力，同时受到反复动力荷载作用，不得采用 C 级螺栓。柱间支撑与柱的连接，以及在柱间支撑处吊车梁下翼缘的连接，因承受着反复的水平制动力和卡轨力，应优先采用高强度螺栓。

（4）沿杆轴方向受拉的螺栓连接中的端板（法兰板），应适当增强其刚度（如加设加劲肋），以减少撬力对螺栓抗拉承载力的不利影响。

13.3.7　高强度螺栓连接

高强度螺栓连接分为摩擦型连接和承压型连接两种类型。螺栓由高强度钢材经热处理做成，安装时用特制扳手施加强大的预拉力，使构件接触面间产生与预拉力相同的紧压力。摩擦型高强度螺栓仅利用接触面间的摩擦阻力传递剪力，因此，螺栓的预拉力（即板件间的法向压紧力）、摩擦面间的抗滑移系数和钢材种类等，都直接影响到摩擦型连接的承载力。其整体性能好、抗疲劳能力强，适用于承受动力荷载和重要的连接。承压型高强度螺栓允许外力超过构件接触面间的摩擦力，利用螺栓杆与孔壁直接接触传递剪力，使承压型连接的承载力比摩擦型连接提高较多，可用于不直接承受动力荷载的情况。

高强度螺栓分大六角头型和扭剪型两种，如图 13.35 所示。这两种型号的螺栓都是通过拧紧螺帽，使螺杆受到拉伸作用产生预拉力，而被连接板件间产生压紧力。

（a）大六角头型　　（b）扭剪型

图 13.35　高强度螺栓

高强度螺栓连接除应满足普通螺栓连接的构造要求外，其拼接件不能采用型钢，只能采用钢板（型钢抗弯刚度大，不能保证摩擦面紧密结合）。

> **特别提示**
>
> 在钢结构构件连接中，可单独采用焊缝连接或螺栓连接，也可同时采用焊缝连接和螺栓连接。一般情况下，翼缘采用焊缝连接，腹板采用螺栓连接。

13.4　轴心受力构件

13.4.1　轴心受力构件的应用

对平面桁架、塔架、网架和网壳等杆件体系，通常假设其节点为铰接连接。当杆件上无节间荷载时，杆件内力只是轴向拉力或压力，这类杆件称为轴心受拉构件或轴心受压构件，统称轴心受力构件。轴心受力构件在工程中的应用如图 13.36 所示。

（a）桁架　　　　　（b）塔架　　　　　（c）网架

图 13.36　轴心受力构件在工程中的应用

例如，轴心压杆经常用作工业建筑的工作平台支柱。柱由柱头、柱身和柱脚三部分组成（图 13.37），柱头用来支承平台或桁架，柱脚坐落在基础上，将轴心压力传给基础。

图 13.37　柱的组成

轴心受力构件的常用截面形式可分为实腹式和格构式两大类。

实腹式构件制作简单，与其他构件连接也比较方便。其常用形式有：单个型钢截面，如圆钢、钢管、角钢、T 型钢、槽钢、工字钢、H 型钢等；组合截面，由型钢或钢板组合而成的截面；一般桁架结构中的弦杆和腹杆，除 T 型钢外，常采用热轧角钢组合成 T 形的或十字形的双角钢组合截面；在轻型钢结构中则可采用冷弯薄壁型钢截面，如图 13.38 所示。

图 13.38　实腹式构件的截面形式

(c) 双角钢组合截面

(d) 冷弯薄壁型钢截面

图 13.38　实腹式构件的截面形式（续）

格构式构件容易实现压杆两主轴方向的等稳定性，刚度大，抗扭性能也好，用料较省。其截面一般由两个或多个型钢肢件组成（图 13.39），肢件间通过缀条［图 13.40（a）］或缀板［图 13.40（b）］进行连接而成为整体，缀板和缀条统称为缀材。

图 13.39　格构式构件的截面形式

(a) 桁架　　(b) 塔架

图 13.40　格构式构件的缀材布置

轴心受力构件设计应同时满足承载能力极限状态和正常使用极限状态的要求。对于承载能力极限状态，对受拉构件一般是强度条件控制，而受压构件则需同时满足强度和稳定的要求。对于正常使用极限状态，是通过保证构件的刚度，即限制其长细比来控制的。因此，轴心受拉构件设计需分别进行强度和刚度的验算，而轴心受压构件设计则需分别进行强度、刚度和稳定性的验算。

13.4.2 轴心受力构件的强度及刚度

1. 强度

轴心受力构件的强度，除高强度螺栓摩擦型连接外，应按下式计算。

毛截面屈服
$$\sigma = \frac{N}{A} \leq f \tag{13-1}$$

净截面断裂
$$\sigma = \frac{N}{A_n} \leq 0.7 f_u \tag{13-2}$$

式中　N——构件的轴心拉力或压力设计值；

　　　f——钢材的抗拉强度设计值；

　　　A——构件的毛截面面积；

　　　f_u——钢材的抗拉强度最大值；

　　　A_n——构件的净截面面积。

2. 刚度

轴心受力构件的刚度要求轴心受力构件的长细比不超过规定的容许长细比，即

$$\lambda = \frac{l_0}{i} \leq [\lambda] \tag{13-3}$$

式中　λ——构件的最大长细比；

　　　l_0——构件的计算长度；

　　　i——截面的回转半径；

　　　$[\lambda]$——构件的容许长细比，见表 13-4 和表 13-5。

表 13-4　受拉构件的容许长细比

项次	构件名称	承受静力荷载或间接承受动力荷载的结构			直接承受动力荷载的结构
		一般建筑结构	对腹杆提供平面外支点的弦杆	有重级工作制起重机的厂房	
1	桁架的构件	350	250	250	250
2	吊车梁或吊车桁架以下的柱间支撑	300	—	200	—
3	其他拉杆、支撑、系杆（张紧的圆钢除外）	400	—	350	—

注：（1）承受静力荷载的结构中，可仅计算受拉构件在竖向平面内的长细比。

（2）对于直接或间接承受动力荷载的结构，计算单角钢受拉构件的长细比时，应采用角钢的最小回转半径；但在计算交叉杆件平面外的长细比时，应采用与角钢肢边平行轴的回转半径。

（3）中、重级工作制起重机桁架的下弦杆长细比不宜超过 200。

（4）在设有夹钳起重机或刚性料耙起重机的厂房中，支撑（表中第 2 项除外）的长细比不宜超过 300。

（5）受拉构件在永久荷载与风荷载组合作用下受压时，其长细比不宜超过 250。

（6）跨度等于或大于 60m 的桁架，其受拉弦杆和腹杆的长细比不宜超过 300（承受静力荷载）或 250（承受动力荷载）。

（7）柱间支撑按拉杆设计时，竖向荷载作用下柱子的轴力应按无支撑时考虑。

表 13-5　受压构件的容许长细比

项次	构件名称	容许长细比
1	柱、桁架和天窗架中的压件	150
1	柱的缀条、吊车梁或吊车桁架以下的柱间支撑	150
2	支撑	200
2	用以减小受压构件计算长度的杆件	200

注：（1）桁架（包括空间桁架）的受压腹杆，当其内力小于或等于承载能力的 50%时，容许长细比可取 200。

（2）计算单角钢受压构件的长细比时，应采用角钢的最小回转半径；但在计算交叉杆件平面外的长细比时，应采用与角钢肢边平行轴的回转半径。

（3）跨度大于或等于 60m 的桁架，其受压弦杆和端压杆的长细比宜取 100，其他受压腹杆可取 150（承受静力荷载）或 130（承受动力荷载）。

（4）验算容许长细比时，可不考虑扭转效应。

应用案例 13-1

如图 13.41 所示为一桁架轴心受拉杆件，其截面为双轴对称焊接工字钢，钢材为 Q235，翼缘 b=200mm，t=12mm，h_0=220mm，t_w=10mm，翼缘为火焰切割边，该柱对两个主轴的计算长度分别为 l_{0x}=6m，l_{0y}=3m，验算轴心受拉杆件的强度及刚度。

解：截面特征如下。

$A = 220 \times 10 + 2 \times 200 \times 12 = 7000 \, (\text{mm}^2) = 70 \text{cm}^2$

$I_x = 1 \times 22^3/12 + 2 \times 20 \times 1.2 \times 11.6^2 \approx 7346 \, (\text{cm}^4)$

$I_y = 2 \times 1.2 \times 20^3/12 = 1600 \, (\text{cm}^4)$

$i_x = \sqrt{\dfrac{I_x}{A}} = \sqrt{\dfrac{7346}{70}} \approx 10.24 \, (\text{cm})$

$i_y = \sqrt{\dfrac{I_y}{A}} = \sqrt{\dfrac{1600}{70}} \approx 4.78 \, (\text{cm})$

图 13.41　桁架轴心受拉杆件

杆件的强度：$\dfrac{N}{A} = \dfrac{1000 \times 10^3}{7000} \approx 142.86 \, (\text{N/mm}^2) < f = 215 \text{N/mm}^2$

杆件的刚度：$\lambda_x = \dfrac{l_{0x}}{i_x} = \dfrac{600}{10.24} \approx 58.6 < [\lambda] = 350$，$\lambda_y = \dfrac{l_{0y}}{i_y} = \dfrac{300}{4.78} \approx 62.8 < [\lambda] = 350$

13.4.3 轴心受压构件的稳定性

钢结构及其构件除应满足强度及刚度条件外，还应满足稳定条件。所谓稳定，是指结构或构件受荷变形后，所处平衡状态的属性。

当结构处于不稳定平衡时，轻微扰动将使结构整体或其组成构件产生很大的变形而最后丧失承载能力，这种现象称为失稳。在钢结构工程事故中，因失稳导致破坏者较为常见。因此，对钢结构的稳定性必须加以足够的重视。

1. 理想轴心受压构件的屈曲形式

所谓理想轴心受压构件，就是杆件为等截面理想杆件，压力作用线与杆件形心轴重合，材料均质、各向同性、无限弹性且符合胡克定律，没有初始应力的轴心压杆。此种杆发生失稳现象，也可以称为屈曲。理想轴心受压构件的屈曲形式可分为弯曲屈曲、扭转屈曲和弯扭屈曲，如图 13.42 所示。

(a) 弯曲屈曲　　(b) 扭曲屈曲　　(c) 弯扭屈曲

图 14.42　理想轴心受压构件的屈曲形式

> **特别提示**
>
> （1）轴心受压构件不宜采用无任何对称轴的截面。
> （2）理想轴心受压构件在实际工程中是不存在的，在设计时应考虑截面残余应力、构件初弯曲和受力初偏心的影响。

2. 轴心受压构件的整体稳定

实际工程中，理想轴心受压构件并不存在，实际构件都具有一些初始缺陷和残余应力，它们使得构件的稳定性下降。对轴心受压构件的整体稳定计算采用式（13-4）。

$$\frac{N}{\varphi A f} \leqslant 1.0 \qquad (13\text{-}4)$$

式中　N——轴心压力设计值；
　　　A——构件的毛截面面积；

f——钢材抗压强度设计值；
φ——整体稳定系数。

轴心受压构件的整体稳定系数（取截面两主轴稳定系数中的较小者）根据构件的长细比（或换算长细比）、钢材屈服强度和截面分类查得。

3. 轴心受压构件的局部稳定

实腹式轴心受压构件在轴向压力作用下，在丧失整体稳定之前，其腹板和翼缘都有可能达到极限承载能力而丧失稳定，此种现象称为局部失稳。图 13.43 所示为在轴心压力作用下，腹板和翼缘发生侧向鼓曲和翘曲的局部失稳现象。当轴心受压构件发生局部失稳后，由于部分板件屈曲而退出工作，使构件有效截面减小，降低了构件的刚度，从而加速了构件的整体失稳。

图 13.43 局部失稳

> **特别提示**
>
> 轴心受压构件的计算包括 3 个方面：强度、刚度和稳定性。大多数情况是由稳定性起控制作用。因此，在钢结构的设计和施工中，均应保证构件的稳定性。

13.5 受弯构件

承受横向荷载的构件称为受弯构件，其截面形式有实腹式和格构式两类，在实际工程中受弯构件一般指前一类。钢梁为钢结构中主要的受弯构件。

13.5.1 钢梁的分类

钢梁分为型钢梁和组合梁两大类。

型钢梁的截面有热轧工字钢 [图 13.44（a）]、热轧 H 型钢 [图 13.44（b）]和槽钢 [图 13.44（c）] 3 种，其中以 H 型钢的截面分布最为合理，翼缘内外边缘平行，与其他构件连接较方便，应予优先采用。某些受弯构件（如檩条）采用冷弯薄壁型钢 [图 13.44（d）～（f）] 较经济，但此类型钢防腐要求较高。

组合梁一般采用 3 块钢板焊接而成的工字形截面 [图 13.44（g）]，或由 T 型钢（H 型钢剖分而成）中间加板的焊接截面 [图 13.44（h）]。当焊接组合梁翼缘需要很厚时，可采用两层翼缘板的截面 [图 13.44（i）]。受动力荷载的梁当钢材质量不能满足焊接结构的要求时，可采用高强度螺栓或铆钉连接而成的工字形截面 [图 13.44（j）]。荷载很大而高度受到限制或梁的抗扭要求较高时，可采用箱形截面 [图 13.44（k）]。组合梁的截面组成比较灵活，可使材料在截面上的分布更为合理，从而节省钢材。

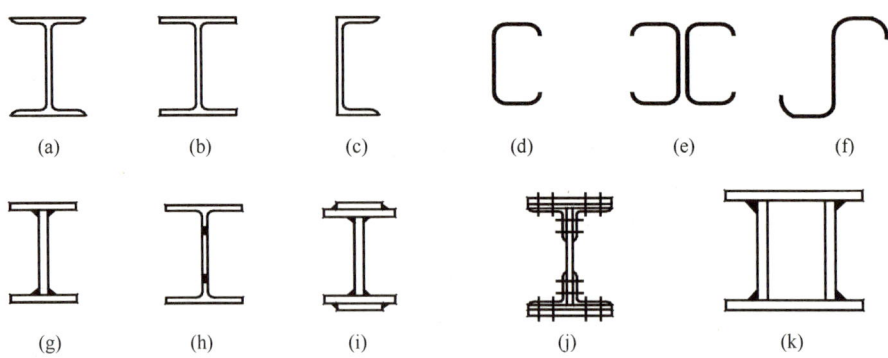

图 13.44　钢梁的截面形式

在土木工程中，梁格通常由若干梁平行或交叉排列而成，图 13.45 即为工作平台梁格布置示例。

图 13.45　工作平台梁格布置示例

13.5.2　钢梁的整体稳定

1. 整体稳定的概念

梁在竖向荷载作用下，当荷载较小时，梁开始弯曲并产生变形，此时梁的弯曲平衡是稳定的，当弯矩增大到某一数值时，梁会在偶然的、很小的侧向干扰力下，突然向侧面发生较大的弯曲，同时发生扭转，如图 13.46 所示。这时即使除去侧向干扰力，侧向弯扭变形也不再消失，如果弯矩再稍微增大，则弯扭变形迅速增大，从而使梁失去承载能力。这种因弯矩超过临界限值而使钢梁从稳定平衡状态转变为不稳定平衡状态并发生侧向弯扭屈曲的现象，称为钢梁弯扭屈曲或钢梁整体失稳。使梁整体失稳的弯矩或荷载称为临界弯矩或临界荷载。

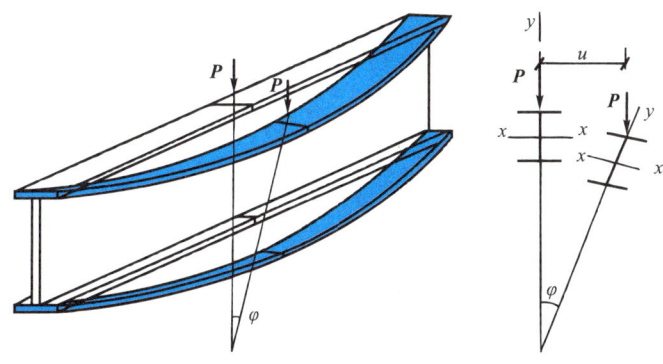

图 13.46　梁整体失稳

2. 增强钢梁整体稳定的措施

一般可采用下列方法增强钢梁的整体稳定。

（1）增大梁截面尺寸，其中增大受压翼缘的宽度是最有效的。

（2）增加梁侧向支承体系，减小构件侧向支承点的距离 l_1，侧向支承应设在受压翼缘处，如图 13.47 所示。

（3）当跨内无法增设侧向支承时，宜采用闭合箱形截面。

（4）增加梁两端的约束，提高其整体稳定。

图 13.47　梁侧向支承体系

模块小结

本模块对钢结构做了全面讲述，包括钢结构的组成、特点及应用范围，钢结构的材料性能，钢结构的连接，钢结构轴心受力构件强度、刚度和稳定性的概念及计算，受弯构件的整体稳定。

（1）钢结构由钢板、圆钢、钢管、钢索、各种型钢等钢材，经过加工、连接、安装组成。

（2）钢结构的特点：轻质高强，塑性、韧性好，有良好的焊接性能，制作简单、施工方便，可重复使用，耐热不耐火，耐锈蚀性差，低温冷脆倾向。

（3）钢材的力学性能包括：屈服强度，抗拉强度，塑性，韧性，冷弯性能。影响钢材性能的主要因素有：化学成分，焊接性能，冶炼与轧制，温度，应力集中现象。

（4）钢结构的连接包括焊缝连接、螺栓连接和铆钉连接。

（5）对接焊缝和角焊缝的表示方法。

（6）轴心受力包括轴心受拉和轴心受压。轴心受拉构件需进行强度和刚度验算，轴心受压构件应进行强度、刚度和稳定性的验算。

（7）受弯构件应采取措施增强其整体稳定。

习 题

一、选择题

1. 大跨度结构常采用钢结构的主要原因是钢结构（   ）。
   A．密封性好　　　　B．自重轻　　　　C．制造工厂化　　　　D．便于拆装
2. 钢材的设计强度是根据（   ）确定的。
   A．比例极限　　　　B．弹性极限　　　　C．屈服强度　　　　D．极限强度
3. Q235 钢按照质量等级分为 A、B、C、D 共 4 级，由 A 到 D 表示质量由低到高，其分类依据是（   ）。
   A．冲击韧性　　　　B．冷弯性能　　　　C．化学成分　　　　D．伸长率
4. 钢号 Q345A 中的 345 表示钢材的（   ）。
   A．f_p 值　　　　B．f_u 值　　　　C．f_y 值　　　　D．f_{vy} 值
5. 钢材所含化学成分中，需严格控制含量的有害元素为（   ）。
   A．碳、锰　　　　B．钒、锰　　　　C．硫、氮、氧　　　　D．铁、硅
6. 对于普通螺栓连接，限制端距 $e \geqslant 2d_0$ 的目的是避免（   ）。
   A．螺杆受剪破坏　　　　　　　　B．螺杆受弯破坏
   C．板件受挤压破坏　　　　　　　D．板件端部冲剪破坏
7. Q235 与 Q345 两种不同强度的钢材进行手工焊接时，焊条应采用（   ）。
   A．E55 型　　　　B．E50 型　　　　C．E43 型　　　　D．H10MnSi
8. 在搭接连接中，为了减小焊接残余应力，其搭接长度不得小于较薄焊件厚度的（   ）。
   A．5 倍　　　　B．10 倍　　　　C．15 倍　　　　D．20 倍
9. 高强度螺栓承压型连接比摩擦型连接（   ）。
   A．承载力低，变形大　　　　　　B．承载力高，变形大
   C．承载力低，变形小　　　　　　D．承载力高，变形小
10. 对于直接承受动力荷载的结构，宜采用（   ）。
    A．焊缝连接　　　　　　　　　　B．普通螺栓连接
    C．高强度螺栓摩擦型连接　　　　D．高强度螺栓承压型连接

二、简答题

1. 钢结构对钢材的性能有哪些要求？这些要求用哪些指标来衡量？
2. 钢材受力有哪两种破坏形式？它们对结构安全有何影响？
3. 钢结构的连接方法有哪些？
4. 焊缝的形式主要有几类？
5. 角焊缝的尺寸有哪些构造要求？
6. 普通螺栓连接和高强度螺栓连接有哪些相同点和不同点？
7. 怎样计算轴心受力构件的强度和刚度？
8. 什么是轴心受压构件的整体稳定？
9. 什么是受弯构件的整体稳定？保证钢梁整体稳定的措施有哪些？

模块13
在线答题

附录 A 实例：框架结构教学楼建筑施工图及结构施工图

附录 A 实例：框架结构教学楼建筑施工图及结构施工图

一层平面图 1:100

附录 A 实例：框架结构教学楼建筑施工图及结构施工图

基础平面布置图

附录 A 实例：框架结构教学楼建筑施工图及结构施工图

结施-4 楼面板板模板配筋图

附录 B 常用荷载表

表 B1 常用材料和构件重度表

名称	重度/(kN/m³)	备注
铸铁	72.5	
钢	78.5	
铝合金	28	
蒸压粉煤灰加气混凝土砌块	5.5	
混凝土空心小砌块	11.8	390mm×190mm×190mm
石灰砂浆、混合砂浆	17	
水泥石灰焦渣砂浆	14	
石灰炉渣	10～12	
水泥炉渣	12～14	
石灰焦渣砂浆	13	
灰土	17.5	石灰：土=3：7，夯实
纸筋石灰	16	
石灰三合土	17.5	石灰、砂子、卵石
水泥砂浆	20	
水泥蛭石砂浆	5～8	
素混凝土	22～24	振捣或不振捣
泡沫混凝土	4～6	
加气混凝土	5.5～7.5	单块
钢筋混凝土	24～25	
普通玻璃	25.6	
水磨石地面	0.65kN/m²	10mm 面层，20mm 水泥砂浆打底
硬木地板	0.2kN/m²	
木块地面	0.7kN/m²	
钢屋架	$0.12+0.011l$ kN/m²	无天窗，包括支撑，按屋面水平投影面积计算，跨度 l 以 m 计
钢框玻璃窗	0.4～0.45kN/m²	
木门	0.1～0.2kN/m²	
钢铁门	0.4～0.45kN/m²	
石棉板瓦	0.18kN/m²	仅瓦自重
波形石棉瓦	0.2kN/m²	1820mm×725mm×8mm
镀锌薄钢板	0.05kN/m²	24 号
油毡防水屋面（包括改性沥青防水卷材）	0.05kN/m²	一层油毡刷油两遍
	0.25～0.3kN/m²	四层做法，一毡二油上铺小石子
	0.3～0.35kN/m²	六层做法，二毡三油上铺小石子
	0.35～0.4kN/m²	八层做法，三毡四油上铺小石子

表 B2　民用建筑楼面均布活荷载标准值及其组合值、频遇值和准永久值系数

项次	类别	标准值 /(kN/m²)	组合值系数 ψ_c	频遇值系数 ψ_f	准永久值系数 ψ_q
1	（1）住宅、宿舍、旅馆、办公楼、医院病房、托儿所、幼儿园	2.0	0.7	0.5	0.4
	（2）实验室、阅览室、会议室、医院门诊室	2.0	0.7	0.6	0.5
2	教室、食堂、餐厅、一般资料档案室	2.5	0.7	0.6	0.5
3	（1）礼堂、剧场、影院、有固定座位的看台	3.0	0.7	0.5	0.3
	（2）公共洗衣房	3.0	0.7	0.6	0.5
4	（1）商店、展览厅、车站、港口、机场大厅及旅客等候室	3.5	0.7	0.6	0.5
	（2）无固定座位的看台	3.5	0.7	0.5	0.3
5	（1）健身房、演出舞台	4.0	0.7	0.6	0.5
	（2）舞厅、运动场	4.0	0.7	0.6	0.3
6	（1）书库、档案库、储藏室	5.0	0.9	0.9	0.8
	（2）密集柜书库	12.0	0.9	0.9	0.8
7	通风机房、电梯机房	7.0	0.9	0.9	0.8
8	汽车通道及客车停车库： （1）单向板楼盖（板跨不小于 2m）和双向板楼盖（板跨不小于 3m×3m） 　客车 　消防车 （2）双向板楼盖（板跨不小于 6m×6m）和无梁楼盖（柱网尺寸不小于 6m×6m） 　客车 　消防车	 4.0 35.0 2.5 20.0	 0.7 0.7 0.7 0.7	 0.7 0.5 0.7 0.5	 0.6 0.0 0.6 0.0
9	厨房： （1）其他 （2）餐厅	 2.0 4.0	 0.7 0.7	 0.6 0.7	 0.5 0.7
10	浴室、卫生间、盥洗室	2.5	0.7	0.6	0.5
11	走廊、门厅： （1）宿舍、旅馆、医院病房、托儿所、幼儿园、住宅 （2）办公楼、餐厅、医院门诊室 （3）教学楼及其他可能出现人员密集情况	 2.0 2.5 3.5	 0.7 0.7 0.7	 0.5 0.6 0.5	 0.4 0.5 0.3
12	楼梯： （1）多层住宅 （2）其他	 2.0 3.5	 0.7 0.7	 0.5 0.5	 0.4 0.3
13	阳台： （1）一般情况 （2）当人群有可能密集时	 2.5 3.5	 0.7 0.7	 0.6 0.6	 0.5 0.5

表 B3　屋面均布活荷载

项次	类别	标准值/ (kN/m^2)	组合值系数 ψ_c	频遇值系数 ψ_f	准永久值系数 ψ_q
1	不上人的屋面	0.5	0.7	0.5	0
2	上人的屋面	2.0	0.7	0.5	0.4
3	屋顶花园	3.0	0.7	0.6	0.5
4	屋顶运动场地	3.0	0.7	0.6	0.4

注：（1）不上人的屋面，当施工或维修荷载较大时，应按实际情况采用；对不同结构应按有关设计规范的规定，将标准值作 0.2 kN/m² 的增减。

（2）上人的屋面，当兼作其他用途时，应按相应楼面活荷载采用。

（3）对于因屋面排水不畅、堵塞等引起的积水荷载，应采取构造措施加以防止；必要时，应按积水的可能深度确定屋面活荷载。

（4）屋顶花园活荷载不包括花圃土石等材料自重。

附录 C 钢筋混凝土用表

附录 C 钢筋混凝土用表

表 C1　普通钢筋强度标准值、强度设计值及弹性模量

牌号	符号	公称直径 d/mm	屈服强度标准值 f_{yk}/(N/mm²)	极限强度标准值 f_{stk}/(N/mm²)	抗拉强度设计值 f_y/(N/mm²)	抗压强度设计值 f_y'/(N/mm²)	钢筋弹性模量 E_s/(×10⁵N/mm²)
HPB300	Φ	6～14	300	420	270	270	2.10
HRB400 HRBF400 RRB400	Φ Φ^F Φ^R	6～50	400	540	360	360	2.00
HRB500 HRBF500	Φ Φ^F	6～50	500	630	435	410	2.00

注：当构件中配有不同种类的钢筋时，每种钢筋应采用各自的强度设计值。横向钢筋的抗拉强度设计值 f_{yv} 应按表中 f_y 的数值采用；但用作受剪、受扭、受冲切承载力计算时，其数值大于360N/mm²时应取360N/mm²。对轴心受压构件，当采用HRB500、HRBF500钢筋时，钢筋的抗压强度设计值 f_y' 应取400N/mm²。

表 C2　预应力钢筋强度标准值、强度设计值及弹性模量

种类	符号	公称直径 d/mm	屈服强度标准值 f_{pyk}/(N/mm²)	极限强度标准值 f_{ptk}/(N/mm²)	抗拉强度设计值 f_{py}/(N/mm²)	抗压强度设计值 f_{py}'/(N/mm²)	弹性模量 E_s/(×10⁵N/mm²)
中强度预应力钢丝	光面 Φ^{PM} 螺旋肋 Φ^{HM}	5、7、9	620 780 980	800 970 1270	510 650 810	410	2.05
预应力螺纹钢筋	螺纹	18、25、32、40、50	785 930 1080	980 1080 1230	650 770 900	410	2.00
消除应力钢丝	光面 Φ^P 螺旋肋 Φ^H	5 7 9 	1380 1640 1380 1290 1380	1570 1860 1570 1470 1570	1110 1320 1110 1040 1110	410	2.05
钢绞线	1×3（三股） Φ^S	8.6、10.8、12.9	1410 1670 1760	1570 1860 1960	1110 1320 1390	390	1.95
钢绞线	1×7（七股） Φ^S	9.5、12.7、15.2、17.8 21.6	1540 1670 1760 1590 1670	1720 1860 1960 1770 1860	1220 1320 1390 — 1320	390	1.95

注：当预应力钢筋的强度标准值不符合表中规定时，其强度设计值应进行相应的比例换算。

表 C3　混凝土强度标准值、强度设计值及弹性模量

混凝土强度等级	轴心抗压强度/(N/mm^2)		轴心抗拉强度/(N/mm^2)		弹性模量/(×10^{4}N/mm^2)
	标准值 f_{ck}	设计值 f_c	标准值 f_{tk}	设计值 f_t	E_c
C20	13.4	9.6	1.54	1.10	2.55
C25	16.7	11.9	1.78	1.27	2.80
C30	20.1	14.3	2.01	1.43	3.00
C35	23.4	16.7	2.20	1.57	3.15
C40	26.8	19.1	2.39	1.71	3.25
C45	29.6	21.1	2.51	1.80	3.35
C50	32.4	23.1	2.64	1.89	3.45
C55	35.5	25.3	2.74	1.96	3.55
C60	38.5	27.5	2.85	2.04	3.60
C65	41.5	29.7	2.93	2.09	3.65
C70	44.5	31.8	2.99	2.14	3.70
C75	47.4	33.8	3.05	2.18	3.75
C80	50.2	35.9	3.11	2.22	3.80

表 C4　混凝土结构的环境类别

环境类别	条件
一	室内干燥环境； 无侵蚀性水浸没环境
二 a	室内潮湿环境； 非严寒和非寒冷地区的露天环境； 非严寒和非寒冷地区与无侵蚀性的水或土壤直接接触的环境； 严寒和寒冷地区冰冻线以下与无侵蚀性的水或土壤直接接触的环境
二 b	干湿交替环境； 水位频繁变动环境； 严寒和寒冷地区的露天环境； 严寒和寒冷地区冰冻线以上与无侵蚀性的水或土壤直接接触的环境
三 a	严寒和寒冷地区冬季水位变动区环境； 受除冰盐影响环境； 海风环境
三 b	盐渍土环境； 受除冰盐作用环境； 海岸环境
四	海水环境
五	受人为或自然的侵蚀性物质影响的环境

注：（1）室内潮湿环境是指构件表面经常处于结露或湿润状态的环境。

（2）严寒和寒冷地区的划分应符合国家现行标准《民用建筑热工设计规范》(GB 50176—2016)的有关规定。
（3）海岸环境和海风环境宜根据当地情况，考虑主导风向及结构所处迎风、背风部位等因素的影响，由调查研究和工程经验确定。
（4）受除冰盐影响环境为受到除冰盐盐雾影响的环境；受除冰盐作用环境指被除冰盐溶液溅射的环境以及使用除冰盐地区的洗车房、停车楼等建筑。
（5）露天环境是指混凝土结构表面所处的环境。

表 C5　结构混凝土材料的耐久性基本要求

环境类别	最大水胶比	最低强度等级	最大氯离子含量/%	最大碱含量/(kg/m³)
一	0.60	C20	0.3	不限制
二 a	0.55	C25	0.2	3.0
二 b	0.50（0.55）	C30（C25）	0.15	
三 a	0.45（0.50）	C35（C30）	0.15	
三 b	0.40	C40	0.10	

注：（1）氯离子含量是指其占胶凝材料总量的百分比。
（2）预应力构件混凝土中的最大氯离子含量为 0.06%；最低混凝土强度等级应按表中规定提高两个等级。
（3）素混凝土构件的水胶比及最低强度等级的要求可适当放松。
（4）当有可靠工程经验时，二类环境中的最低混凝土强度等级可降低一个等级。
（5）处于严寒和寒冷地区二 b、三 a 类环境中的混凝土应使用引气剂，并可采用括号中的有关参数。
（6）当使用非碱活性骨料时，对混凝土中的碱含量可不做限制。

表 C6　混凝土保护层的最小厚度 c

单位：mm

环境等级	板、墙、壳	梁、柱
一	15	20
二 a	20	25
二 b	25	35
三 a	30	40
三 b	40	50

注：（1）混凝土强度等级不大于 C25 时，表中混凝土保护层厚度数值应增加 5mm。
（2）钢筋混凝土基础宜设置混凝土垫层，其受力钢筋的混凝土保护层厚度应从垫层顶面算起，且不应小于 40mm。

表 C7　现浇钢筋混凝土板的最小厚度

单位：mm

板的类别		最小厚度
实心楼板、屋面板		80
密肋楼盖	上、下面板	50
	肋高	250

续表

板的类别		最小厚度
悬臂板（固定端）	悬臂长度不大于500mm	80
	悬臂长度1200mm	100
无梁楼盖		150
现浇空心楼板		200

注：当采取有效措施时，预制板面板的最小厚度可取40mm。

表 C8　钢筋混凝土构件中纵向受力钢筋的最小配筋率 ρ_{min}

单位：%

受力类型		最小配筋率
受压构件	全部纵向钢筋　强度等级 500N/mm²	0.50
	全部纵向钢筋　强度等级 400N/mm²	0.55
	全部纵向钢筋　强度等级 300N/mm²	0.60
	一侧纵向钢筋	0.20
受弯构件、偏心受拉、轴心受拉构件一侧的受拉钢筋		0.20 和 $45\dfrac{f_t}{f_y}$ 中的较大值

注：（1）受压构件全部纵向钢筋最小配筋率，当采用C60及以上强度等级的混凝土时，应按表中规定增加0.10。
（2）受压构件的全部纵向钢筋和一侧纵向钢筋的配筋率，以及轴心受拉构件和小偏心受拉构件一侧受拉钢筋的配筋率，应按构件的全截面面积计算。
（3）当钢筋沿构件截面周边布置时，"一侧纵向钢筋"指沿受力方向两个对边中一边布置的纵向钢筋。

表 C9　钢筋的公称直径、公称截面面积及理论质量表

公称直径 d/mm	不同根数钢筋的计算截面面积/mm²									单根钢筋理论质量/(kg/m)
	1	2	3	4	5	6	7	8	9	
6	28.3	57	85	113	142	170	198	226	255	0.222
6.5	33.2	66	100	133	166	199	232	265	299	0.260
8	50.3	101	151	201	252	302	352	402	453	0.395
8.2	52.8	106	158	211	264	317	370	423	475	0.432
10	78.5	157	236	314	393	471	550	628	707	0.617
12	113.1	226	339	452	565	678	791	904	1017	0.888
14	153.9	308	461	615	769	923	1077	1231	1385	1.21
16	201.1	402	603	804	1005	1206	1407	1608	1809	1.58
18	254.5	509	763	1017	1272	1527	1781	2036	2290	2.00（2.11）
20	314.2	628	942	1256	1570	1884	2199	2513	2827	2.47
22	380.1	760	1140	1520	1900	2281	2661	3041	3421	2.98

续表

公称直径 d/mm	不同根数钢筋的计算截面面积/mm²									单根钢筋理论质量/(kg/m)
	1	2	3	4	5	6	7	8	9	
25	490.9	982	1473	1964	2454	2945	3436	3927	4418	3.85（4.10）
28	615.8	1232	1847	2463	3079	3695	4310	4926	5542	4.83
32	804.2	1609	2413	3217	4021	4826	5630	6434	7238	6.31（6.65）
36	1017.9	2036	3054	4072	5089	6107	7125	8143	9161	7.99
40	1256.6	2513	3770	5027	6283	7540	8796	10053	11310	9.87（10.34）
50	1963.5	3928	5892	7856	9820	11784	13748	15712	17676	15.42（16.28）

注：括号内为预应力螺纹钢筋的数值。

表 C10　各种钢筋按一定间距排列时每米板宽内的钢筋截面面积表

钢筋间距/mm	当钢筋直径（mm）为下列数值时的钢筋截面面积/mm²											
	3	4	5	6	6/8	8	8/10	10	10/12	12	12/14	14	14/16	16
70	101	179	281	404	561	719	920	1121	1369	1616	1908	2199	2536	2872
75	94.3	167	262	377	524	671	859	1047	1277	1508	1780	2053	2367	2681
80	88.4	157	245	354	491	629	805	981	1198	1414	1669	1924	2218	2513
85	83.2	148	231	333	462	592	758	924	1127	1331	1571	1811	2088	2365
90	78.5	140	218	314	437	559	716	872	1064	1257	1484	1710	1972	2234
95	74.5	132	207	298	414	529	678	826	1008	1190	1405	1620	1868	2116
100	70.6	126	196	283	393	503	644	785	958	1131	1335	1539	1775	2011
110	64.2	114	178	257	357	457	585	714	871	1028	1214	1399	1614	1828
120	58.9	105	163	236	327	419	537	654	798	942	1112	1283	1480	1676
125	56.5	100.6	157	226	314	402	515	628	766	905	1068	1232	1420	1608
130	54.4	96.6	151	218	302	387	495	604	737	870	1027	1184	1366	1547
140	50.5	89.7	140	202	281	359	460	561	684	808	954	1100	1268	1436
150	47.1	83.8	131	189	262	335	429	523	639	754	890	1026	1183	1340
160	44.1	78.5	123	177	246	314	403	491	599	707	834	962	1110	1257
170	41.5	73.9	115	166	231	296	379	462	564	665	786	906	1044	1183
180	39.2	69.8	109	157	218	279	358	436	532	628	742	855	985	1117
190	37.2	66.1	103	149	207	265	339	413	504	595	702	810	934	1058
200	35.3	62.8	98.2	141	196	251	322	393	479	565	668	770	888	1005
220	32.1	57.1	89.3	129	178	228	292	357	436	514	607	700	807	914
240	29.4	52.4	81.9	118	164	209	268	327	399	471	556	641	740	838
250	28.3	50.2	78.5	113	157	201	258	314	383	452	534	616	710	804

续表

钢筋间距/mm	当钢筋直径（mm）为下列数值时的钢筋截面面积/mm²												
	3	4	5	6	6/8	8	8/10	10	10/12	12	12/14	14	14/16	16
260	27.2	48.3	75.5	109	151	193	248	302	368	435	514	592	682	773
280	25.2	44.9	70.1	101	140	180	230	281	342	404	477	550	634	718
300	23.6	41.9	65.5	94	131	168	215	262	320	377	445	513	592	670
320	22.1	39.2	61.4	88	123	157	201	245	299	353	417	481	554	628

表 C11　混凝土相对受压区高度与截面抵抗矩系数界限值（ξ_b 和 $\alpha_{s,max}$）

混凝土强度等级		≤C50	C60	C70	C80
HPB300 钢筋	ξ_b	0.576	0.556	0.537	0.518
	$\alpha_{s,max}$	0.410	0.402	0.393	0.384
HRB400 钢筋 HRBF400 钢筋 RRB400 钢筋	ξ_b	0.518	0.499	0.481	0.463
	$\alpha_{s,max}$	0.384	0.375	0.365	0.356
HRB500 钢筋 HRBF500 钢筋	ξ_b	0.482	0.464	0.447	0.429
	$\alpha_{s,max}$	0.366	0.357	0.347	0.337

表 C12　矩形和 T 形截面受弯构件正截面强度计算表

ξ	γ_s	α_s	ξ	γ_s	α_s
0.01	0.995	0.010	0.31	0.845	0.262
0.02	0.990	0.020	0.32	0.840	0.269
0.03	0.985	0.030	0.33	0.835	0.276
0.04	0.980	0.039	0.34	0.830	0.282
0.05	0.975	0.049	0.35	0.825	0.289
0.06	0.970	0.058	0.36	0.820	0.295
0.07	0.965	0.068	0.37	0.815	0.302
0.08	0.960	0.077	0.38	0.810	0.308
0.09	0.955	0.086	0.39	0.805	0.314
0.10	0.950	0.095	0.40	0.800	0.320
0.11	0.945	0.104	0.41	0.795	0.326
0.12	0.940	0.113	0.42	0.790	0.332
0.13	0.935	0.122	0.43	0.785	0.338
0.14	0.930	0.130	0.44	0.780	0.343
0.15	0.925	0.139	0.45	0.775	0.349

续表

ξ	γ_s	α_s	ξ	γ_s	α_s
0.16	0.920	0.147	0.46	0.770	0.354
0.17	0.915	0.156	0.47	0.765	0.360
0.18	0.910	0.164	0.48	0.760	0.365
0.19	0.905	0.172	0.49	0.755	0.370
0.20	0.900	0.180	0.50	0.750	0.375
0.21	0.895	0.188	0.51	0.745	0.380
0.22	0.890	0.196	0.52	0.740	0.385
0.23	0.885	0.204	0.53	0.735	0.390
0.24	0.880	0.211	0.54	0.730	0.394
0.25	0.875	0.219	0.55	0.725	0.399
0.26	0.870	0.226	0.56	0.720	0.403
0.27	0.865	0.234	0.57	0.715	0.408
0.28	0.860	0.241	0.58	0.710	0.412
0.29	0.855	0.248	0.59	0.705	0.416
0.30	0.850	0.255	0.60	0.700	0.420

注：$M = \alpha_s \alpha f_c b h_0^2$；$\xi = x/h_0 = f_y A_s / \alpha f_c b h_0$；$A_s = M/\gamma_s h_0 f_y$ 或 $A_s = \xi b h_0 f_c / f_y$。

表 C13 受弯构件挠度限值

构件类型		挠度限值
吊车梁	手动吊车	$l_0/500$
	电动吊车	$l_0/600$
屋盖、楼盖及楼梯构件	当 $l_0<7m$ 时	$l_0/200$（$l_0/250$）
	当 $7m \leq l_0 \leq 9m$ 时	$l_0/250$（$l_0/300$）
	当 $l_0>9m$ 时	$l_0/300$（$l_0/400$）

注：（1）表中 l_0 为构件的计算跨度；计算悬臂构件的挠度限值时，其计算跨度 l_0 按实际悬臂长度的 2 倍取用。
（2）表中括号内数值适用于使用上对挠度有较高要求的构件。
（3）如果构件制作时预先起拱，且使用上也允许，则在验算挠度时，可将计算所得的挠度值减去起拱值；对预应力混凝土构件，尚可减去预加力所产生的反拱值。
（4）构件制作时的起拱值和预加力所产生的反拱值，不宜超过构件在相应荷载组合作用下的计算挠度值。

表 C14　结构构件的裂缝控制等级及最大裂缝宽度限值 $[\omega_{\lim}]$

环境类别	钢筋混凝土结构		预应力混凝土结构	
	裂缝控制等级	$[\omega_{\lim}]$/mm	裂缝控制等级	$[\omega_{\lim}]$/mm
一	三级	0.30（0.40）	三级	0.20
二 a	三级	0.20	三级	0.10
二 b	三级	0.20	二级	—
三 a、三 b	三级	0.20	一级	—

注：（1）对处于年平均相对湿度小于 60% 的地区一类环境下的受弯构件，其最大裂缝宽度限值可采用括号内的数值。
（2）在一类环境下，对钢筋混凝土屋架、托架及需做疲劳验算的吊车梁，其最大裂缝宽度限值应取为 0.20mm；对钢筋混凝土屋面梁和托架，其最大裂缝宽度限值应取为 0.30mm。
（3）在一类环境下，对预应力混凝土屋架、托架及双向板体系，应按二级裂缝控制等级进行验算。对一类环境下的预应力混凝土屋面梁、托梁、单向板，按表中二 a 级环境的要求进行验算；在一类和二类环境下的需做疲劳验算的预应力混凝土吊车梁，应按一级裂缝等级进行验算。
（4）表中规定的预应力混凝土构件的裂缝控制等级和最大裂缝宽度限值仅适用于正截面验算；预应力混凝土构件的斜截面裂缝控制验算应符合本书模块 6 的要求。
（5）对于烟囱、筒仓和处于液体压力下的结构构件，其裂缝控制要求应符合专门标准的有关规定。
（6）对于处于四、五类环境下的结构构件，其裂缝控制要求应符合专门标准的有关规定。
（7）表中的最大裂缝宽度限值为用于验算荷载作用引起的最大裂缝宽。

表 C15　受拉钢筋基本锚固长度 l_{ab}

钢筋种类	混凝土强度等级							
	C25	C30	C35	C40	C45	C50	C55	≥C60
HPB300	$34d$	$30d$	$28d$	$25d$	$24d$	$23d$	$22d$	$21d$
HRB400、HRBF400、RRB400	$40d$	$35d$	$32d$	$29d$	$28d$	$27d$	$26d$	$25d$
HRB500、HRBF500	$48d$	$43d$	$39d$	$36d$	$34d$	$32d$	$31d$	$30d$

表 C16　抗震设计时受拉钢筋基本锚固长度 l_{abE}

钢筋种类及抗震等级		混凝土强度等级							
		C25	C30	C35	C40	C45	C50	C55	≥C60
HPB300	一、二级	$39d$	$35d$	$32d$	$29d$	$28d$	$26d$	$25d$	$24d$
	三级	$36d$	$32d$	$29d$	$26d$	$25d$	$24d$	$23d$	$22d$
HRB400、HRBF400	一、二级	$46d$	$40d$	$37d$	$33d$	$32d$	$31d$	$30d$	$29d$
	三级	$42d$	$37d$	$34d$	$30d$	$29d$	$28d$	$27d$	$26d$
HRB500、HRBF500	一、二级	$55d$	$49d$	$45d$	$41d$	$39d$	$37d$	$36d$	$35d$
	三级	$50d$	$45d$	$41d$	$38d$	$36d$	$34d$	$33d$	$32d$

注：（1）四级抗震时，$l_{abE} = l_{ab}$。
（2）当锚固钢筋的保护层厚度不大于 $5d$ 时，锚固钢筋长度范围内应设置横向构造钢筋，其直径不应小于 $d/4$（d 为锚固钢筋的最大直径）；对梁、柱等构件间距不应大于 $5d$，对板、墙等构件间距不应大于 $10d$，且均不应大于 100（d 为锚固钢筋的最小直径）。

附录 C 钢筋混凝土用表

表 C17 受拉钢筋锚固长度 l_a

钢筋种类	混凝土强度等级											
	C25		C30		C35		C40		C45		≥C50	
	d≤25	d>25	d≤25	d>25	d≤25	d>25	d≤25	d>25	d≤25	d>25	d≤25	d>25
HPB300	34d	—	30d	—	28d	—	25d	—	24d	—	23d	—
HRB400、HRBF400、RRB400	40d	44d	35d	39d	32d	35d	29d	32d	28d	31d	27d	30d
HRB500、HRBF500	48d	53d	43d	47d	39d	43d	36d	40d	34d	37d	32d	35d

表 C18 受拉钢筋抗震锚固长度 l_{aE}

钢筋种类及抗震等级		混凝土强度等级											
		C25		C30		C35		C40		C45		≥C50	
		d≤25	d>25	d≤25	d>25	d≤25	d>25	d≤25	d>25	d≤25	d>25	d≤25	d>25
HPB300	一、二级	39d	—	35d	—	32d	—	29d	—	28d	—	26d	—
	三级	36d	—	32d	—	29d	—	26d	—	25d	—	24d	—
HRB400、HRBF400	一、二级	46d	51d	40d	45d	37d	40d	33d	37d	32d	36d	31d	35d
	三级	42d	46d	37d	41d	34d	37d	30d	34d	29d	33d	28d	32d
HRB500、HRBF500	一、二级	55d	61d	49d	54d	45d	49d	41d	46d	39d	43d	37d	40d
	三级	50d	56d	45d	49d	41d	45d	38d	42d	36d	39d	34d	37d

注：
(1) 当为环氧树脂涂层带肋钢筋时，表中数据尚应乘以 1.25。
(2) 当纵向受拉钢筋在施工过程中易受扰动时，表中数据尚应乘以 1.1。
(3) 当锚固长度范围内纵向受力钢筋周边保护层厚度为 3d、5d（d 为锚固钢筋的直径）时，表中数据可分别乘以 0.8、0.7；中间时按内插值。
(4) 当纵向受拉普通钢筋锚固长度修正系数 [注 (1) ～注 (3)] 多于一项时，可按连乘计算。
(5) 受拉钢筋的锚固长度 l_a、l_{aE} 的计算值不应小于 200mm。
(6) 四级抗震时，$l_{aE}=l_a$。
(7) 当锚固钢筋的保护层厚度不大于 5d 时，锚固钢筋长度范围内应设置横向构造钢筋，其直径不应小于 d/4（d 为锚固钢筋的最大直径）；对梁、柱等构件间距不应大于 10d，对板、墙等构件间距不应大于 100mm（d 为锚固钢筋的最小直径）。

附录 D　AI 伴学内容及提示词

表 D1　AI 伴学内容及提示词

序号	AI 伴学内容	AI 提示词
	AI 伴学工具	生成式人工智能（AI）工具，如 DeepSeek、Kimi、豆包、通义千问、文心一言、ChatGPT 等
1	模块 1　概述	讲解北京故宫太和殿的梁架结构
2		列举一个建筑超过承载能力极限状态的例子
3		列举一个建筑超过正常使用极限状态的例子
4		列举一个建筑超过耐久性极限状态的例子
5		郑州市辖区的抗震设防烈度
6		帮我制订一份"建筑力学与结构"课程的学习计划
7	模块 2　建筑结构施工图	给出一份结构设计总说明模板
8		楼层结构平面布置图中包含的信息
9		剪力墙平法施工图制图规则
10		总结平法施工图的制图规则
11	模块 3　建筑力学基本知识	建筑的承力结构体系
12		举例说明建筑中力的平衡现象
13		对比介绍柔体约束、光滑接触面约束、圆柱铰链约束和链杆约束
14		对比介绍固定铰支座、可动铰支座和固定端支座
15		出 5 道静力学基础选择题
16	模块 4　结构上的荷载及支座反力计算	举例说明永久荷载、可变荷载和偶然荷载
17		举例说明建筑中的均布面荷载、均布线荷载和集中荷载
18		荷载设计值与荷载标准值的换算
19		出 1 道简支梁的支座反力计算题
20		出 1 道悬臂梁的支座反力计算题
21	模块 5　构件内力计算及荷载效应组合	举例说明轴力、剪力和弯矩
22		钢筋混凝土结构的荷载效应解析
23		如何在钢筋混凝土梁中布置受力钢筋
24		截面法求内力的计算过程
25		剪力图与弯矩图的特性、表达方式、区别与联系
26		出一套构件内力计算自测题

续表

序号	AI伴学内容	AI提示词
27	模块6 钢筋混凝土梁、板构造	钢筋的品种、级别、特性及其在钢筋混凝土结构中的应用
28		混凝土的强度等级、特性、养护及应用
29		钢筋混凝土梁的材料选择
30		钢筋混凝土板的构造要求
31		列举一个配筋不足导致的结构问题
32	模块7 钢筋混凝土楼盖、楼梯及雨篷构造	举例说明不同类型钢筋混凝土楼盖的优缺点和适用范围
33		楼盖内的钢筋应如何布置
34		装配式楼梯的产品、特点和适用范围
35		举例说明雨篷的几种破坏形式
36	模块8 钢筋混凝土柱和框架结构	钢筋混凝土柱的受力特点
37		钢筋混凝土柱的材料选择
38		钢筋混凝土柱的配筋要求
39		对比分析框架柱和框架梁的钢筋构造
40		划分建筑结构抗震等级有何意义
41		对比中国和日本的建筑抗震设计,各举3个实例
42	模块9 多高层建筑结构概述	现代建筑的发展趋势
43		我国超高层建筑的代表作品
44		满足高层建筑要求的新型结构体系有哪些
45		举例并赏析一个框架-剪力墙结构建筑
46		举例并分析一个剪力墙结构建筑的构造特点
47		现代高层建筑中的核心筒结构的创新之处
48	模块10 装配式混凝土结构	我国推出了哪些与装配式建筑有关的政策
49		装配式建筑在我国的发展前景
50		分析武汉火神山、雷神山医院的构造特点
51		现代装配式结构施工如何与AI结合
52		装配式建筑与绿色施工的意义
53		装配式建筑如何推动建筑工业化发展
54	模块11 地基与基础概述	我国华东地区的地基土分布特征
55		基础在建筑结构中的作用
56		不同类型浅基础的材料、特点、构造及适用范围
57		深基础在现代建筑、桥梁、港口工程中的应用
58		介绍一个我国的深桩基础工程
59		如何减轻建筑物的不均匀沉降
60	模块12 钢结构	举例说明钢结构的应用范围
61		钢结构在超高层建筑发展中的作用
62		钢结构材料的类型、特点及发展趋势
63		钢结构相关的新材料、新技术、新工艺
64		建立一套焊缝连接的质量控制体系
65		建筑中常见的轴心受力构件和受弯构件

参 考 文 献

白丽红，2014．建筑工程制图与识图[M]．2版．北京：北京大学出版社．
岑欣华，2004．建筑力学与结构基础[M]．北京：中国建筑工业出版社．
长沙远大教育科技有限公司，湖南城建职业技术学院，2019．装配式混凝土建筑施工技术[M]．长沙：中南大学出版社．
陈安生，2003．建筑力学与结构基础[M]．北京：中国建筑工业出版社．
丁梧秀，2011．地基与基础[M]．2版．郑州：郑州大学出版社．
杜绍堂，2009．钢结构施工[M]．北京：高等教育出版社．
付涛，严钧，2009．建筑钢结构设计[M]．北京：中国建筑工业出版社．
侯治国，周绥平，2011．建筑结构[M]．3版．武汉：武汉理工大学出版社．
胡兴福，2014．建筑结构[M]．3版．北京：中国建筑工业出版社．
胡兴福，2018．建筑力学与结构[M]．4版．武汉：武汉理工大学出版社．
江见鲸，王元清，龚晓南，等，2006．建筑工程事故分析与处理[M]．3版．北京：中国建筑工业出版社．
蓝宗建，2008．混凝土结构设计原理[M]．南京：东南大学出版社．
李春亭，张庆霞，2007．建筑力学与结构[M]．北京：人民交通出版社．
李思丽，2015．建筑制图与阴影透视[M]．2版．北京：机械工业出版社．
林贤根，2006．土木工程力学：少学时版[M]．2版．北京：机械工业出版社．
刘立新，杨万庆，2018．混凝土结构原理[M]．3版．武汉：武汉理工大学出版社．
刘丽华，王晓天，2015．建筑力学与建筑结构[M]．3版．北京：中国电力出版社．
陆叔华，2007．建筑制图与识图[M]．2版．北京：高等教育出版社．
罗福午，方鄂华，叶知满，2003．混凝土结构及砌体结构：下册[M]．2版．北京：中国建筑工业出版社．
罗向荣，2003．钢筋混凝土结构[M]．北京：高等教育出版社．
石立安，2013．建筑力学[M]．2版．北京：北京大学出版社．
王刚，司振民，2019．装配式混凝土结构识图[M]．北京：中国建筑工业出版社．
王振武，张伟，2005．混凝土结构[M]．3版．北京：科学出版社．
王祖华，2005．混凝土与砌体结构：上册[M]．2版．广州：华南理工大学出版社．
吴承霞，2012．建筑结构与识图[M]．3版．北京：高等教育出版社．
吴承霞，2018．混凝土与砌体结构[M]．3版．北京：中国建筑工业出版社．
熊丹安，程志勇，2011．建筑结构[M]．5版．广州：华南理工大学出版社．
杨鼎久，2016．建筑结构[M]．3版．北京：机械工业出版社．
杨太生，2019．建筑结构基础与识图[M]．4版．北京：中国建筑工业出版社．
叶列平，2005．混凝土结构：上册[M]．2版．北京：清华大学出版社．
张波，2016．装配式混凝土结构工程[M]．北京：北京理工大学出版社．
张小平，2018．建筑识图与房屋构造[M]．3版．武汉：武汉理工大学出版社．
张小云，2018．建筑抗震[M]．4版．北京：高等教育出版社．
张学宏，2016．建筑结构[M]．4版．北京：中国建筑工业出版社．
周道君，田海风，2008．建筑力学与结构[M]．北京：中国电力出版社．
周绥平，2003．钢结构[M]．2版．武汉：武汉理工大学出版社．